U0791838

高等职业教育数字媒体专业新形态教材

虚拟现实技术导论（微课版）

主　编　汪　萍　蔡金凤

副主编　蔡劲松　范国锋　陈贺璋

中国水利水电出版社
www.waterpub.com.cn
·北京·

内 容 提 要

本书以知识能力点为体系框架，以行业职业素养和岗位要求为标准，以“1+X”证书考核标准为参考，创设学习情境，添加行业应用案例辅助知识和技能要点的解析，每章均配备简单的应用案例用于课程教学辅助。本书以学生为本，“各个突破”“全局融合”，从概念到硬件，从硬件到核心技术，再到各关键技术的分解与详细解析，以虚拟现实技术在各行各业的典型应用为案例，集知识理论和技能实践于一体，实现进阶式学习。

本书注重实用性和实操性，配套资源包括扩展阅读及应用案例，既可作为本科、高职或中职院校的数字媒体、计算机、虚拟现实及动漫制作等相关专业的教材，也可作为虚拟现实技术从业人员和初学者的入门参考书。

本书配有电子课件，读者可以从中国水利水电出版社网站（www.waterpub.com.cn）或万水书苑网站（www.wsbookshow.com）免费下载。

图书在版编目（CIP）数据

虚拟现实技术导论 ： 微课版 / 汪萍，蔡金凤主编. -- 北京 ： 中国水利水电出版社，2021.10（2025.7 重印）
高等职业教育数字媒体专业新形态教材
ISBN 978-7-5226-0029-1

Ⅰ. ①虚… Ⅱ. ①汪… ②蔡… Ⅲ. ①虚拟现实－高等职业教育－教材 Ⅳ. ①TP391.98

中国版本图书馆CIP数据核字(2021)第200108号

策划编辑：周益丹　　责任编辑：张玉玲　　封面设计：梁　燕

书　　名	高等职业教育数字媒体专业新形态教材 虚拟现实技术导论（微课版） XUNI XIANSHI JISHU DAOLUN（WEIKE BAN）
作　　者	主　编　汪　萍　蔡金凤 副主编　蔡劲松　范国锋　陈贺璋
出版发行	中国水利水电出版社 （北京市海淀区玉渊潭南路 1 号 D 座　100038） 网址：www.waterpub.com.cn E-mail：mchannel@263.net（答疑） sales@mwr.gov.cn 电话：（010）68545888（营销中心）、82562819（组稿）
经　　售	北京科水图书销售有限公司 电话：（010）68545874、63202643 全国各地新华书店和相关出版物销售网点
排　　版	北京万水电子信息有限公司
印　　刷	雅迪云印（天津）科技有限公司
规　　格	184mm×260mm　16 开本　17 印张　393 千字
版　　次	2021 年 10 月第 1 版　2025 年 7 月第 2 次印刷
印　　数	2001—3000 册
定　　价	86.00 元

凡购买我社图书，如有缺页、倒页、脱页的，本社营销中心负责调换

版权所有 · 侵权必究

全国传媒职业技术教育联盟教材编委会

主　任：

袁维坤　湖南大众传媒职业技术学院

副主任（按姓氏拼音排列）：

陈秀泉　南宁职业技术学院

高　澜　江西艺术职业学院

焦玉柱　宁夏职业技术学院

李　罡　珍岛信息技术（上海）股份有限公司

罗　练　湖南大众传媒职业技术学院

罗晓东　四川文化产业职业学院

孙茜芸　山东传媒职业学院

戚人杰　湖南科技职业学院

吴　鹏　安徽新闻出版职业技术学院

夏能权　湖南工艺美术职业学院

谢景伟　湖南大众传媒职业技术学院

熊耀龙　江西传媒职业学院

杨庆川　中国水利水电出版社

翟　清　湖南艺术职业学院

张玉香　安徽广播影视职业技术学院

秘书处：

陈　灵　湖南大众传媒职业技术学院

周益丹　中国水利水电出版社

序

教材是教育教学的关键要素、立德树人的基本载体。在全国教材工作会议暨首届全国教材建设奖表彰会召开之后，全国传媒职业技术教育联盟首批系列教材正式出版，即将在联盟内外职业院校应用。这批教材落实了职教思政建设的要求，蕴涵着行业产业前沿的技术技能，凝聚了编撰工作人员的心血，承载着传媒职教学生的希望，是联盟成立以来的标志性成果之一，必将在推动传媒职业技术教育“三教”改革、“三全育人”综合试点、“大国工匠”培养等方面起到积极作用，为培育思政品质可靠、专业技能过硬、创意思维活跃的高质量传媒人才提供基础性支撑。

尺寸教材，悠悠国事。新时代，党中央、国务院高度重视教材建设，成立了国家教材委员会，设立了全国教材建设奖，出台了《职业院校教材管理办法》等系列制度文件，全面落实教材建设国家事权。全国传媒职业技术教育联盟成立以来，联盟理事会紧扣国家政策文件，联合行业产业企业，组织联盟院校单位，启动了编写传媒职业技术教育教材的工作。

在教材编写过程中，参与编撰的老师充分依托联盟的平台作用，发挥主观能动性，深入行业产业调研，掌握对应领域技能迭代情况；组织线上线下研讨，结合校情学情搭建章节架构；加强编校沟通协调，有效保障教材开发出版质量，充分体现了联盟“资源共享、优势互补、合作共赢、协同发展”的宗旨，为联盟今后更好、更快、更多地出版系列教材提供了成功经验，为联盟在共定合理化人才培养方案、共育双师型教师队伍等方面开展卓有成效的工作提供了示范借鉴。

翻阅此次出版的《H5 融媒体制作项目式教程（微课版）》《新媒体内容创作实务（微课版）》《数字媒体交互设计项目式教程（微课版）》等教材，二维码等数字出版新技术的运用应引起足够重视。新时代，面向智能手机成长起来的新生代学生，作为传媒领域首个全国性职业教育共同体，我们理应在采用新媒体、智媒体技术开发新形态教材方面起到引领示范作用。在保障教材开发全面贯彻落实职教思政建设新要求前提下，围绕使传媒产业新知识、新技术、新工艺、新方法等内容准确、及时、有效进入教材，要主动将新形态教材开发与结构化教学团队建设、模块化课程内容构建衔接起来；要及时总结新型活页式教材、工作手册式教材开发经验；要积极探索增强现实技术、虚拟现实技术等复合数字教材开发模式；要统筹规划新形态教材与教学资源库、在线课程等其他数字教学资源的联动建设，以教材改革为抓手，带动教师改革、教法改革。

当然，联盟也将持续强化教材建设中的平台作用，编制建设规划，分享合作机会，加强指导评价，加大推广应用，为联盟高质量教材建设提供高水平服务。

前言

随着信息技术的快速发展和5G通信技术的应用普及，虚拟现实技术迎来了新的发展机遇。2016年为虚拟现实产业元年，2019年在5G云的推动下，虚拟现实产业得到了进一步发展，这必将产生对专业技术人员的迫切需求。现有的虚拟现实技术导论教材多以强调技术原理为主，而本书结合行业发展对人才的需求、对职业岗位标准和技术的要求，以虚拟现实项目开发所要用到的基本知识、原理和关键技术为主线进行讲解。

本书主要特点是，减少冗余的理论内容，所述内容针对性强、通俗易懂，打破常规导论课程“学生提不起兴趣，教师讲不下去”的窘境。本书内容紧扣行业用人标准和岗位职业素养要求，注重案例和原理的解析，依据学生学情进行进阶式能力培养，每节后面均配备应用案例（视频教学资源）辅助教学，使学生可以不受时间和空间的限制进行自主学习。

本书按照应掌握知识的顺序，逐步引出虚拟现实系列概念以及虚拟现实软硬件设备的相关知识，再通过核心关键技术的分层介绍逐步深入，最后通过综合项目开发案例来实现学生开发全流程的学习和实训。本书通过从模型搭建的标准化到Unity开发以及与C#的交互，再到三维全景开发等进阶式的方式进行逐步深入学习，使大部分零基础的学生通过课程学习也能进行完整的项目开发，为后续核心专业课的学习以及未来从事虚拟现实相关工作打好坚实的基础。

本书以3个学习情境为脉络，分3篇，共7章，各章主要内容如下：

第1章：虚拟现实技术概述。主要介绍虚拟现实技术的基本概念、发展历史、特征、技术分类与原理、关键技术及其应用与发展。

第2章：虚拟现实开发软硬件。主要介绍进行虚拟现实开发所需要的软件及硬件设备。

第3章：三维建模技术基础。主要介绍Maya、3DMax、C4D等虚拟现实前端模型工具的功能及基本使用。

第4章：Unity开发技术基础。主要介绍虚拟现实开发引擎Unity 3D的功能、菜单界面、参数解析及案例应用。

第5章：虚拟现实开发交互语言基础。主要介绍Unity开发需要使用的C#脚本语言的基本概念及编程思路。

第6章：三维全景技术。主要介绍全景图基本概念以及全景图软硬件制作过程。

第7章：虚拟现实综合项目开发。本章通过两个项目案例，系统地讲解运用Unity引擎进行综合项目开发的过程和方法。

本书附赠扩展阅读及应用案例的视频教学资源，扫描相应的二维码即可获得。

本书由安徽新闻出版职业技术学院汪萍和内蒙古化工职业学院蔡金凤任主编，安徽新闻出版职业技术学院蔡劲松、安徽新闻出版职业技术学院范国锋和广西机电职业技术学院陈贺章任副主编，具体分工如下：第1、2、6章由蔡金凤编写，第3、7章由范国锋编写（第3章第3节由陈贺璋参与编写），第4章由汪萍编写，第5章由蔡劲松编写。此外，在本书的编写过程中上海遥知信息技术有限公司王倚天、吴翔宇和上海琨耀科技信息有限公司唐长超参与了案例整理和技术支持，唐长超和严兴希参与了资料整理，安徽新闻出版职业技术学院23级数字媒体技术专业林显同学参与校对，在此一并表示感谢。

由于编者水平有限，书中难免有疏漏和不妥之处，恳请读者批评指正。

编　者

2021年7月

目录

第一篇

基础概念与认知

第 1 章

虚拟现实技术概述

本章导读

本章主要介绍虚拟现实技术的基本概念，虚拟技术的发展历史，虚拟现实技术的特征、分类、关键技术以及它的应用与发展前景。

教学目标

★ 了解虚拟现实技术的基本概念。
★ 了解虚拟现实技术的发展历程。
★ 了解虚拟现实技术的分类。
★ 了解虚拟现实技术的特征及关键技术。
★ 了解虚拟现实技术的应用与发展前景。

1.1 虚拟现实技术的基本概念

【学习目标】

了解虚拟现实技术的名词解释、相关概念、原理、目前的发展状况以及它涉及的相关技术。

【知识要点】

虚拟现实（Virtual Reality）技术简称 VR 技术，也称灵境技术或人工环境。这一名词是由美国 VPL 公司创建人拉尼尔（Jaron Lanier）在 20 世纪 80 年代初提出的。虚拟现实是利用电脑模拟产生一个三维空间的虚拟世界，提供使用者关于视觉、听觉、触觉等感官的模拟，让使用者如同身临其境一般，可以即时、没有限制地观察三维空间内的事物。

使用者使用 VR 产品进行位置移动时，电脑可以立即进行复杂的运算，将精确的 3D 世界影像传回，产生临场感。虚拟现实（VR），即看到的场景和人物全是虚拟的，是把人的意识带入一个虚拟的世界。

由于该技术改变了人与计算机之间枯燥、生硬和被动地通过鼠标、键盘进行交互的现状，大大促进了计算机科技的发展。因此，目前虚拟现实技术已经成为计算机相关领域中继多媒体技术、网络技术及人工智能之后备受人们关注的热点，也是目前发展较快的一项多学科综合技术。虚拟现实技术应用的示范图如图 1-1 至图 1-4 所示。

图 1-1　虚拟现实技术应用与教学示范图

图 1-2　虚拟现实技术应用于医疗示范图

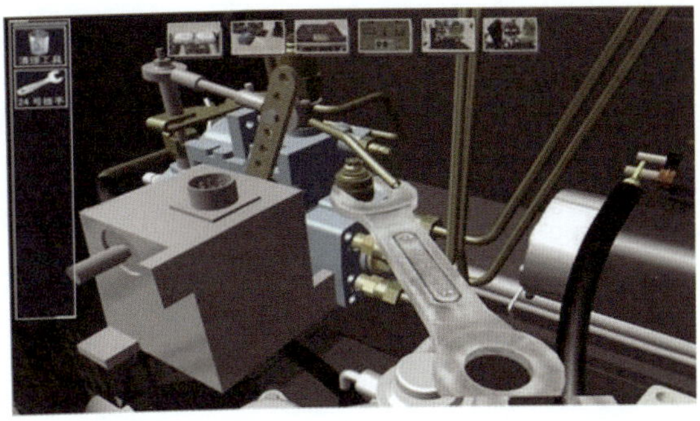

图 1-3　虚拟现实技术应用于工业示范图

图 1-4　虚拟现实技术应用于军事示范图

虚拟现实技术是一门综合性信息技术，涉及计算机图形学、多媒体技术、传感技术、人机交互、计算机仿真技术、显示技术和网络并行处理等。虚拟现实是计算机技术与思维科学相结合的产物，它的出现为人类探索世界开辟了一条新的路径。

虚拟现实中的“现实”泛指在物理意义上或功能意义上存在于世界上的任何事物或环境，它可以是实际上可实现的，也可以是实际上难以实现的或根本无法实现的；而“虚拟”是用计算机生成的意思。因此，虚拟现实是指用计算机生成的一种特殊环境，人可以通过使用各种特殊装置将自己“投射”到这个环境中，并操作、控制环境，实现特殊的目的，即人是这种环境的主宰。

虚拟现实技术主要包括模拟环境、感知、自然技能和传感设备等方面。模拟环境是由计算机生成的、实时动态的三维立体逼真图像。感知是指理想的 VR 应该具有一切人所具有的感知，除计算机图形技术所生成的视觉感知外，还有听觉、触觉、力觉、运动等感知，甚至还包括嗅觉和味觉等，也称为多感知。自然技能是指人的头部转动，眼睛、手势或其他人体行为动作，由计算机来处理与参与者的动作相适应的数据，并对用户的输入作出实时响应。

虚拟现实也是一种模拟体验，可以与现实世界相似或完全不同。虚拟现实可应用于娱乐（如游戏）和教育（如医学或军事训练）等。

【扩展阅读】

广义虚拟现实概述　　虚拟现实概念

1.2 虚拟现实技术的发展历史

【学习目标】

了解虚拟现实技术发展的四个时期：概念萌芽期、技术探索期、突破发展期、产业应用期。

【知识要点】

虚拟现实概念由来已久，其他技术（如计算机科学）的成熟促进了虚拟现实技术的研发和产业发展。回溯总结虚拟现实技术的发展历程，大致可划分为4个阶段：概念萌芽、技术探索、突破发展和产业应用。以一系列标志性事件为界，虚拟现实从技术研发到产业化经历了里程碑式的发展，阶段性发展特征鲜明。

1.2.1　虚拟现实技术1.0——概念萌芽

虚拟现实技术构想的萌芽出现在20世纪30年代，直到20世纪60年代仍处于概念术语确立阶段。1935年出版发行了最早的虚拟现实概念的科幻小说*Fictitious*。1950年，莫顿·海里格（Morton Heilig）创作了“体验剧院”，该剧院可以有效地涵盖所有感官，从而将观众吸引到屏幕上的活动中。他在1962年制造了自己的视觉原型，称为“传感器”，并在其中展示了五种短片，同时具有多种感官（视觉、听觉、味觉和触觉），并将其称为“Telesphere Mask”（已于1960年获得专利）。申请专利时将设备描述为“个人使用的伸缩电视设备给观众以完全的真实感，即移动的可能是彩色的三维图像，并具有100%的周边视觉、双耳声音、气味和微风。”

1968年，伊凡·萨瑟兰（Ivan Sutherland）在包括鲍勃·斯普劳尔（Bob Sproull）在内的学生的帮助下，创造了被广泛认为是首个用于沉浸式仿真应用的头戴式显示系统。无论从用户界面还是视觉逼真角度来看，这套系统都是原始的，而且用户佩戴的HMD太重，以至于必须将其悬挂在天花板上，组成虚拟环境的图形是简单的线框模型，该设备的外观也是其名字“达摩克利斯之剑”（The Sword of Damocles）的来源。

1.2.2 虚拟现实技术 2.0 —— 技术探索

20 世纪 70 年代到 80 年代，虚拟现实技术发展速度加快，光学技术和其他触觉设备同步发展，这让用户在虚拟空间中的移动和交互成为现实。整合互动艺术与虚拟现实体验，计算机艺术家克鲁格（M. W. Krueger）于 1975 年开发的 VIDEOPLACE 是第一个交互式虚拟现实平台，一系列的互动体验被他称为“人工现实”（Artificial Reality）。不同于直接佩戴头戴式显示器，VIDEOPLACE 使用投影仪及摄像机进行交互行为。

1977 年至 1984 年，戴维•埃姆（David Em）成为第一位在 NASA 喷气推进实验室（JPL）产生可导航虚拟世界的工程师。1978 年，麻省理工学院创建了 Aspen 电影漫游地图，这是首个虚拟旅游的雏形，用户可以在其中以三种方式（视觉夏季、视觉冬季和模型结构）中的一种在 Aspen 的街道上漫步。

1979 年，埃里克•霍利特（Eric Howlett）开发了大视野、超视角的光学系统（LEEP），组合后的系统创建的立体图像具有足够宽的视场，以营造令人信服的空间感。该系统的用户对场景中的深度（视野）感和相应的真实感印象深刻。最初的 LEEP 系统于 1985 年为 NASA 的 Ames 研究中心进行了重新设计，以安装其第一个虚拟现实设备，即 Scott Fisher 的 VIEW（虚拟交互式环境工作站）。LEEP 系统为大多数现代虚拟现实头戴式显示器提供了基础。

1.2.3 虚拟现实技术 3.0 —— 突破发展

虚拟现实技术取得突破性进展是在 20 世纪 90 年代到 2010 年期间。1988 年，Autodesk 公司开发了第一个在低成本个人计算机上实现 VR 的项目，项目负责人埃里克•古利森（Eric Gullichsen）于 1990 年离开公司，创立了 Sense Corporation，并开发了 WorldToolKit 虚拟现实软件 SDK。该软件在 PC 上提供了第一张带有纹理映射的实时图形，并在整个行业和学术界得到了广泛地应用。瓦尔登（J. Waldern）在 1990 年伦敦举办的国际计算机图形学大会上首次展示了虚拟现实街机“Virtuality”，用户可在 3D 环境中获得沉浸式游戏体验。

在 20 世纪 90 年代，消费类头戴式显示器首次广泛商业发布。1991 年，世嘉宣布推出用于街机游戏和 Mega Drive 控制台的 Sega VR 头戴式显示器。立体声头戴式显示器和惯性传感器中使用了 LCD 屏幕，从而使系统能够跟踪用户的头部并对其做出反应。同年，Virtuality 在多个国家 / 地区推出首个大规模生产的网络化多人 VR 娱乐系统，该系统配备了头戴式显示器和外置式手套，从而成为了首批“沉浸式”VR 体验设备。任天堂（Nintendo）公司在 1995 年推出名为“Virtual Boy”的立体视频游戏机，由于当时技术水平与设计者的超前思维无法匹配，缺乏软件支持，这款游戏机仅上市 6 个月就因未达到销售预期而退出市场。虚拟现实技术的应用范围从军事、娱乐拓展到医学领域，罗斯鲍姆（B. O. Rothbaum）等研究人员在 1999 年提出使用虚拟现实技术来为越南退伍军人创建战区情景，帮助他们进行创伤后应激障碍（PTSD）暴露治疗。

1.2.4 虚拟现实技术 4.0 —— 产业应用

2012 年至今，虚拟现实技术产业化走向新阶段。消费级虚拟现实产品在这一阶段的市场反响较大，虚拟现实技术的日渐成熟使产业化应用成为可能。

在 2012 年，谷歌公司上市虚拟现实眼镜设备“Google Glass”，Oculus 公司发布虚拟现实头戴式显示器“Oculus Rift”，两家公司在虚拟现实领域展开竞争，掀起虚拟现实技术新一轮热潮。2014 年，互联网巨头 Facebook（脸书）公司以 20 亿美元整体收购 Oculus 公司，首席执行官扎克伯格认为 Oculus 会成为未来交流平台，预测虚拟现实技术将改变个人网络体验。同年，三星公司 Gear VR 与谷歌公司 Google Cardboard 先后问世，虚拟现实设备可获得性增强，用户更广泛地探索虚拟现实技术的可能性。

到 2016 年，有两百多家公司开发 VR 相关产品。亚马逊、苹果、Facebook、谷歌、微软、索尼和三星公司都有专门的 AR 和 VR 组。动态双目追踪在该年发布的大多数头戴式显示器中很常见，VR 的整体发展趋势是分辨率和帧率更高、操作更简便。

【扩展阅读】

VR 发展历程

1.3 虚拟现实技术的分类

【学习目标】

掌握虚拟现实技术的 4 种类型及特点，包括桌面式虚拟现实系统、沉浸式虚拟现实系统、增强式虚拟现实系统、分布式虚拟现实系统。

【知识要点】

虚拟现实系统也可称为虚拟现实平台，旨在创建一个可交互的虚拟环境，便于用户探索无法到达或非真实存在的地方。虚拟现实系统的核心是沉浸感和交互性，提高用户体验感。根据沉浸感与交互性程度及操作方式的差异，目前虚拟现实系统可分为以下 4 种。

1.3.1 桌面式虚拟现实系统

桌面式虚拟现实系统是一套基于普通 PC 平台的小型桌面虚拟现实系统。用户通过键盘、鼠标、操纵杆或触摸屏等设备与虚拟环境进行交互，利用中低端图形工作站以及立体显示器产生虚拟现实场景，是目前比较普及的一类虚拟现实系统。但是这类虚拟现实系统会受到周围环境干扰，虚拟体验感较差。

桌面虚拟现实系统虽然缺乏类似使用头戴式显示器（也称头盔显示器）那样的沉浸效果，但它已经具备虚拟现实技术的要求，加上成本低、易于实现等特点，也得到广泛应用。如目前比较流行的虚拟校园、虚拟游戏、虚拟博物馆等。桌面式虚拟现实系统案例如图1-5所示。

图 1-5　桌面式虚拟现实系统案例图

1.3.2　沉浸式虚拟现实系统

沉浸式虚拟现实系统使用户完全融入并感知虚拟环境，获得存在感。一般有两种途径实现系统功能：通过洞穴自动虚拟环境和头戴式显示器，同时配备运动传感器以协助进行自然交互。系统利用头戴式显示器封闭使用者的视觉和听觉，从而产生虚拟视觉；利用数据手套封闭触觉，从而产生虚拟触动感；利用头部、手部、眼睛视向跟踪器，追踪使用者发出的操作命令，从而使体验者完全沉浸于虚拟环境。沉浸式虚拟现实系统示意如图1-6所示。

图 1-6　沉浸式虚拟现实系统示意图

1.3.3　增强式虚拟现实系统

增强式虚拟现实系统中的增强现实技术是在实际的环境上扩增信息，将虚拟环境的图形和真实物体进行叠加，再依赖虚拟现实位置跟踪技术，以达到精确的重叠和良好的虚拟体验感。

增强式虚拟现实系统的特点是不需要把用户和真实世界隔离，而是将真实世界和虚拟世界融为一体，用户可以同时与两个世界进行交互。增强虚拟现实系统犹如在虚拟现实环境和真实世界之间打一座桥梁，因此其应用潜力相当巨大。如医疗解剖和远程手术中的机器人控制方面比其他 VR 技术具有明显优势。增强式虚拟现实系统示意如图 1-7 所示。

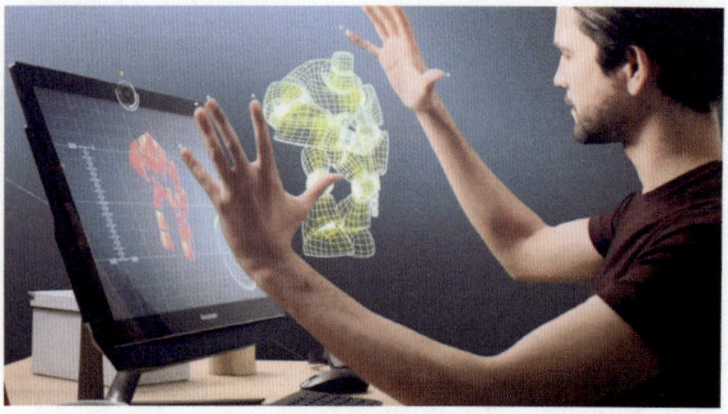

图 1-7　增强式虚拟现实系统示意图

1.3.4　分布式虚拟现实系统

分布式虚拟现实系统通过互联网络使多地的用户能够实时交互，共享相同的虚拟世界。虚拟世界不独立存在，运行于网络连接的多个计算机系统中。早在 1995 年，辛格（S. K.Singhal）和切里顿（D. R. Cheriton）研究发现，分布式虚拟现实系统需要在虚拟环境中准确有效地远程呈现动画实体，远程主机必须实时显示每个用户的位置，以支持系统用户之间的交互。进入 21 世纪后，分布式虚拟现实系统应用研究成为主流。考夫曼（H. Kaufmann）认为，分布式虚拟现实系统在教育领域应用较多，方便远程多人学习。国外学者研究证明，分布式虚拟现实系统可构建 3D 协作环境，供分布式用户相互交互，并完成各种协作任务。分布式虚拟现实系统顺应时代新需求，促进用户间沟通与协作，应用潜力有待更多挖掘。分布式虚拟现实系统的特征如下：

（1）共享的虚拟工作空间。

（2）伪实体的行为真实感。

（3）支持实时交互，共享时钟。

（4）多个用户以多种方式相互通信。

（5）资源信息共享以及允许用户自然操作环境中的对象。

【扩展阅读】

虚拟现实技术的分类

1.4 虚拟现实技术的特征

【学习目标】

掌握虚拟现实技术的特征：交互性、沉浸性、想象性。

【知识要点】

从计算机技术角度而言，虚拟现实技术是一种更为先进的人机接口方式。不同于以往意义的可视化操作界面，虚拟现实技术给用户提供了视听、接触甚至操纵控制等直观方便的实时交互方法。关于虚拟现实技术的特征的最早提出时间以及提出者，资料中有这样的说法：在 1993 年的世界电子年会上，美国科学家 Burdea G. 和 Philippe Coiffet 在 *Virtual Reality Systems and Applications*（虚拟现实系统及其应用）中针对虚拟现实的 3 个最突出的特征——交互性（Interactivity）、沉浸性（Immersion）和想象性（Imagination），提出了一个“虚拟现实技术的三角形”的概念，也称为“虚拟现实的 3I 特性图”，如图 1-8 所示。

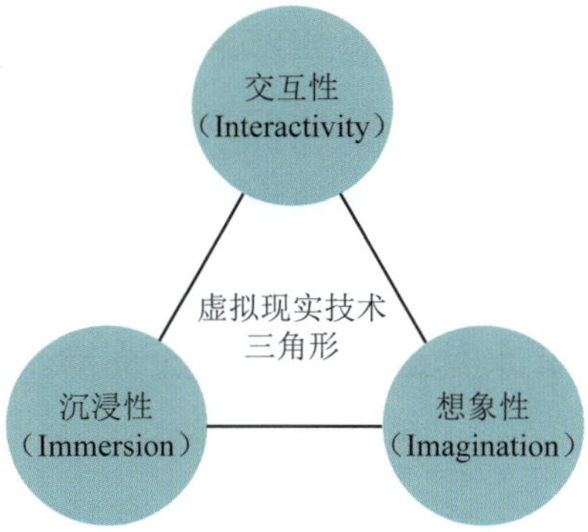

图 1-8 虚拟现实的 3I 特性图

1.4.1 交互性

VR 技术的交互指的是，用户通过专门的输入和输出设备，自然感知虚拟环境内物体的可操作度和从环境得到反馈的自然程度。这种交互需借助专用的交互设备（如头戴式显示器、数据手套等）与虚拟环境以自然的方式进行交互，这样的交互比平面图形交互拥有更加丰富的形式。例如，用户可以用手去直接抓取模拟环境中虚拟的物体，这时手有握着东西的感觉，并可以感觉物体的质量，视野中被抓的物体也能立刻随着手的移动而移动。

1.4.2 沉浸性

沉浸性又称临场感，指的是虚拟环境给参与者带来的身临其境的体验，被认为是虚拟现实技术的重要技术特征。基于人类的视觉、听觉等感官和心理特点，由计算机产生逼真三维立体图像，参与者戴上头戴式显示器、数据手套等交互设备，仿佛置身于真实的客观世界中。

“沉浸性”通常指以下两方面：其一是用户的多感官感受；其二是体验的自主性。理想化的虚拟现实最佳的效果就是具有人所有的多种感知功能。自主性指的是在虚拟环境中物体依据物理定律做出的动作。虚拟的物体在独立活动时或者与用户交互时，都会有一定的动态表现，这些动态表现都应服从自然规律或者设计师的规定。除了这两方面外，图像是否具有纵深感、画面是否广阔、跟踪器的反馈是否精准等都是影响临场感的因素。

1.4.3 想象性

想象性是指在虚拟环境中，用户可以根据所获取的多种信息和自身在系统中的行为，通过联想、推理和逻辑判断等思维过程，随着系统的运动状态的变化，对系统运动的未来进展进行想象，以获取更多的知识，认识复杂系统深层次的运动机理和规律。

VR 技术使得人从被动接受事物转为主动接受事物，人们从定性和定量两者集成的环境中，通过感性认识和理性认识主动探寻信息，深化概念并进而产生认知上的新意和构想。

【扩展阅读】

虚拟现实技术的特征

1.5 虚拟现实关键技术

【学习目标】

了解虚拟现实的关键技术，包括计算机图形技术、三维建模技术、碰撞检测技术、三维虚拟声音技术、人机交互技术。

【知识要点】

1.5.1 计算机图形技术

1. 计算机图形学简介

计算机图形学（Computer Graphics，CG）的内容比较丰富，与很多学科都有交叉。

在“Wiki 百科”和“百度百科”上对“计算机图形学”的解释：计算机图形学是一种使用数学算法将二维或三维图形转化为计算机显示器的栅格形式的科学。简单地说，计算机图形学的主要研究内容就是，如何在计算机中表示图形以及利用计算机进行图形的计算、处理和显示的相关原理与算法。虽然通常认为CG是指三维图形的处理，事实上也包括了二维图形及图像的处理。

狭义地理解，计算机图形学是数字图象处理或计算机视觉的逆过程；计算机图形学是用计算机来画图像的学科；数字图象处理是把外界获得的图像用计算机进行处理的学科；计算机视觉是根据获取的图像来理解和识别其中的物体的三维信息及其他信息。

需要指出的是，这些都是不确切的定义。实际上，计算机图形学、数字图象处理和计算机视觉在很多地方的区别不是非常清晰，很多概念是相通的，而且随着研究的深入，这些学科方向不断地进行交叉融入，形成一个更大的学科方向，称为“可视计算”（Visual Computing）。

2. 计算机图形技术的主要内容

在学科开创之初，计算机图形学要解决的是如何在计算机中表示三维几何图形，以及如何利用计算机进行图形的生成、处理和显示的相关原理与算法，产生令人赏心悦目的真实感图像。这是狭义的计算机图形学的范畴。随着近40年的发展，计算机图形学的内容已经远远不止这些了。广义的计算机图形学的研究内容非常广泛，如图形硬件、图形标准、图形交互技术、光栅图形生成算法、曲线曲面造型、实体造型、真实感图形计算与显示算法，以及科学计算可视化、计算机动画、自然景物仿真、虚拟现实等。

1.5.2 三维建模技术

三维建模技术是虚拟现实技术的基础。三维复杂模型的实时建模与动态显示技术可以分为两类：一是基于几何模型的实时建模与动态显示；二是基于图像的实时建模与动态显示。

1. 基于几何模型的建模技术

在计算机中建立起三维几何模型，一般均用多边形表示。这种基于几何模型的建模与实时动态显示技术的主要优点是观察点和观察方向可以随意改变、不受限制，允许人们沉浸到仿真建模的环境中，充分发挥想象力，而不是只从外部去观察建模结果。几何建模示意如图1-9所示。

图1-9 几何建模示意图

基于几何模型的建模软件很多，最常用的就是3DMax（3D Studio Max，也常简称为3DMAX、3DMax、3DSMAX、3d MAX、3Ds Max、3dMax、3ds Max等）和Maya。3DMax是大多数Web3D软件所支持的，可以把其生成的模型导入使用。

2. 基于图像的建模技术

在建立三维场景时，选定某一观察点设置摄像机，每旋转一定的角度，便摄入一幅图像，并将其存储在计算机中。在此基础上实现图像的拼接，即将物体空间中同一点在相邻图像中对应的像素点对准。对拼接好的图像实行切割及压缩存储，形成全景图。基于图像的建模示意如图1-10所示。

（a）原始图像

（b）重建后模型

图1-10　基于图像的建模示意图

基于现场图像的虚拟现实建模有广泛的应用前景，它尤其适用于那些难以用几何模型的方法建立真实感模型的自然环境，以及需要真实重现环境原有风貌的应用。

相对来说，基于图像的建模技术显然只能是对现实世界模型数据的一个采集，并不能够给VR设计者一个充分的自由想象及发挥的空间。

由于Web3D实现的是在Web上显示三维模型，因此在三维建模时必须时刻考虑实现效果的真实性与模型描述文件大小之间的平衡关系。三维模型的效果真实性越强，模型描述文件就越大。太大的文件在网络上传输时势必会影响其传输速度，对于实时渲染的Web3D技术来说是不切实际的。因此通常可采用模型简化及压缩技术、细节层次（LOD）技术以及按需传输技术等来解决。

建模方式的多样性使不同专业背景的人可以根据自身的能力来选择建模方式，从近十年的建模软件发展来看，软件的功能越来越多，操作也越来越简便。

1.5.3　碰撞检测技术

1. 什么是碰撞检测技术

碰撞检测，也就是俗称的体积碰撞，一直是实时渲染研究中不可忽视的方面。碰撞检测在终端用户的感觉中应该是符合我们日常生活中的常识，不被感觉到才算做得好。最基本的碰撞检测是通过空间中两个模型相互之间的所有线和所有三角形进行相交检测以达到碰撞检测的效果，这种穷举的算法虽然精度极高但是要消耗大量资源，并不适合实时渲染。早期的三维碰撞检测大多基于格子，即将空间分块，是二维算法的衍生。这种基于格子的系统实现简单，但是精度极低，不属于严格意义上的碰撞检测。自从计算机游戏出现以来，程序员就不断地想办法来实现更精确地模拟现实世界的目的。

2. 碰撞检测技术在虚拟现实中的应用

我们拿“乒乓球”游戏为例子，游戏中有一个象征性的小方块（球）和两只拍子，游戏者需要在恰当的时间将拍子移动到恰当的地点，将小球反弹回去。这个基本操作的背后（以现在的标准来看）就是最初始的碰撞检测了。今天的游戏比“乒乓球”游戏要高级得多，并且基本上是基于 3D 的。3D 游戏中的碰撞检测比“乒乓球”游戏里的更加难实现。

比如我们在虚拟现实里体验飞行模拟的应用，如果我们驾驶飞机穿过一座大山的尖顶之后仍然活着，感觉很不真实。因为在虚拟现实体验中要求提升真实性，开发者就不得不绞尽脑汁想办法让虚拟世界尽可能地接近现实世界。

碰撞检测是许多计算机图形应用的基础而且是非常重要的部分。它在虚拟操控、计算机动画、物理建模、游戏、飞行和驾驶模拟，以及几乎所有虚拟现实的模拟中扮演着重要的角色。由于碰撞检测的广泛使用，它仍然是人们不断扩展研究的课题。

碰撞检测是碰撞处理的一部分，碰撞处理可以分为三个部分：碰撞检测、碰撞计算、碰撞响应。碰撞检测告知了计算机是否存在两个或者更多的物体相撞；碰撞计算会给出物体间碰撞的实际交点；碰撞响应决定针对两个物体的碰撞该采取什么样的行动。

以上是对碰撞检测技术的简单解释。这一技术在虚拟现实和游戏开发中非常常见。我们使用了 BSP（Binary Space Partitioning，二叉空间分割）树来表达场景。一个角色可能是由圆柱体来表达的，然而，不是所有的物体都能够被近似表达为直线或者圆柱体，有一些应用需要更精确的检测。例如，一个三维的手撞上（拿起）一个三维的茶杯，两个物体都是由三角形网格表达的，那么将如何有效地完成碰撞检测呢？当然，手的每个三角形都需要和茶杯的每个三角形进行相交检测，但是在这个例子里，如果两个物体隔得很远，这个算法应当快速地发现这一点，然后不再进行繁重的计算。但即使物体已经靠得足够近了，大量的检测依然是不高效的。由于我们需要一个能够快速完成这个例子的算法，很容易想出碰撞检测更复杂的情节。

1.5.4 三维虚拟声音技术

三维虚拟声音与人们熟悉的立体声音有所不同。立体声虽然分为左右声道，但就整体效果而言，立体声来自听者面前的某个平面。而三维虚拟声音则来自围绕听者双耳的一个球形中的任何地方，即声音出现在听者的上方、后方或者前方。三维虚拟声音系统的核心是声音定位技术，它有三个主要特征，分别是全向三维定位特性、三维实时跟踪特性、沉浸感与交互感。

全向三维定位特性指在三维虚拟空间中把实际声音信号定位到特定虚拟专用源的能力。它能使用户准确判断声音的精确位置，从而符合人们的真实听觉方式。举个例子来说，在现实生活中，我们一般都是先听到声响，然后再用眼睛去看某个地方，三维声音系统允许用户根据眼睛注视的方向以及所有可能的位置来监视和识别各种信息源，由此可以看出，三维声音系统可以利用粗调的机制引导较为细调的视觉能力的注意。在有视觉干扰的虚拟环境中，这一点尤其重要，这个时候我们一般会通过听觉感受来引导肉眼对于目标位置的搜索，这种方法肯定要优于没有任何辅助而直接用肉眼搜索目标。

三维实时跟踪特性指三维虚拟空间中实时跟踪虚拟声音位置变化的能力。例如，当用户头部发生转动时，虽然虚拟声源在虚拟场景中的绝对位置没有发生变化，但是它相对于用户头部的位置发生了变化，所以用户的听觉感受也应该发生变化，从而使用户感受到声源位置的固定性。

三维虚拟声音的沉浸感指加入三维虚拟声音后能使用户产生身临其境的感觉，有助于增强临场效果。三维声音的交互特性是指随用户的运动而产生的临场反应和实时响应能力。

用语音与虚拟现实进行交互是我们的一个目标。语音技术主要分为语音识别技术和语言合成技术。语音识别技术指将人说话的语言信号转换为可以被计算机程序所识别的信息，一般包括参数提取、参考模式建立、模式识别等过程；语音合成技术指用人工的方法产生语音技术。实现语音输出有两种方法：一是录音 / 重放；二是文—语转换。将语音合成与语音识别技术结合起来，就可以让用户和虚拟环境进行简单的语音交互，从而实现人机的自然交互。图 1-11 所示为三维声音设备。

图 1-11　三维声音设备

人们会通过头部运动来识别和定位空间中的声音，没有这一点，我们在三维空间中定位声音的能力将大大降低。当人们把头转向一边时，开发者必须确保他们的产品能够在人们的听觉上反映这种运动，否则，声音会让人感觉虚假，缺乏沉浸感。

1.5.5　人机交互技术

人机交互技术（Human-Computer Interaction Techniques）是指通过计算机输入、输出设备，以有效的方式实现人与计算机对话的技术。人机交互就是用户与系统之间的交流、互动。此处的系统，既可以是电脑、手机、机器人等机器，也可以指软件或操作系统等。而人机交互界面则通常指用户可见的部分，如电视机上的按钮、汽车的仪表盘、生产车间的控制室等，都是人机交互界面的典型案例。系统可用性和用户友好性是人机交互设计需要考虑的两大因素。

人机交互技术是计算机用户界面设计中的重要内容之一。它与认知学、人机工程学、心理学等学科领域有密切的联系。

人机交互的模式主要经历了 5 个重要发展时期，每个时期都有对应的里程碑：键盘，鼠标，触控技术，多媒体技术，虚拟现实技术。其发展进程如图 1-12 所示。

图 1-12　人机交互技术的发展进程图

人机交互技术经过几十年的发展，从最初的人适应计算机，逐渐步入计算机适应人的阶段，最后将达到人机交互的和谐阶段。人机交互技术的每次变革，都对人们的生活方式产生了重要影响。同时人类对于当前人机交互的反馈也促进了人机交互技术的再次变革，使得人机交互的方式越来越贴近人的思想理念。随着科学技术的不断进步，虚拟现实和多通道用户界面将成为未来人机交互的主要发展方向。我们期待人机交互将我们带入科幻的多维世界。

【扩展阅读】

三维建模技术　　碰撞交互检测　　人机交互技术

1.6 虚拟现实技术的应用与发展

【学习目标】

了解虚拟现实技术的应用与发展，了解虚拟现实技术在航空航天、军事训练、医疗、教育、文化娱乐等应用领域的现状及发展前景。

【知识要点】

一种技术的创新，其本质就在于应用，应用场景的多元化和拓展性决定着技术未来发展的空间和容量。虚拟现实技术可为人们提供一种特殊的自然交互环境，如，针对现实中的某些特别危险、造价昂贵或不可逆转的环境或事项，虚拟现实技术就可以帮助我们产生相应的应用场景。另外，虚拟现实技术具有成本低、安全性能高、形象逼真、可重复使用等特点，促使其在各领域的应用越来越广泛，目前已在航空航天、军事训练、医疗卫生、教育培训、文化娱乐、城市建筑、商业展示、广告宣传等领域得到应用。虚拟现实技术对人类社会具有非常重要的意义，预计虚拟现实技术将在本世纪进入家庭，将直接与人们的生活、学习、工作密切相关。

1.6.1 航空航天领域

航空航天作为一种耗资巨大、变量参数多、系统复杂的工程，必须要保证其设备的安全、可靠。航空航天领域为虚拟现实技术提供了广阔的应用前景。可利用将 VR 技术与仿真理论相结合的方法来进行飞行任务或操作的模拟，以代替某些费时、费力、费钱的真实实验或者真实实验无法开展的场合，利用虚拟现实技术的经济、安全及可重复性等特点，获得提高航天员工作效率及航天器系统可靠性等的设计对策。

1. 飞机设计与制造

在飞机设计过程中，应用 VR 技术提前开展性能仿真演示、人机工效分析、总体布置、装配与维修性评估，能够及早发现、弥补设计缺陷，实现“设计—分析—改进”的闭环迭代，达到缩短开发周期，提高设计质量和降低成本的目的。图 1-13 所示为将虚拟现实技术运用到飞机设计与制造的示意图。

2. 飞行驾驶虚拟实训

根据实际场景，建立逼真的虚拟场景三维模型，实现对虚拟场景的实时驱动，进行飞机飞行员的驾驶实训，增强飞行员的操作技能，加大飞行安全砝码，为航空业飞行安全提供有力保障。图 1-14 所示为飞行驾驶虚拟实训示意图。

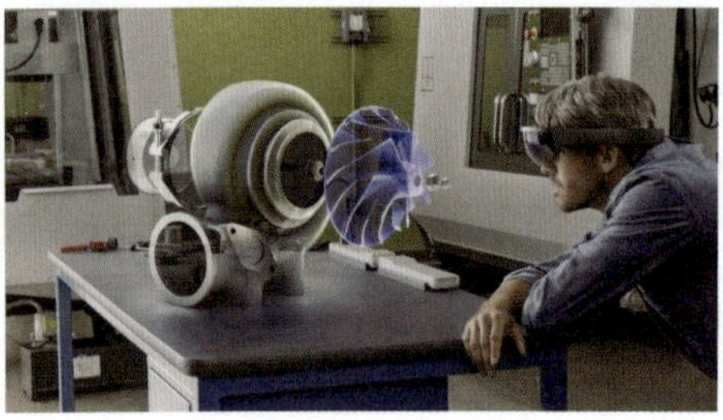

图 1-13 虚拟现实技术运用到飞机设计与制造示意图

图 1-14 飞行驾驶虚拟实训示意图

1.6.2 军事训练领域

1. 运用指挥决策训练系统提升指挥员指挥决策能力

通过虚拟现实技术可以设置不同的指挥环境，让指挥员在虚拟任务环境中针对不同的任务情况组织指挥，模拟实战指挥，从而提高指挥人员的战术水平。在指挥决策上主要包含两个方面：一方面是通过对获取的情报在三维任务环境中合成逼真的三维立体态势场景，有利于指挥人员更加直观地把握整个任务态势，辅助指挥员进行指挥决策；另一方面，采用基于虚拟现实技术的指挥方案分析系统对指挥员提出的决策方案进行仿真分析，更好地为指挥员服务，从而使其做出正确决策。

2. 虚拟现实技术可以提供逼真装备操作体验

虚拟现实技术通过各类外设和传感器，实现现实中使用者的各项操作与虚拟场景变换的同步交互。在使用虚拟现实设备时，通过调节虚拟装备参数，简易更换外设，就可以实现需要训练武器装备的更换。通过虚拟现实技术，能够实现训练者与虚拟空间的结合，通过其交互性特点，能够实现对武器装备的操作，实现交战双方的对抗，以此提高受训者的实战能力。

3. 虚拟现实技术可以提供全真任务环境模拟

通过任务环境生成系统可以提供丰富多样的任务场景，便于受训者在各类复杂情景中进行训练。同时通过各类危急情景，给与受训者较强心理刺激，提高其进入任务环境后的适应能力和执行任务能力。在实战前，通过对任务地域环境的全真模拟，帮助指战员提前熟悉任务环境，组织协同配合进行演练，有效提高实际遂行任务能力。通过虚拟现实技术，可以有效弥补军事训练中环境生成难，训练场地限制大，重复训练场布置复杂且成本高的不足，可作为提高战斗力的有效训练方式。

4. 运用心理康复训练系统辅助治疗任务后的心理疾病

虚拟现实技术由于其逼真的模拟使人产生身临其境的感受和体验。基于虚拟现实的心理治疗可以应用于创伤后应激障碍（PTSD）、恐高症、抑郁症等多种心理疾病的治疗中。治疗师可以根据“暴露式”临床理论，在引导患有 PTSD 的人员治疗时，将其引入一个可控的沉浸式环境中，在这样一个安全的环境下，让患者逐步回忆过去。随着时间的推移，患者的症状会逐步缓解，最终重建一个更加健康的生活。

1.6.3 医疗领域

虚拟现实与医疗的融合将为传统医疗行业带来全新变革。虚拟现实具有逼真的场景呈现、事前可规划性和过程可重复性的特点，可有效解决医疗行业面临的实操风险高、可重复率低、培训资源短缺等问题。随着虚拟现实技术的不断进步与发展，“虚拟现实+医疗”时代正逐步到来。

1. 手术场景模拟

在外科手术中，可以利用各种影像数据建立模拟的环境并进行手术计划的制订，制订好计划之后进行重复的手术模拟演练，通过这种方式开展手术的教学。这样非常有利于提高医生们的手术水平，又可以对经验不足的年轻医生们进行培养，提高他们面对真实手术环境时随机应变的能力，可以减少手术过程中因为经验不足等原因造成的不必要的失误。同时，如果将整个模拟环境的手术操作过程录制成影像资料，也方便医学生对该手术过程的学习，进行教学实践的模拟训练，增强学生自身的手术实操能力。图 1-15 所示为 VR 模拟剖宫产手术图。图 1-16 所示为 VR 模拟胸腔穿刺术图。

2. 临床诊断

在临床诊断方面，可以利用三维重构技术建立部分虚拟内镜的模型，使医生的视角在病人体内甚至毛细血管中自由转换，这种动态的虚拟现实对临床诊断具有珍贵的价值，而且还可以将人体躯干模型重建，其中的虚拟器官能够模拟真实器官的弯曲、伸长以及切割时产生的边缘收缩现象，为诊断提供了良好的实验环境。同时，还可以建立虚拟耳窥镜模块，以虚拟现实的形式显示耳的剖面结构，通过 CT 和 MRI 图像数据重建耳的内表面，模拟传统内镜对内耳的检查过程，并针对其功能进行进一步的深入研究。

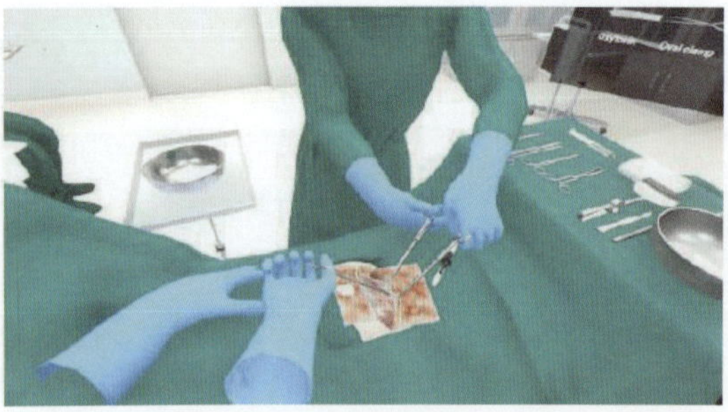

图 1-15　VR 模拟剖宫产手术图

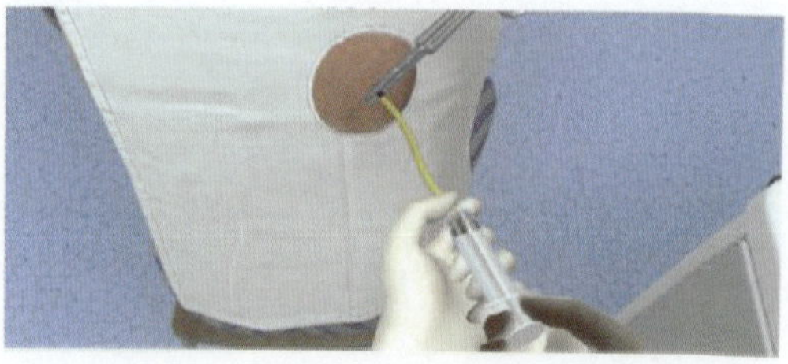

图 1-16　VR 模拟胸腔穿刺术图

3. 虚拟现实 + 心理障碍治疗

在国外虚拟现实技术已较多应用于治疗各种心理障碍疾病，如退伍老兵创伤后遗症、残障人士幻肢痛、儿童多动症、自闭症和认知功能障碍等，甚至对于改善恐高症、幽闭恐惧症、飞机恐惧症都有效果。

VR 焦虑恐惧治疗。心理学家通过 VR 技术实现传统的“暴露疗法”，进行恐惧与焦虑等心理疾病的治疗。VR 虚拟场景能够以安全放心的方式将患者暴露在某一让他们感到不安的情境之下，然后患者可以告诉医生此时的感受和想法。该 VR 心理治疗方法还可以接入街景服务，利用这一提供世界各地道路及其他地点全景影像的庞大在线数据库，再现户外场景。美国有相当多的心理医生已经通过这些虚拟的街景治愈患者（图 1-17）。

图 1-17　VR 虚拟街景图

VR 恐高症治疗。VR 恐高症疗法是通过在虚拟世界中模拟高山悬崖的玻璃栈道，让患者戴上 VR 头盔模拟站在玻璃栈道上的感觉，从而进行恐高症的暴露疗法治疗（图 1-18）。

以虚拟现实为代表的新兴前沿技术正广泛应用于医疗行业，助力提高医疗资源供给能力、降低各种医疗保健的复杂性和危险性、应对医疗健康服务需求的增长。与此同时，随着医疗健康领域的发展，将产生更多的 VR 诊疗方案，进一步推进虚拟现实技术在各个医疗健康领域的应用，拓展虚拟现实的应用场景，并将催生新的模式业态，带来潜力巨大的市场。

图 1-18　VR 恐高症暴露疗法示范图

1.6.4　教育领域

基于虚拟现实技术的教学研究发现，虚拟现实学习环境对学生的学习具有巨大的辅助和促进作用。首先，虚拟现实学习环境能提供更贴近生活的教学辅助，让学生在生活化的环境中学习知识和技能，提高了知识呈现的情境性与直观性；其次，虚拟现实技术可以为学生提供丰富多样的个性化学习环境，践行“因材施教”的教育理念；再次，虚拟现实学习环境可以融合游戏化的特征，贯彻“寓学于乐”的教育理念，提高学生学习的内在动机；最后，基于虚拟现实技术的在线课堂将一改视频课堂的枯燥乏味，为学生提供主动探索和互动交流的机会，可极大地提高学生主动学习的积极性。图 1-19 所示为虚拟现实远程教育示范图。

图 1-19　虚拟现实远程教育示范图

1. 远程教育

在虚拟现实技术系统中存在的虚拟智能角色，可以带领学生在虚拟环境中更好地进行环境的体验，同时老师也能够在虚拟现实系统中随时随地给学生进行知识讲解及与学生进行学术交流。以网络信息技术和多媒体设备为基础的虚拟学习环境，可以使学生的主观能动性和自主学习能力得到极大的提升。学生通过计算机就可以进行知识的学习，同时也能够享受当下丰富的学习资源。

2. 虚拟校园

虚拟现实系统可以进行虚拟校园以及虚拟课堂的创建，可以使学生能够随时随地在虚拟校园以及虚拟课堂中进行知识的学习，也能够与老师、同学进行及时的讨论。图 1-20 所示为虚拟校园示范图。

图 1-20　虚拟校园示范图

3. 虚拟实验环境

虚拟现实实验是指在虚拟现实环境的基础之上将现实中真实的实验进行模拟呈现。当下学校根据虚拟现实技术设立的各种虚拟实验室在对学生进行化学、物理等实验的操作和体验上具有积极的效果。同时，虚拟实验室的设立，在很大程度上可以降低学生在实验过程中的风险，也能够降低一些实验的成本，减少学校的开支，使得学生们能够足不出户地、不限次数地进行各种实验的操作，同时也能获得与现实中进行真实实验时一样的体验。图 1-21 所示为 3D 化工原理虚拟仿真实验室示范图。

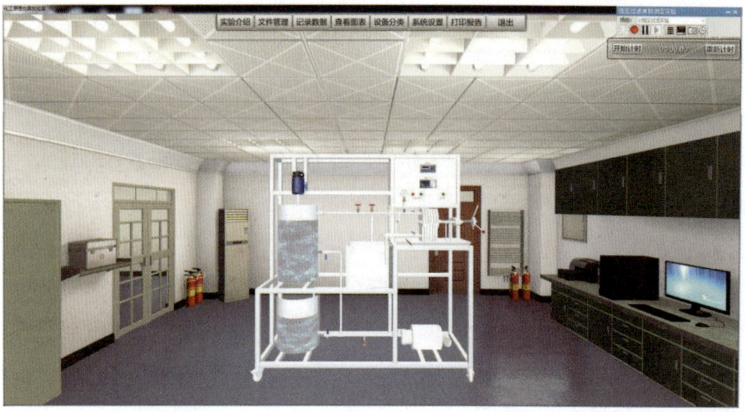

图 1-21　3D 化工原理虚拟仿真实验室示范图

1.6.5　文化娱乐领域

文化娱乐上的应用是虚拟现实技术应用最广阔的领域，早期的立体电影到现代高级的沉浸式游戏，都是虚拟现实技术应用较多的领域。丰富的感觉能力与3D显示世界使得虚拟现实成为理想的视频游戏工具。由于在娱乐方面对虚拟现实的真实感要求不是很高，所以近几年来虚拟现实在该行业的发展较为迅猛。作为传输、显示信息的媒体，虚拟现实未来在艺术领域方面所具有的潜在应用能力也不可低估。

虚拟现实所具有的临场参与感与交互能力可以将静态的艺术（如油画、雕刻等）转化为动态的，可以使观赏者更好地欣赏作者的思想艺术。如虚拟博物馆，可利用网络或光盘等其他载体对其实现远程访问。另外，虚拟现实提高了艺术表现能力，如一个虚拟的音乐家可以演奏各种各样的乐器，即使远在外地，也可以在居室中去虚拟的音乐厅欣赏音乐会等。图1-22所示为虚拟现实游戏示意图。图1-23所示为虚拟现实博物馆示意图。

图1-22 虚拟现实游戏示意图

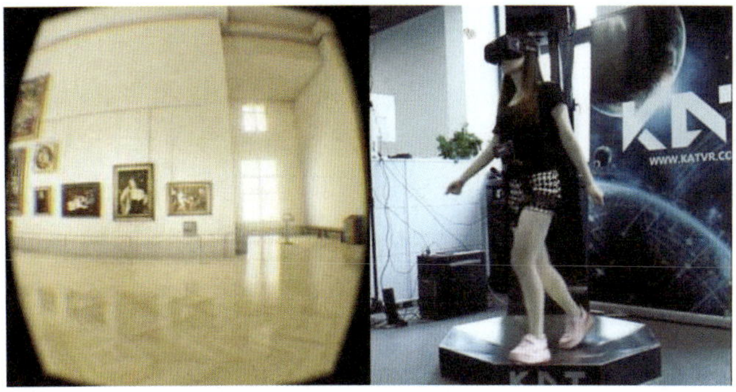

图1-23 虚拟现实博物馆示意图

【扩展阅读】

VR发展历程及展望

第2章

虚拟现实开发的软件及硬件

本章导读

本章主要介绍利用虚拟现实开发所需要的软件及硬件设备，全面了解常用的虚拟现实开发所需的软件及硬件设备，了解虚拟现实开发所需的软件及硬件设备的优缺点。

教学目标

★ 了解虚拟现实开发软件。
★ 了解虚拟现实建模设备。
★ 了解虚拟现实显示设备。
★ 了解虚拟现实声音设备。
★ 了解虚拟现实交互设备。

2.1 虚拟现实开发软件

【学习目标】

了解市场上应用广泛的虚拟现实开发软件，包括建模软件和用来进行交互的引擎软件，了解其功能、使用范围和优缺点。

【知识要点】

2.1.1 三维模型和动画制作软件

1. 3DMax

3D Studio Max，常简称为3DMax（3DMAX、3DSMAX、3d MAX、3Ds Max、3dMax、

3ds Max 等），是 Discreet 公司（后被 Autodesk 公司合并）开发的基于 PC 系统的三维动画渲染和制作软件。其前身是基于 DOS 操作系统的 3D Studio 系列软件。在 Windows NT 出现以前，工业级的 CG（Computer Graphics）制作被 SGI 图形工作站所垄断。3D Studio Max + Windows NT 组合的出现一下子降低了 CG 制作的门槛，首先开始运用在电脑游戏中的动画制作，后来更进一步参与影视片的特效制作，例如 X 战警 II，最后的武士等。在 Discreet 3Ds max 7 后，其正式更名为 Autodesk 3DMax，较新的版本是 3DMax 2021。

该软件的特点如下：

- 基于 PC 系统的低配置要求。
- 安装插件（Plugins）可提供 3D Studio Max 所没有的功能，并增强其原本的功能。
- 强大的角色（Character）动画制作能力。
- 可堆叠的建模步骤，使制作模型有非常大的弹性。

该软件的优势如下：

- 性价比高。3DMax 有非常好的性能价格比，能提供强大的功能，其低廉的价格一般的制作公司都可以承受，这样就可以使作品的制作成本大大降低。它对硬件系统的要求相对来说也很低，一般普通的配置就可以满足学习的需要，这也是每个软件使用者所关心的问题。
- 使用者多，便于交流。该软件在国内拥有众多的使用者，便于交流，网络上的教程也很多。随着互联网的普及，关于 3DMax 的论坛在国内也相当火爆。
- 上手容易。初学者比较关心的一个问题是 3DMax 是否容易上手，这一点读者可以完全放心，3DMax 的制作流程十分简洁高效，使用者可以很快上手。虽然其命令较多，但只要你的操作思路清晰，上手是非常容易的。后续的高版本操作也十分简便，且对于操作的优化更有利于初学者学习。

2. Maya 软件

Maya 软件是 Autodesk 旗下的著名三维建模和动画软件。Autodesk Maya 可以大大提高电影、电视、游戏等领域开发、设计、创作的工作流效率，同时改善了多边形建模功能；通过新的运算法则提高了性能；多线程支持可以充分利用多核心处理器的优势；新的 HLSL 着色工具和硬件着色 API 则可以大大增强新一代主机游戏的外观；另外在角色建立和动画方面也更具弹性。

Maya 是顶级三维动画软件，国外绝大多数的视觉设计领域都在使用 Maya，该软件在国内也越来越普及。由于 Maya 软件功能更为强大、体系更为完善，因此国内很多的三维动画制作人员都开始转向使用 Maya，而且很多公司也都开始利用 Maya 作为其主要的创作工具，Maya 软件已成为三维动画软件的主流。Maya 的应用领域极其广泛，比如说《星球大战》系列、《指环王》系列、《蜘蛛侠》系列、《哈利波特》系列、《木乃伊归来》《最终幻想》《精灵鼠小弟》《马达加斯加》《sherk》以及《金刚》等都是出自 Maya。Maya 在其他领域的应用更是不胜枚举。

（1）Maya 软件的特点。Maya 集成了 Alias/Wavefront 最先进的动画及数字效果技术。它不仅包括一般三维和视觉效果制作的功能，而且还与最先进的建模、数字化布料模拟、毛发渲染、运动匹配技术相结合。Maya 可在 Windows NT 与 SGI IRIX 操作系统上运行。

目前市场上用来进行数字和三维制作的工具中，Maya 是首选解决方案。

（2）Maya 软件的优势如下：

- Maya 软件的应用主要是动画片制作、电影制作、电视栏目包装、电视广告制作、游戏动画制作等。Maya 的 CG 功能十分全面，如建模、粒子系统、毛发生成、植物创建、衣料仿真等。
- Maya 是高端 3D 软件。3DMax 是中端软件，易学易用，但在满足一些高级要求（如角色动画 / 运动学模拟）方面远不如 Maya 强大。

2.1.2 虚拟现实制作引擎

1. Unity 3D 软件

Unity 3D 也称 Unity，是由 Unity Technologies 公司开发的一个让玩家轻松创建诸如三维视频游戏、建筑可视化、实时三维动画等类型的具有互动内容的多平台的综合型游戏开发工具。

Unity 3D 可以运行在 Windows 和 MacOS X 下，可发布游戏至 Windows、Mac、Wii、iPhone、WebGL（需要 HTML5）、Windows Phone 8 和 Android 平台。也可以利用 Unity Web Player 插件发布网页游戏，支持 Mac 和 Windows 平台的网页浏览，是一个全面整合的专业游戏引擎。

Unity 3D 的特点如下：

（1）跨平台。以往开发中，开发者要考虑平台之间的差异，比如屏幕尺寸、操作方式、硬件条件等，这样会直接影响开发进度，给开发者造成很大的麻烦，Unity 3D 几乎为开发者完美地解决了这一难题，大幅度减少了软件移植过程中不必要的麻烦。

（2）综合编辑。Unity 3D 的用户界面具备视觉化编辑、详细的属性编辑器和动态游戏预览特性。Unity 3D 创新的可视化模式让游戏开发者能够轻松构建互动体验，当游戏运行时可以实时修改参数值，方便开发，为游戏开发节省大量时间。

（3）资源导入。项目可以自动导入资源，并根据资源的改动自动更新。Unity 3D 支持几乎所有主流的三维格式，如 3DMax、Maya、Blender 等，贴图材质可自动转换为 U3D 格式，并能和大部分相关应用程序协调工作。

（4）一键部署。Unity 3D 只需一键即可完成作品的多平台开发和部署，让开发者的作品在多平台呈现。

（5）脚本语言。Unity 3D 集成了 MonoDeveloper 编译平台，支持 C#、JavaScript 和 Boo 三种脚本语言，其中 C# 和 JavaScript 是在游戏开发中特别常用的脚本语言。

2. 虚幻 4

Unreal Engine 4，简称 UE4，中文名为虚幻引擎 4，简称虚幻 4。虚幻引擎实时交互和渲染功能非常适用于各种非游戏应用的项目，包括汽车、航空、建筑、消费电子产品和复杂数据可视化。能够将 CAD 和 3DMax 数据快速导入虚幻引擎，创造出令人惊叹的实时视觉效果，并且可大幅度缩短迭代时间。

该软件的特点如下：

（1）实时逼真渲染。基于物理的渲染、高级动态阴影选项、屏幕空间反射和光照通道等强大功能将帮助您灵活而高效地制作出令人赞叹的内容，可以轻松获得好莱坞级别的视觉效果。

（2）可视化脚本开发。为游戏逻辑的开发提供了独创的蓝图方式和 C++ 代码方式，其中蓝图方式是一种简单易用但功能强大的可视化脚本开发方式。

（3）专业动画与过场。动画方面提供了由影视行业专家设计的一款完整的非线性的实时动画工具（Sequencer），包括了动态剪辑、动画运镜以及实时游戏录制。

（4）健壮的游戏框架。提供了包含游戏规则、玩家输出与控制、相机和用户界面等核心系统的 GamePlay 框架，同时内置了各种类型的游戏模板和多人游戏模板等。

（5）灵活的材质编辑器。提供了基于节点的图形化编辑着色器的功能。

（6）先进的人工智能工具。提供了行为树、场景查询系统等 AI 相关的先进工具。

（7）源代码开源。可以通过源代码更深入地学习或解决问题。

【扩展阅读】

虚拟现实开发软件

2.2 建模设备

【学习目标】

了解逆向建模设备 3D 扫描仪、模型打印设备 3D 打印机的功能及特点。

【知识要点】

3D 建模设备是一种可以快速建立仿真的 3D 模型辅助设备。

2.2.1 3D 扫描仪

三维扫描仪（或称 3D 扫描仪）指快速获取物体的立体色彩信息并将其转化为计算机能直接处理的三维数字模型的仪器，是快速实现三维信息数字化的一种极为有效的工具，如图 2-1 所示。

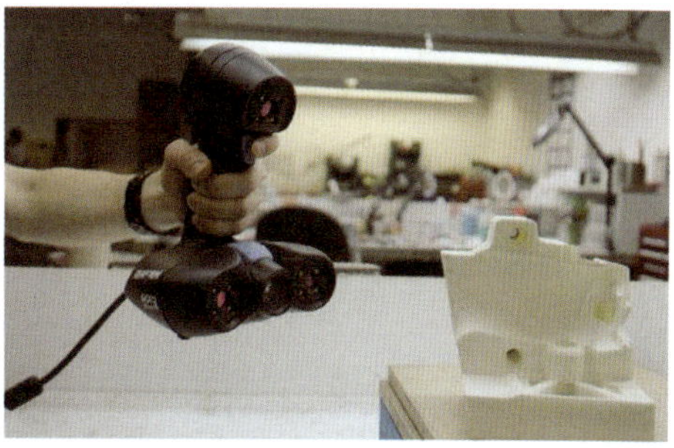

图 2-1 3D 扫描仪

三维扫描仪分为接触式（contact）与非接触式（non-contact）两种，后者又可分为主动扫描（active）与被动扫描（passive），这些分类下又细分出众多不同的技术方法。使用可见光视频达成重建的方法，又称作基于机器视觉（Vision-based）的方式，是现在机器视觉研究的主流之一。

1. 接触式扫描

接触式三维扫描仪用透过实际触碰物体表面的方式计算深度，如座标测量机（Coordinate Measuring Machine，CMM），即典型的接触式三维扫描仪。此方法计算结果相当精确，常被用于工程制造产业，然而因其在扫描过程中必须接触物体，待测物有遭到探针破坏损毁之可能，因此不适用于高价值对象，如古文物、遗迹等的重建作业。此外，相较于其他方法，接触式扫描需要较长的时间。现今最快的座标测量机每秒能完成数百次测量，而光学技术，如激光扫描仪，运作频率则高达每秒一万至五百万次。

2. 非接触式扫描

非接触式扫描方式最常见的是通过光学扫描得到产品扫描点数据的方法。非接触式扫描方式在采集数据时，扫描头通常不与被扫描物体产生接触，从而不会对零件产生变形影响。常见的光学扫描方法的工作原理通常有结构光测距法、激光三角法、激光干涉扫描法等。

非接触式扫描方式的优点：

（1）无须进行扫描头半径补偿。

（2）扫描速度快，不必逐点扫描，扫描面积大，数据较为完整。

（3）可以直接扫描材质较软以及不合适进行直接接触式扫描的物体，如橡胶、纸制品、工艺品、文物等。

2.2.2 3D打印机

三维立体打印机，也称3D打印机（3D Printer，3DP），是快速成型（Rapid Prototyping，RP）的一种工艺，采用层层堆积的方式分层制作出三维模型，其运行过程类似于传统打印机，只不过传统打印机是把墨水打印到纸上形成二维的平面图纸，而三维打印机是把液态光敏树脂材料、熔融的塑料丝、石膏粉等材料通过喷射粘结剂或挤出等方式实现层层堆积叠加形成三维实体。3D打印机的产品示意图如图2-2所示。

图2-2 3D打印机的产品示意图

3D 打印技术最突出的优点是，无需机械加工或任何模具，就能直接从计算机图形数据中生成任何形状的零件，从而极大地缩短产品的研制周期，提高生产率和降低生产成本。

与传统技术相比，三维打印技术还拥有如下优势。通过摒弃生产线而降低了成本，大幅减少了材料浪费。而且，通过该技术还可以制造传统生产技术无法制造的产品外形，使人们可以更有效地设计出飞机机翼或热交换器。另外，在具有良好设计概念和设计过程的情况下，三维打印技术还可以简化生产制造过程，快速有效又经济地生产单个物品。

另外，与机器制造出的零件相比，3D 打印机打印出来的产品的质量要轻 60%，并且同样坚固。

【扩展阅读】

建模设备

2.3 显示设备

【学习目标】

掌握外接式虚拟现实头显、一体式虚拟现实头显、增强现实头显和手持式 VR 设备等显示设备的功能、特点、应用环境等。

【知识要点】

小时候，在语文课上常常要写一些想象作文，那时我们会展开丰富的想象力，畅想未来的生活。我们都曾幻想过时空穿越、遨游天际等在现实世界中难以体验的事物。那些曾经用文字描述的画面，现在我们可以通过特殊的设备去参观，这种设备叫作“虚拟现实设备”。有研究显示，人类对客观世界的感知信息 75% ～ 80% 来自视觉，我们看到的世界很大一部分影响了我们对世界的认知。对虚拟现实世界的判断一般也是从视觉出发，所以显示设备可以说是虚拟现实设备中最为重要的，当前世界上已经出现了多种多样的虚拟现实显示设备。图 2-3 所示为虚拟现实显示设备。

图 2-3 虚拟现实显示设备

2.3.1 外接式虚拟现实头显

简单来说，VR 头显本质上就是一个显示器，不过是一个带有各种传感器的高级显示器。头显的左、右眼屏幕分别显示左、右眼的图像，人眼获取这种带有差异的信息后，会在脑海中产生立体感，从而让自己觉得周围的环境发生了变化。

所谓的外接式头显，就是依靠外接计算机，让计算机作为运行和存储的“大脑”，头显本身只具备与显示功能相关的设备。外接式头显是目前市面上技术含量极高、沉浸感很强、使用体验极佳的虚拟现实头显类型。比如 Oculus Rift、HTC Vive、PlayStation VR、3Glasse、蚁视 VR 头显、大朋 VR 头显、小派 VR、Pico VR 等都是外接式头显的代表作。

1. Oculus Rift

虚拟现实技术最近的一次爆发期开始于 2014 年 3 月，Facebook（世界著名社交网络服务网站）宣布以 20 亿美元的价格收购虚拟现实设备 Oculus Rift 的制造商 Oculus，这一事件也是 2014 年轰动科技圈的大事之一，使得虚拟现实技术又一次引起世人关注。图 2-4 所示为 Oculus Rift。

图 2-4 Oculus Rift

Oculus Rift 是一款改变世人对虚拟现实技术的思考及其使用方式的产品，通过它人们可以用更低的价格体验虚拟现实技术的魅力。可以说通过 Oculus Rift，VR 技术开始进入人们的生活和工作。

2013 年，Oculus Rift 的开发者版本推出，两个目镜的分辨率均为 640 像素 ×800 像素，双眼视觉合并之后的分辨率为 1280 像素 ×800 像素，通过陀螺仪控制视角，虚拟现实中的图像随着使用者头部转动而改变，这样一来使沉浸感大幅提升。呈现出在当时超乎想象的视觉保真度和沉浸式广角视野，为使用者创造出身临其境的感受。由于 Rift 质量较轻，在 300 g 左右，因此短时间戴在头上不会产生负重感。但是作为较早面市的虚拟现实头显，Rift 也有明显的缺点，因为目镜分辨率较低，体验时晕眩感明显，并且仅能感受头部的运动，不能感受身体的运动。因为是开发者版本，制作较为粗糙，一般仅用于虚拟现实开发者进行测试。

2016 年，Oculus Rift 的消费者版本正式发售，与开发者版本相比，不管是硬件配置、外观还是功能都得到了全面升级，如图 2-5 所示。Oculus Rift 的消费者版本采用了全新双 OLED 显示屏设计，整体分辨率为 2160 像素 ×1200 像素，刷新率为 90 fps，内置陀螺仪、加速度计、磁力计，搭配附送的红外摄像头，可实现 360° 的头部追踪，头显水平视角大于 100°。消费者版的 Oculus Rift 质量很轻，同时在头盔内部添加了额外的通风系统，避免使用者在使用时出很多汗。同时，搭配尼龙扣的皮质绑带也采用可调节设计，整体设计更加人性化。

图 2-5 消费者版本的 Oculus Rift

因为其优秀的体验效果，Oculus Rift 的消费者版本发售后很快便供不应求，经常处于严重缺货的状态。Oculus Rift 在我国的使用率并不高，远低于我们下面要讲的由 HTC 出品的 HTC Vive。

2. HTC Vive

HTC Vive 虚拟现实头显是由中国台湾宏达国际电子股份有限公司（简称宏达电，亦称 HTC）生产的一款 VR 头显，如图 2-6 所示。

图 2-6 HTC Vive

2015 年 3 月 2 日，在巴塞罗那世界移动通信大会（Mobile World Congress，MWC）举行期间，HTC 发布消息，HTC 和 Valve（维尔福软件公司，是一家开发电子游戏的公司，代表作品有半条命、反恐精英、求生之路、DOTA2 等）合作推出了一款 VR 头显（虚拟现实头戴式显示器）。HTC Vive 通过以下三个部分给使用者提供沉浸式体验：一个头戴式显示器、两个单手持控制器（VR 交互手柄）、一个能于空间内同时追踪显示器与控制器的定位系统（Light House）。HTC Vive 头显单目镜分辨率为 1200 像素 ×1080 像素，双目镜合并分辨率为 2160 像素 ×1200 像素，大大降低了画面的颗粒感，并且近视者能在佩戴眼镜的同时戴上头显，即使没有佩戴眼镜，近视程度为 400° 左右的人也能清楚地看到画面的细节，画面频率为 90Hz，实际体验虚拟现实几乎没有延迟，过程十分流畅。Light House 采用的是 Valve 的专利，不需要借助摄像头，而是靠激光和光敏传感器来确定头显和控制器的位置，也就是说，HTC Vive 允许使用者在一定范围内走动。这是它与另外两大外接式头显 Oculus Rift 和 PS VR 的最大区别。HTC Vive 及其配件如图 2-7 所示。

图 2-7　HTC Vive 及其配件

HTC Vive 头显的正面布满了传感器，因此看起来要比 PlayStation VR 与 Oculus Rift 复杂一些。HTC Vive 的一大亮点就是其 Roomscale（房间规模）追踪技术可以让使用者在 4.5m×4.5m 的空间内追踪到头部和手部的位置。正是这项技术的加入使 HTC Vive 超越了 Oculus Rift 成为外接式头显的佼佼者。有了 Roomscale 技术，意味着使用者可以完全沉浸在一个封闭的空间里，不管是坐着还是站着。HTC Vive 内置了加速度计和陀螺仪，通过两个 Ligth House 与头盔上 32 个传感器互动，追踪头部的运动。HTC Vive 的两个无线控制器使用起来要比 Oculus Rift 的控制器稍显笨拙，不过 HTC Vive 的控制器上配备了震动反馈以及压敏触摸板，在体验中，如虚拟场景中的物体抓取等交互，通过控制器的震动反馈大大增强了虚拟现实的沉浸感。HTC Vive 佩戴示意如图 2-8 所示。

图 2-8　HTC Vive 佩戴示意

3. PlayStation VR

2015 年 9 月 15 日，在 2015 东京电玩展（Tokyo Game Show，TGS）的索尼（SONY）发布会上，索尼正式发布其旗下 VR 头显 PlayStation VR（此前以开发代号 Project Morpheus 为名），如图 2-9 所示。

图 2-9 PlayStation VR

同样作为外接式头显，PlayStation VR（以下简称 PS VR）与 Oculus Rift 和 HTC Vive 最大的不同是，它依靠索尼自家硬件产品 PlayStation（SONY 发行的家用游戏主机）作为计算单元，而 Oculus Rift 和 HTC Vive 都是通过 PC 来进行计算。比较下来，该特点对于 PS VR 既有优势又有劣势。一方面使用 PS VR 不需要升级电脑，对于拥有 PS 游戏机的使用者来说会节省一大笔成本，PS VR 的价格只相当于 Oculus Rift 和 HTC Vive 价格的一半；另一方面，PS VR 不需要额外升级电脑硬件配置，用 PS 游戏机便可以体验虚拟现实内容，而 Oculus Rift 和 HTC Vive 需要性能强大的电脑才可以流畅运行虚拟现实内容。对于没有 PS 游戏机的使用者而言，要想使用 PS VR 必须先购买 PS 游戏机，而 PS VR 设备加上 PS 游戏机的总价也只相当于 Oculus Rift 和 HTC Vive 单独设备的价格，所以价格是 PS VR 的一大优势。但是因为使用索尼自家的 PS 游戏机作为计算单元，与使用高性能 PC 的 Oculus Rift 和 HTC Vive 相比，PS VR 在分辨率和可视角度有一定差距。

PS VR 的定位技术源于索尼的 PlayStation 3 主机，采用发光 LED 和双目摄像机进行动作捕捉和空间定位，比起 Oculus Rift 和 HTC Vive 采用的红外线 LED 定位技术，更容易受到自然光的影响。而且 PS VR 头盔部分的 LED 仅有 15 个，远少于 Vive 的 32 个和 Rift 的 43 个，定位精度会略逊一筹。PS VR 通过 PlayStation Camera 定位摄像头来实现位置追踪，不过当设备距离超过 3 米时，PlayStation Camera 便追踪不到设备，不能像 Oculus Rift 和 HTC Vive 一样允许使用者在指定的空间范围内走动。PS VR 也有一套自己的定位追踪控制器——PS Move，与前两者相比，其在使用中的追踪精确准度还有些差距，尤其在使用者向后转背对摄像头后，摄像头很难继续追踪 Move 控制器，因为摄像头捕捉不到 Move 的光线，对沉浸式体验会造成影响。

PS VR 头显单目镜分辨率为 960 像素 ×1080 像素，双目镜合并分辨率为 1920 像素 ×1080 像素，略小于前两者的分辨率。所以其屏幕的颗粒化程度要比前两者更明显。同时 100° 的视场角也略小于前两者，甚至还要小于一些一体式虚拟现实头显。不过 PS VR 的优势在于刷新率，可以在 90 ～ 120Hz 调整，保证了虚拟现实内容的流畅运行。PlayStation VR 佩戴示意如图 2-10 所示。

PS VR 的头显人体工程学设计十分优秀。PS VR 头显质量达到 610g，比 Oculus Rift 多出 200g，但佩戴后面部并不会有明显的压迫感，甚至佩戴感受要比 Rift 和 Vive 舒服许多。

虽然 PS VR 作为一款外接式头显在硬件参数上并没太大的优势，但 PS VR 的优势在于较低的价格和 PlayStation 平台上优秀的虚拟现实内容，这使得它可以和 Oculus Rift 及 HTC Vive 共同成为现在市场上体验极好的外接式头显。

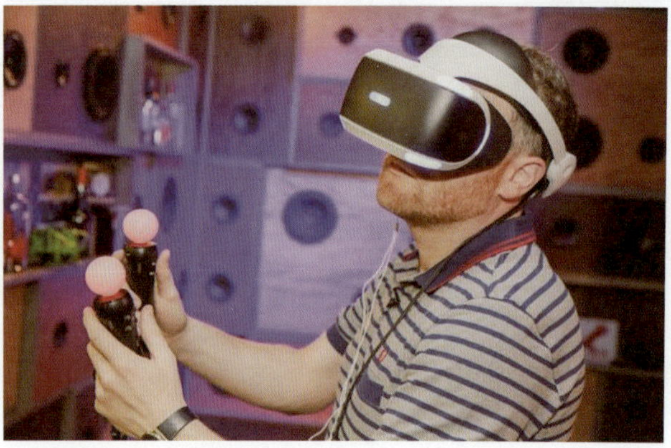

图 2-10 PlayStation VR 佩戴示意

2.3.2 一体式虚拟现实头显

首先，为大家解释 VR 一体机（图 2-11）。顾名思义，VR 一体机就是具备独立处理器的 VR 头显，是不需要手机、电脑配合就能单独使用的 VR 头显，具备了独立运算、输入和输出功能，相当于集成的“智能手机 +VR 光学系统 + 传感器 + 体感手柄”系统。其主要优势是方便灵活，缺点是由于内核还是智能手机，所以性能不够强大。

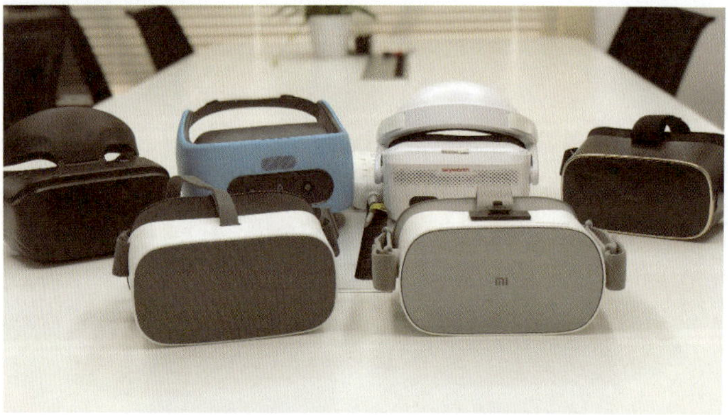

图 2-11 VR 一体机

与配置高端但价格昂贵的外接 PC 头盔、价格便宜但效果粗糙的 VR 手机盒子相比，在效果与价格之间取得了较好平衡的 VR 一体机受到越来越多使用者的青睐。而且，随着相关技术的不断改进和完善，VR 一体机在不断提升产品性能、提高画面分辨率、丰富 VR 资源的同时，因为没有连接线的束缚，其愈发轻盈的设计也使得使用者佩戴起来更加轻便舒适，极大地减轻了使用者在 VR 体验上的不适之感。

（1）当使用过需要连接各种数据传输线的外接式 VR 头显之后，对 HTC 的这款 VR 一体机 Vive Focus 会有更好的体验感。Vive Focus 除了一个头戴式设备、一个操控手柄之外再无其他，如图 2-12 所示。Vive Focus 非常像智能手机与 VR 盒子组合起来的 VR 设备。

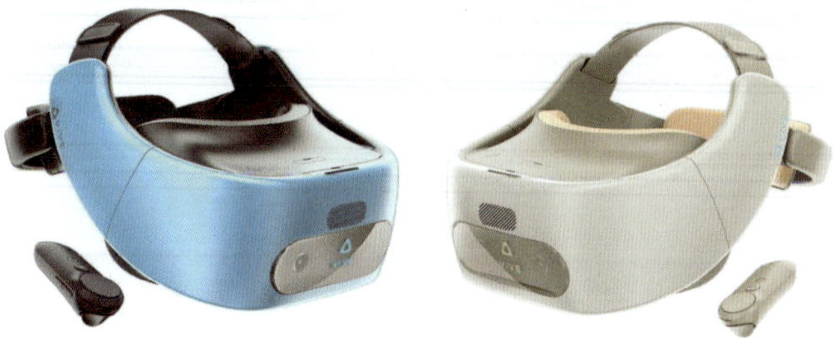

图 2-12　Vive Focus

但 Vive Focus 的体验效果明显不是“手机 +VR 盒子”所能比拟的。该头戴设备内部包含九轴传感器、距离传感器和 World-Scale 六自由度（6DOF）追踪。Vive Focus 不同于 HTC Vive，其前段加入了两个摄像头作为追踪传感器来使用，在没有外部定位器的情况下，正是这两个摄像头达成的 Inside-Out 定位方案保障了头显六自由度（6DOF）的定位。

Vive Focus 设备内部集成的显示器大小也超过了普通的智能手机屏幕，其使用的单块目镜的分辨率为 1440 像素 ×1600 像素，双目镜分辨率相加为 2880 像素 ×1600 像素，像素密度在 VR 一体机设备中属较高水平，确保在 VR 体验时屏幕不会存在严重的颗粒感。而且 Vive Focus 使用了两块菲涅尔镜片，这对 VR 一体机而言是比较少见的。使用菲涅尔透镜的好处是，在保证显示效果的同时可以大幅度降低镜片的厚度，一方面能够降低机身质量，另一方面还可以减小机身体积，屏幕刷新率也达到了 75 Hz，以此降低在头部旋转时产生的画面延迟感。

Vive Focus 的操控手柄与 HTC Vive 相比较则更为简约，可以理解为它是 HTC Vive 标准操控手柄的简化版，虽然只有一个操控手柄，但在 Vive Focus 中承担了鼠标、手柄的双重作用。Vive Focus 的操控手柄只支持三自由度（3DOF），并不能实现前后深度的操作，也就是所谓的空气鼠标（在虚拟场景中使用者会不自觉地想要向前伸手，但实际上并不能达到那个位置）。即便外形上有所简化，手柄还是配置了压敏触控板、应用程序按钮、主屏幕按钮、扳机键和音量键。

得益于头戴设备前端两个摄像头传感器，手柄识别反应非常迅速。在任何时候，只要按下控制手柄上的应用程序按钮，头戴设备就能迅速定位遥控器位置。

（2）目前配备有空间位置追踪的 VR 一体机并不多，Oculus 的 Quest 一体机是其中的佼佼者，如图 2-13 所示。相比较于 Vive Focus，Oculus Quest 的头显正面有四个广角传感器摄像头，配套两个手操控手柄，可实现空间位置追踪以及定位操控手柄，并且可以实现手部六自由度（6DOF）追踪，可以感受到与外接式头显控制器同样的效果，这比 Vive Focus 的手柄控制器三自由度（3DOF）的追踪体验感要提高不少。

（3）近几年国产品牌的虚拟现实设备也在兴起，尤其是在 VR 一体机领域，我国优秀的虚拟现实厂商也有不少，比如 Pico、大朋 VR 等，也有一些互联网公司出品的 VR 一体机，如小米 VR、爱奇艺 VR 等。在国产 VR 一体机领域，产品的配置与体验效果大同小异，以下选取典型产品进行介绍。

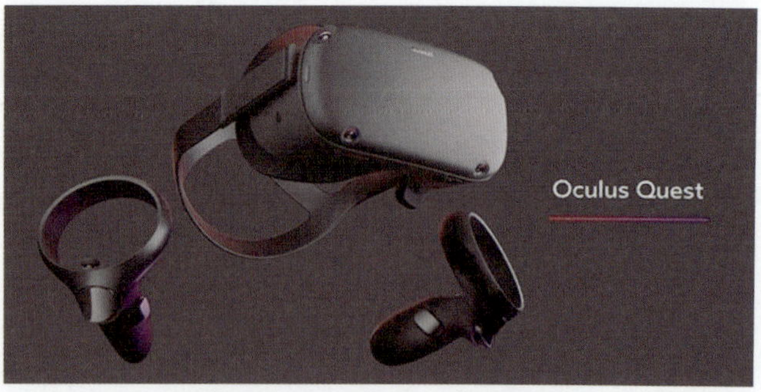

图 2-13　Oculus Quest

北京小鸟看看科技有限公司是我国专注于移动虚拟现实技术与产品研发的科技公司，Pico 是其旗下品牌。Pico 于 2018 年推出了一款 VR 一体机——Pico G2（又称小怪兽 2），如图 2-14 所示。这款 VR 一体机搭载了一体机领域顶尖的骁龙 835 处理器和单目镜 1440 像素 ×1600 像素的分辨率，合并分辨率为 2880 像素 ×1600 像素的显示屏，却有着低廉的价格。

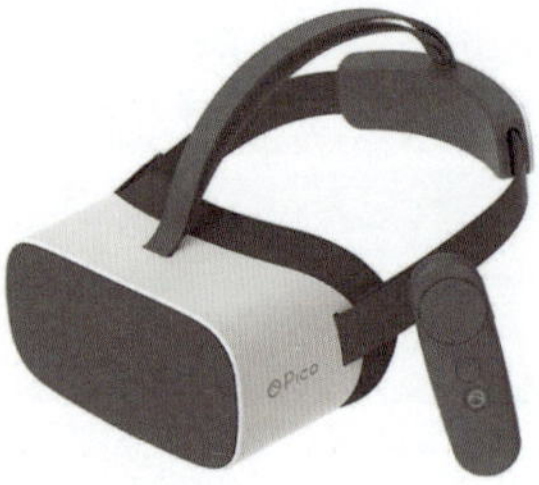

图 2-14　Pico G2

Pico G2 在设计上最大的改变是其采用了电池后置的设计，这样的设计使得 Pico G2 的机身质量降到了 268g，能够显著减轻面部的压力，大大提升了佩戴过程中的舒适感。Pico G2 的机身正面采用了灰色的织物材质以提升散热性能以及减轻机身质量。Pico G2 的两个镜片中间设有一个距离传感器，用于监测是否处于佩戴状态以便在休眠状态节约电量。Pico G2 佩戴示意如图 2-15 所示。

图 2-15　Pico G2 佩戴示意

与我们之前讲解过的 HTC Vive Focus 和 Oculus Quest 不同，Pico G2 头戴设备不包含九轴传感器、距离传感器，只有三自由度追踪，不能追踪到头显的前后左右移动，只能旋转头部观看。但因为其低廉的价格以及良好的画面表现在市场上依然广受欢迎。

2.3.3 AR（增强现实）头显

增强现实（Augmented Reality，AR）技术是一种将虚拟信息与真实世界巧妙融合的技术，广泛运用了多媒体、三维建模、实时跟踪、智能交互、生物识别等多种技术手段，将计算机生成的文字、图像、三维模型、音乐、视频等虚拟信息模拟仿真后，应用到真实世界中，通过虚拟信息与现实信息的相互补充，从而实现对真实世界的“增强”。增强现实技术是促使真实世界信息与虚拟世界信息综合在一起的技术，其将原本在现实世界的空间范围中比较难以进行体验的信息通过电脑等科学技术实施模拟仿真处理，将虚拟信息内容在真实世界中加以有效应用，并且使其在这一过程中能够被人类感官所感知，从而实现超越现实的感官体验。真实环境和虚拟物体重叠之后，能够在同一个画面以及空间中同时存在。

简单易懂地来理解：虚拟现实技术是完全虚拟的，眼前看到的一切都是计算机所虚拟出来的；增强现实技术则是虚拟和现实相结合，眼前看到的有计算机生成的图像也有现实的图像。增强现实技术不仅能够有效体现出真实世界的内容，也能够使虚拟的信息内容显示出来。

现在增强现实技术也广泛地应用于我们的生活中，如 2016 年发布的火遍全球的手机 AR 游戏《精灵宝可梦 Go》（Pokémon GO）、今日头条脸萌团队开发的手机 APP《激萌》（FaceU）、高德车载 AR 导航、支付宝的 AR 识别功能等。

以上较为火热的 AR 应用的主要载体是智能手机。在视觉化的增强现实中，未来的应用场景将更偏向于头戴式显示器，使用者在头戴显示器的基础上，通过透明显示器，真实世界能够和电脑图形重合在一起，让人感受到超越现实的感官体验。AR 技术与相关硬件设备经常出现在各种科幻电影中，特别是在科幻电影《钢铁侠》（图 2-16）中，大量出现并使用了增强现实技术。目前增强现实头显已不再是人们想象中的电影情节。下面我们将讲解几款来自科幻片的增强现实头显，它们实现了将科幻变科技。

图 2-16　增强现实示意图

1. 微软 HoloLens

微软 HoloLens（Microsoft HoloLens）增强现实头显于 2015 年的微软 Windows 10 发布会上首次亮相，如图 2-17 所示。

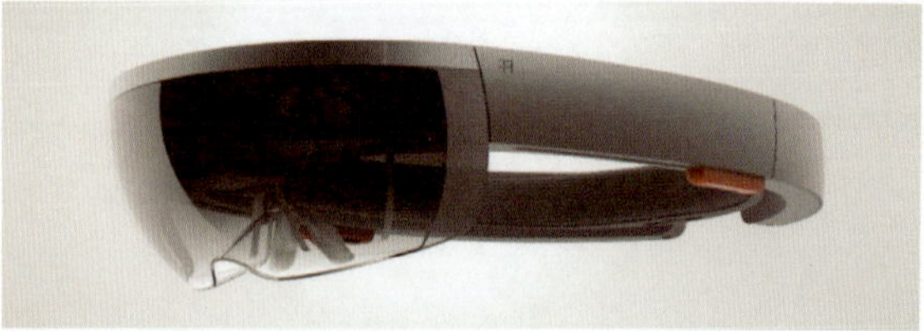

图 2-17　Microsoft HoloLens

微软 HoloLens 是一款采用了三维光学透镜显示器的增强现实头显，还带有可以进行三维空间追踪的深度摄像头，并且能够进行手势识别和语音识别。传统的人机交互主要是通过键盘和触摸，包括并不能被精确识别的语音等。HoloLens 的出现，则给新一代体验更好的人机交互指明了道路。在许多科幻电影中，未来我们每个人的面前都有一个可随时按指令出现的全息屏幕，可以在上面执行各种任务，不用时马上消失。HoloLens 将科幻电影中的场景带到了现实世界中。不过微软的 HoloLens 不会像电影《星际迷航》那样生成每个人都可见的三维世界，而是只有头显佩戴者才能够看见。

与虚拟现实头显为使用者呈现出一个完全不同的虚拟世界不同，HoloLens 是将计算机生成的图像叠加于现实世界之上。HoloLens 是完全独立的设备，没有电缆，不需要连接到个人电脑，就像一款眼镜一样使用方便，所以使用者可以行走自如，随意与人交谈，全然不必担心有视线干扰，即不影响使用者的正常行动。HoloLens 搭载其专属的 Windows 10 操作系统，采用先进的光学投影系统生成多维全彩色全息图，并且具有非常低的延迟率，使用者可以用最自然的方式与现实中的虚拟 3D 对象进行交互，如通过手势（目前 HoloLens 只支持半空中抬起和放下手指单击）与虚拟 3D 对象交互，也可以通过自然语言与设备进行交互。

HoloLens 增强现实头显将会追踪使用者的移动和视线，进而生成合适的虚拟对象，通过透明屏幕投射到使用者的眼中。HoloLens 通过深度摄像头来定位使用者的方位。HoloLens 的中央处理器是 Intel 的 Atome x5-Z8100P 处理器（14 nm 工艺制造，四核心四线程，基准频率 1.44 GHz，集成核心显卡 HD Graphics 200），这个 CPU 是由 Intel 和微软联合开发的，仅适用于微软的 HoloLens 增强现实头显，微软也将其称为“全息处理单元”（HPU）。HoloLens 的各种传感器可以追踪使用者在室内的移动，然后透过层叠的彩色镜片创建出可以从不同角度交互的对象。例如，使用时如果在房间的中央查看一辆虚拟汽车的另外一侧，只需要走到相应的一侧即可。Microsoft HoloLens 应用场景如图 2-18 所示。

从技术趋势上看，人类与计算机之间的交互方式面临着一场变革。触摸屏的广泛应用，根本不能算是迭代，更像是一种过渡状态。一方面人们有抛弃键盘的内在需求，另一方面更加方便快捷的交互技术虽然已研发出来但还未得到应用。微软 HoloLens 打开的这扇门，绝不仅仅是增强现实头显那么简单，这其中隐含的人机交互方式的革命，是无论怎样畅想也不过分的。虽然目前 HoloLens 还处在初级的开发者版本，但依然是最有希望带动一波技术创新浪潮的增强现实设备，将引领人们进入科幻片中才能出现的未来现实世界。

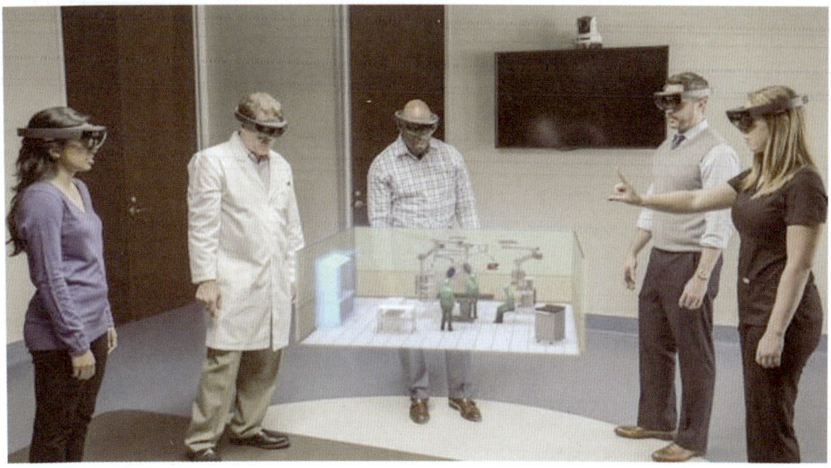

图 2-18　Microsoft HoloLens 应用场景

2. Magic Leap

除了微软的 HoloLens，还有一款增强现实设备也同样令人惊叹。Magic Leap 公司于 2017 年 12 月公布了一款增强现实 AR 眼镜产品 Magic Leap One。Magic Leap One 的配套硬件与 HoloLens 相仿，不同的是，Magic Leap One 没有采用 HoloLens 的一体式设计，而是将其光学部分与芯片部分进行了分离，其共包含三个部件：Lightwear（头显）、Lightpack（便携式电脑）以及 Control（无线控制器）。Lightpack 外形小巧，可以挂在腰间，用于向整套系统提供用于计算处理的数据。Magic Leap One 如图 2-19 所示。

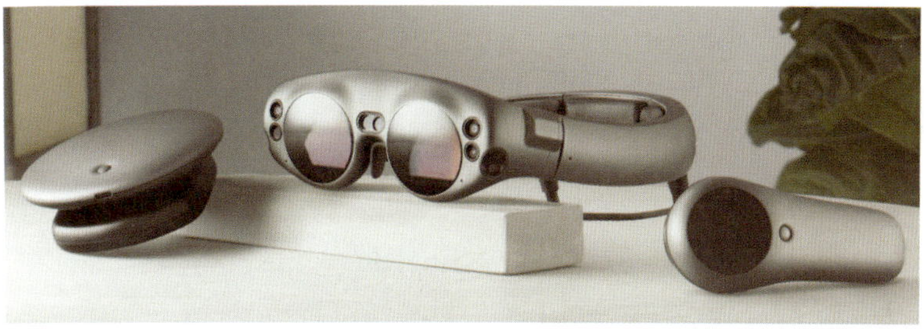

图 2-19　Magic Leap One

Magic Leap One 搭配的 Control 的体积不大，可以一只手握住，拥有力回馈功能，并支持 6DOF 追踪。在光学性能和整体图像质量方面，这款眼镜比 HoloLens 有较大的提升。Magic Leap One 的视场角将近 50°，比 HoloLens 的 30° 大不少，不过依然无法达到虚拟物体与现实环境融合所要求的大视角沉浸。Magic Leap 的交互方式如图 2-20 所示。

3. Meta2

当下，HoloLens、Magic Leap、Meta 为业内公认的全球三大 AR 头显品牌。Magic Leap 在科技界已经被炒得沸沸扬扬，而微软的 HoloLens 眼镜能够实现一些前几年看似不可能的体验。Meta2 是一款有趣的 AR 眼镜，而且价格较 HoloLens 低很多。Meta2 不是独立的 AR 眼镜，需要连接电脑提供计算功能，它的显示单元拥有 2.5KB 的高分辨率与 60Hz 的刷新率。由于采用了反射式画面呈现方式，Meta2 显示系统拥有 90° 超大视场角与极高的色彩鲜艳度，能完美还原全息影像的全貌与细节，如图 2-21 所示。

图 2-20　Magic Leap 的交互方式

图 2-21　Meta2

Meta 2 的最大优势在于其宽广的视场，而最大的劣势是较低的追踪保真度（有延迟和抖动）。如果能够结合 HoloLens 的追踪质量和 Meta2 的可视角度，则将是真正引人入胜的增强现实头显。Meta2 佩戴示意如图 2-22 所示。

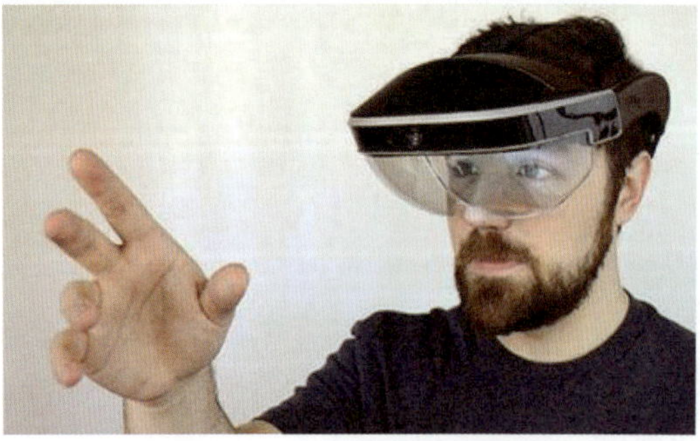

图 2-22　Meta2 佩戴示意

2.3.4　手持式 AR 设备

2016 年任天堂（Nintendo）的 AR 社交游戏《Pokémon GO》（精灵宝可梦 GO，

图 2-23）风靡一时，它使人们切身感受到了 AR 技术的魅力。之后妙趣横生的支付宝 AR 红包、QQ 寻宝等让原本看似高高在上的 AR 技术“飞入寻常百姓家”。随后，类似的 AR 游戏、AR 应用如雨后春笋般发展起来。与我们前文所说的 AR 头显不同，此类型的 AR 应用不需要人们花费大价钱来购买 AR 头显，只要一部智能手机就可以进行体验。

图 2-23 《Pokémon GO》游戏

当下，AR 正在成为人们热议的焦点。谷歌正在大力推广其 AR 平台 Tango，苹果 CEO 库克不止一次在公开场合表示，AR 将会是智能手机的未来。前面我们说过，增强现实技术不仅展现了真实世界的信息，而且将虚拟的信息同时显示出来，使两种信息相互补充、叠加。使用者利用 AR 设备便可以感受到 AR 世界，并能与之互动。例如，使用者可以在真实的餐桌上进行虚拟多米诺骨牌游戏，在卧室里与虚拟宠物嬉戏，甚至可以与入侵的虚拟外星人开战。

如今的智能手机越来越同质化，手机厂商在硬件上也很难再互相拉开较大差距了，要想再吸引消费者注意力，就要谋求其他出路，为自己的手机打上别具一格的标签。当下，AR 正在成为手机厂商的新鲜血液。

根据此前大火的《Pokémon GO》、QQ 寻宝和支付宝的 AR 红包等来看，AR 技术大有可为，图 2-24 所示为 AR 导航示意图。当然，AR 应用并不局限于此，在医疗领域、运动领域、教育领域等，AR 都给出了令人满意的解决方案。在医疗领域，AR 为医生精准定位手术位置，根据病人建模，对应人体构造实现又快又准的治疗。在运动领域，AR 为使用者提供卡路里消耗、行驶速度、里程等实时信息显示，无需再购买其他设备或者低头看手机。在教育领域，AR 能够将课堂内容变得栩栩如生，并且可使原本静态的文本成为数字化、可视化的形象，便于记忆。在工业、零售、食品等领域，AR 都能提供完善的解决方案。

图 2-24 AR 导航

相对于完全的虚拟现实VR，增强现实AR与生活更加贴近，能为现实提供解决方案。并且目前来看，此类型的AR技术对硬件依赖小，适用范围更宽广，与使用者接触时间会更长。

【扩展阅读】

显示设备

2.4 声音设备

【学习目标】

了解什么是VR声音；能够分辨出VR声音与传统多媒体声音的区别；掌握各类型VR声音设备的工作原理和种类。

【知识要点】

在学习虚拟现实声音设备前，我们先来了解一下什么是VR声音。

在虚拟现实系统中，声音起着极为重要的作用。VR声音系统追求的目标就是尽量地模仿人们现实生活中的声音效果。VR声音是空间音效、沉浸式音效。多媒体音效追求的是声音质量完美、音质高，与早期的多媒体音效技术不同，VR声音系统强调的是三维沉浸式的声音效果。VR声音系统应该是摆放在空间的四周，前、后、左、右均衡摆放，甚至包括上、下，之所以要进行空间布局，重要的原因是人的双耳可以对空间声源进行定位。例如：当用户位于虚拟现实空间中时，看到头顶有飞机飞过，这时VR空间中用户头顶就会传来隆隆的飞机轰鸣声；在VR游戏中当某个对手躲在暗处从用户背后开枪时，用户就会听到从背后传来的枪声。因此，VR声音系统比环绕立体声更具3D效果，沉浸感更强。空间音频示意图如图2-25所示。

图2-25　空间音频示意图

由于 VR 音效与传统多媒体音效的不同，因此也需要特定的声音设备来进行播放。虚拟现实系统中的声音设备是指三维真实感声音的播放设备，它对于提高 VR 系统的沉浸感起着十分重要的作用。

目前虚拟现实系统中的声音设备大致分为以下三种：

（1）固定式虚拟现实声音设备。固定式声音输出设备即扬声器，允许多个用户同时听到声音，一般在投影式 VR 系统中使用。扬声器固定不变的特性使其易于产生世界参照系的音场，在虚拟世界中保持稳定，且用户使用起来活动性大。

扬声器与投影屏相结合存在的问题是它们之间会互相影响：如果扬声器放在屏幕后，声音会被阻碍；如果扬声器放在屏幕前，则会阻挡视觉显示。此外，扬声器可以与基于头部的立体显示设备结合使用。在此种情况下，若视觉观察范围不足 100%，可以把扬声器放在显示区域外，但这样又会给空间化 3D 声场的实现造成一定的困难。

（2）耳机式虚拟现实声音设备。相对于扬声器来说，耳机式声音设备虽然只能给单个用户使用，但却能更好地将用户与真实世界隔离。同时，由于耳机是双声道的，因此比扬声器更易创建空间化的 3D 声场，提供更好的沉浸感。此外，耳机使用起来具有很大的移动性，如果用户需要在 VR 系统中频繁走动，显然使用耳机比使用扬声器更为适合。

（3）耳机式声音设备与头盔显示器结合使用。耳机式声音设备一般与头盔显示器结合使用。在默认情况下，耳机显示的是头部参照系的声音，在 VR 系统中，耳机必须跟踪用户头部、耳部的位置，并对声音进行相应的过滤，使得空间化信息能够表现出用户耳部的位置变化。因此，与普通戴着耳机听立体声不同的是，在 VR 系统中的音场应保持不变。图 2-26 所示为 HTC VIVE PRO 耳机式声音设备与头盔显示器结合示意图。

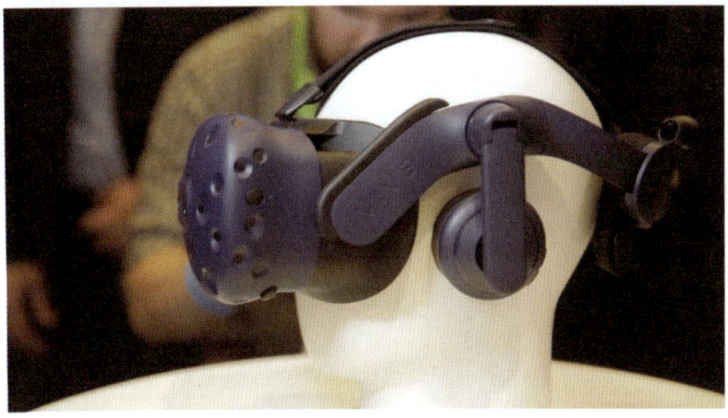

图 2-26　HTC VIVE PRO 耳机式声音设备与头盔显示器结合示意图

【扩展阅读】

声音设备

2.5 交互设备

【学习目标】

了解数据手套、运动捕捉系统、虚拟现实交互手柄等交互设备的类型、功能特点及使用方法。

【知识要点】

除计算机图形技术所生成的视觉感知外，还有听觉、触觉、力觉、运动等感知，甚至还包括嗅觉和味觉等，我们也称其为多感知。自然动作是指人的头部转动、眼睛转动、打手势或其他人体行为动作，由计算机来处理与参与者的动作相适应的数据，对使用者的输入做出实时响应，并分别反馈到使用者的五官是交互设备的功能。正如平面图形的交互在不同场景下有着不同的方式，VR 同样地不存在一种通用的交互手段，同时由于 VR 的多维特点注定了它的交互要比平面交互拥有更加丰富的交互形式。目前虚拟现实交互设备仍在探索和研究中，与各种新科技的结合将会使虚拟现实交互产生无限的可能。图 2-27 所示为虚拟现实系统中的交互设备示意图。

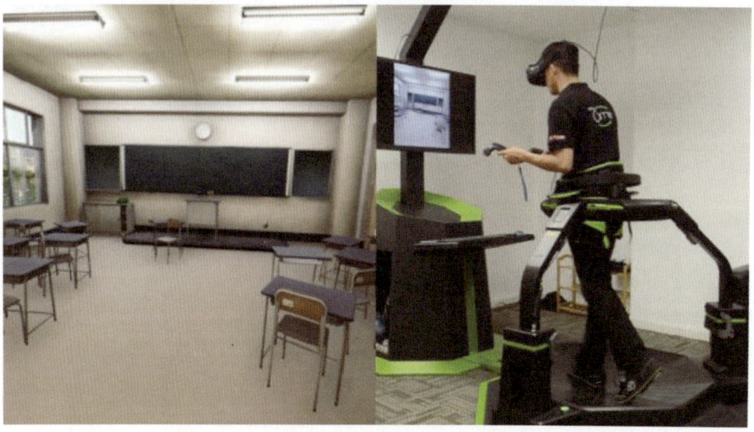

图 2-27 虚拟现实系统中的交互设备示意图

2.5.1 数据手套

数据手套是一种多模式的虚拟现实硬件，通过软件编程，可进行虚拟场景中物体的抓取、移动、旋转等动作，也可以利用它的多模式性，将其用作一种控制场景漫游的工具。数据手套的出现为虚拟现实系统提供了一种全新的交互手段，现有产品已经能够检测手指的弯曲，并利用磁定位传感器来精确地定位手在三维空间中的位置。这种结合手指弯曲度测试和空间定位测试的数据手套被称为“真实手套”，它可以为用户提供一种非常真实自然的三维交互手段。

数据手套是虚拟仿真中最常用的交互工具。数据手套设有弯曲传感器。弯曲传感器由柔性电路板、力敏元件、弹性封装材料组成，通过导线连接至信号处理电路。在柔性电路板上设有至少两根导线，以力敏材料包覆于柔性电路板大部，再在力敏材料上包覆一层弹性封装材料，柔性电路板的一端通过导线与外电路连接。数据手套可以将人手姿态准确实时地传递给虚拟环境，而且能够把与虚拟物体的接触信息反馈给操作者，使操作者以更加直接、更加自然、更加有效的方式与虚拟世界进行交互，大大增强了互动性和沉浸感，并为操作者提供了一种通用、直接的人机交互方式，特别适用于需要多自由度手模型对虚拟物体进行复杂操作的虚拟现实系统。数据手套本身不提供与空间位置相关的信息，必须与位置跟踪设备连用。图 2-28 所示为数据手套。

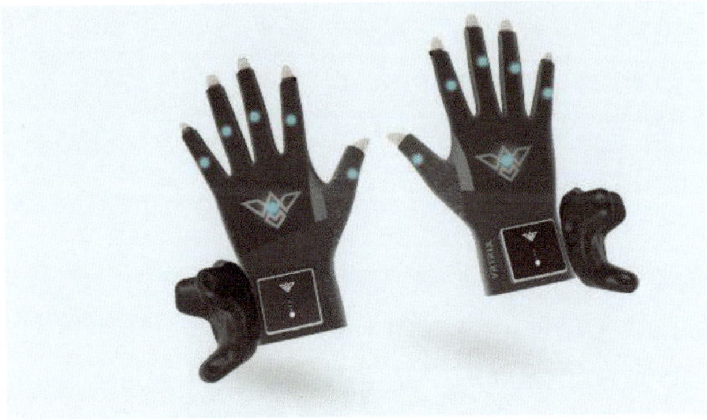

图 2-28　数据手套

2.5.2　运动捕捉系统

在虚拟现实系统中为了实现人与虚拟现实系统的交互，必须确定参与者的头部、手、身体等位置的方向，准确地跟踪、测量参与者的动作，实时监测这些动作，以便将相应数据反馈给显示和控制系统。这些工作对虚拟现实系统是必不可少的，也正是运动捕捉技术的研究内容。

常用的运动捕捉技术从原理上说可分为机械式、声学式、电磁式和光学式。不依赖于传感器而直接识别人体特征的运动捕捉技术也将很快进入实用。

1. 机械式运动捕捉

机械式运动捕捉系统依靠机械装置来跟踪和测量运动轨迹。典型的系统由多个关节和刚性连杆组成，在可转动的关节中装有角度传感器，可以测量关节转动角度的变化情况。机械式运动捕捉装置根据角度传感器所测得的角度变化和连杆的高度，可以得出杆件末端点在空间中的位置和运动轨迹。实际上，机械装置上任何一点的轨迹都可以求出，刚性连杆也可以换成长度可变的伸缩杆。

机械式运动捕捉的一种应用形式是将欲捕捉的运动物体与机械结构相连，物体运动带动机械装置，从而被传感器记录下来。这种方法的优点是成本低、精度高，可以做到实时测量，还可以允许多个角色同时表演，但是使用起来非常不方便，机械结构对表演者的动作的阻碍和限制很大。

2. 声学运动捕捉

常用的声学捕捉设备由发送器、接收器和处理单元组成。发送器是一个固定的超声波发送器，接收器一般由呈三角形排列的三个超声波探头组成。通过测量声波从发送器到接收器的时间或者相位差，系统可以确定接收器的位置和方向。

这类装置的成本较低，但对运动的捕捉有较大的延迟和滞后，实时性较差，精度一般不很高，声源和接收器之间不能有大的遮挡物，受噪声影响和多次反射等干扰较大。由于空气中声波的速度与大气压、湿度、温度有关，所以必须在算法中做出相应的补偿。

3. 电磁式运动捕捉

电磁式运动捕捉设备是比较常用的运动捕捉设备。一般由发射源、接受传感器和数据处理单元组成。发射源在空间按照一定时空规律分布电磁场；接受传感器安置在沿着表演者身体的相关位置，随着表演者在电磁场中的运动，通过电缆或者无线方式与数据处理单元相连。图 2-29 所示为电磁式运动捕捉设备示意图。

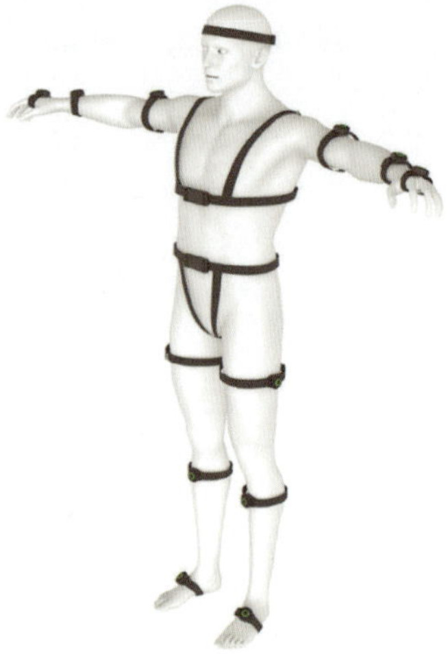
图 2-29　电磁式运动捕捉设备示意图

电磁式运动捕捉设备对环境的要求比较严格，在使用场地附近不能有金属物品，否则会干扰电磁场，影响精度。系统的允许空间范围比光学式运动捕捉设备要小，特别是电缆对使用者的活动限制比较大，对于比较剧烈的运动则不适用。

4. 光学式运动捕捉

光学式运动捕捉设备通过对目标上特定光点的监视和跟踪来完成运动捕捉的任务。常见的光学式运动捕捉系统大多数基于计算机视觉原理。从理论上说，对于空间中的一个点，只要它能同时被两个相机缩减，则根据同一时刻两个相机所拍摄的图像和相机参数，就可以确定这一时刻该点在空间中的位置。当相机以足够高的速率连续拍摄时，从图像序列中就可以得到该点的运动轨迹。图 2-30 所示为光学式运动捕捉设备示意图。

图 2-30　光学式运动捕捉设备示意图

这种方法的缺欠是价格昂贵，虽然可以实时捕捉运动，但后期处理的工作量非常大，对于表演现场的光照、反射情况有一定的要求，装置定标也比较烦琐。

2.5.3 虚拟现实交互手柄

虚拟现实设备中目前最为广泛使用的交互硬件是手柄。手柄主要使用触觉反馈的交互模式，主要是振动和按钮反馈，下面要提到的一大类虚拟现实手柄即属于此类手柄。目前三大 VR 厂商 Oculus、索尼、HTC 都不约而同地采用了虚拟现实手柄作为标准的交互模式，有两手分立的、六个自由度空间跟踪的、三个转动自由度三个平移自由度的。按钮和振动反馈的手柄通常是用来进行一些高度特化的应用（VR 头显早期的消费者应该基本上是一些骨灰级游戏玩家），目前它们正逐渐被应用在更加广阔的领域，如教育、医疗、工业、军事等。

1. HTC Vive 控制器

HTC Vive 控制器在设计上较为传统，分别集成了轨迹板、扳机键、控制按钮、菜单按钮、系统按钮、状态指示灯和一些位于控制器外环上的追踪传感器，如图 2-31 所示。Light House 激光追踪系统所发出的激光通过匹配位于控制器外环内的 24 个传感器来实现控制器在虚拟世界中的定位，借此可以实现亚毫米级别的动作追踪，所以 HTC Vive 控制器在实际使用中体验效果非常好，可以精准地捕获控制器的运动。但是 HTC Vive 控制器的弊端是只能追踪到控制器的运动，不能捕捉使用者手部的动作，例如使用者的手指动作，因此在交互手段上有一些单一。未来在对 HTC Vive 的升级中将会加入对手部的追踪。

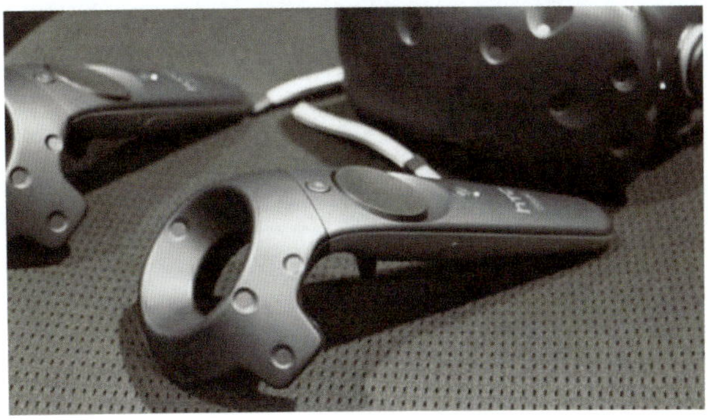

图 2-31 HTC Vive 控制器

2. Oculus Touch

Oculus Touch 是 Oculus Rift 的动作捕捉手柄，配合空间定位系统使用。Oculus Touch 采用了类似手环的设计，如图 2-32 所示，允许定位仪对使用者的手部进行追踪，手柄上的传感器也可以追踪手指运动，同时还为使用者带来便利的抓握方式。Oculus Touch 除了空间定位和体感追踪功能外，还具备“电容传感电路”以及“接近感控制”两大科技，能够识别使用者大拇指、食指和中指的不同姿态，大大加强了交互体验。图 2-33 所示为 Oculus Touch 使用示意。Oculus Touch 手柄上配备触发器、操纵杆以及易于操作的按钮，在互动方面要比 HTC Vive 的控制器更加多样化。通过手柄上的传感器，它可以感知使用者的手指动作，抬手、握拳、竖起大拇指，这些操作都可以在虚拟现实应用中实现，因此虚拟现实的沉浸感会更强。与 HTC Vive 的控制器相比，Oculus Touch 不仅体积更小，控制器的重心也非常接近手部的自然重心，在移动和操纵控制器时，交互会比 HTC Vive 控制器更加自然。Oculus Touch 作为目前市面上唯一一款利用人体工学实现手势交互的硬件，使用感官更贴近真实生活，操控简单自然。《华尔街日报》对 Oculus Touch 的评价是“迄今最好的 VR 控制器”，足见其在虚拟现实交互方面的优势。

图 2-32　Oculus Touch

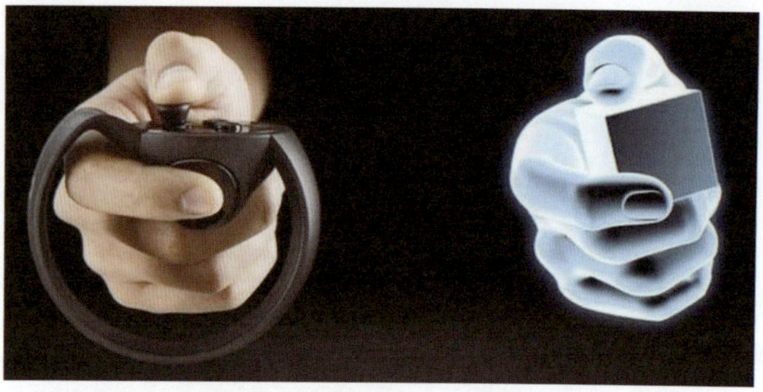

图 2-33　Oculus Touch 使用示意

【扩展阅读】

交互设备

第二篇

虚拟现实开发核心技术

第 3 章

三维建模技术基础

本章导读

本章主要介绍 Maya、3DMax、C4D 等虚拟现实前端模型制作工具的功能及基本使用。首先对目前虚拟现实前端使用较多的建模工具进行简单介绍；其次对 Maya 和 3DMax 两款常用建模工具的使用进行基本介绍；最后讲解模型制作的标准和规范，并对最终在 Unity 中使用的格式和导出进行讲解。

教学目标

★ 了解 Maya、3DMax、C4D。
★ 了解 Maya 软件和 3DMax 软件的界面并掌握其基本操作。
★ 掌握模型制作规范。
★ 掌握 FBX 格式导出要求。

3.1 三维建模软件

【学习目标】

了解 Maya、3DMax 和 C4D 三种常见的模型制作软件的特点及其发展过程。

【知识要点】

3.1.1 Maya 软件介绍

1. Maya 概述

Autodesk Maya 是一款高效实用的三维动画制作、建模工具，其功能强大。该软件为用户提供强大的3D建模、动画制作、渲染和制作效果功能，其界面组织性、平衡性非常好，不仅包含了大量的按钮、菜单和工具栏，还具备了完整的图形工作流，是电影级别的三维动画制作工具，旨在帮助使用者创建环境、动画效果与照片真实感的渲染。

Maya软件最初是软件开发公司Alias与Wavefront合并而后收购了TDI公司，三家软件开发公司集合在一起推出的一款新型的三维动画制作软件，其功能、界面、效果都是一流的，Alias与Wavefront赋予它一个神秘而响亮的名字——Maya。随着PC机的广泛推广，Alias与Wavefront于1998年6月对PC用户推出了Maya NT版。2005年Alias被Autodesk收购后，又相继推出了Maya的各种版本（Autodesk Maya）。Autodesk Maya与其他的三维软件有明显的区别。

（1）Maya继承了Alias所有的工作站级优秀软件的特性，灵活、快捷、准确、专业、可扩展、可调。Maya的操作平台基于Windows NT的操作更简便。

（2）Maya独一无二的工作界面使操作更直观，它利用了窗口的所有空间并将其发挥到极至，快捷键的合理组合使动画制作事半功倍。在制作过程中，Maya相对来说比较稳定，对计算机的硬件利用率也比较高。Maya不仅有类似于3D Studio Max等PC三维软件的普通建模功能，同时更具备了其他软件少有的NURBS建模功能。Maya还具备了高级建模的能力。

（3）Maya在灯光、摄像机、材质等方面的表现也不俗。模拟灯光更加真实，可调参数更突出；特技灯光种类更丰富，更具有吸引力。摄像机的功能和参数更加专业，如镜头、焦距、景深等特殊功能是其他软件不具备的。矢量材质可模仿木纹、毛石、水等，节省了贴图的制作，同时在折射、反射等效果上更加独特。在动画设置上，粒子、动力学、反向动力学等高级动画设置都由软件自行计算，提高了动画的真实程度。渲染精度可达到电影级，因此只要掌握了Maya就等于走在了三维动画的前沿。图3-1所示为Maya启动界面。

图3-1　Maya启动界面

2. Maya应用领域

Maya是一款功能强大而全面的三维制作软件，随着版本的不断更新升级，其功能不断完善，在市场上不断吸引新的用户加入。而且随着功能的不断完善，Maya 软件的应用领域也在不断扩大。

（1）影视动画。自 1998 年诞生，Maya 就一直服务于电影和电视领域，诸多特效大片都利用 Maya 制作。Maya 的制作工作流程越来越成熟。Maya 随着各个顶级特效电影的发展而发展，《侏罗纪公园》《魔戒》《金刚》和《怪物史莱克》等都由 Maya 制作。图 3-2 所示为《怪物史莱克》剧照。

图 3-2 《怪物史莱克》剧照

（2）虚拟仿真。将 Maya 动画技术与虚拟现实技术相结合，创建高度虚拟化的仿真工作环境，已成为当前计算机多媒体技术的重要发展方向。例如，在科学研究中，研究人员佩戴特殊眼镜，使用手柄模拟各种工具，操作虚拟人体。目前，许多企业甚至活动展会的各种展馆都会制作虚拟场景，利用 Maya 等三维软件制作场景模型，结合 Unity 等引擎，再现虚拟场景环境，同时，结合虚拟现实外设，再现某个时刻的现场环境，使观众直观了解当时的历史环境，为人们提供视觉、听觉、触觉体验。图 3-3 所示为 Maya 在虚拟仿真中的应用。

图 3-3 Maya 在虚拟仿真中的应用

（3）娱乐游戏。随着版本的不断更新强大，越来越多的游戏制作公司开始使用其制作游戏模型。Maya 有丰富的模型制作工具和 UV 分割工具，在游戏制作中可以快速制作各种游戏的模型。Maya 中强大的角色蒙皮骨骼动画系统，可快捷高效处理游戏中各种角色动画的动作。Maya 有成熟的捕捉动作数据的处理和导入功能，动作数据方面的处理非常高效，可以使很多复杂技术简单化、流程化、可视化，使设计师能够专注于项目创作，节省大量技术研究时间。图 3-4 所示为 Maya 在游戏中的应用。

图 3-4　Maya 在游戏中的应用

3.1.2　3DMax 软件介绍

3DMax 是 Autodesk 公司开发的三维动画渲染和制作软件，其前身为 3D Studio 系列软件。在 Windows 出现以前，工业级的 CG 制作被 SGI 图形工作站所垄断。“3D Studio Max + Windows”的出现使 CG 制作变得更加轻松。

3DMax 广泛应用于广告、影视、工业设计、建筑设计、三维动画、多媒体、游戏以及工程可视化等领域。

3DMax 有比较好的性价比，制作成本低，并且对硬件的要求也不高，因此受到许多制作公司的青睐，也广受学习者和业界人士欢迎，在国内拥有众多的使用者，网络上针对该软件的学习交流氛围也比较好。

3DMax 出现的时间比较早，经过二十多年的发展不断优化，3DMax 的制作流程已经比较简洁高效，一改以前使用大量命令完成简单操作的状态，便于学习和商业使用。20 世纪，少数能在 PC 上运行的三维软件价格异常昂贵。3DMax 完成了从 DOS 系统向 Windows 的迁移，其运行环境的普通化、渲染制作价格的低廉化、作品效果的专业化、作品的产品化，迅速得到制作行业人士的认可。这个稳定和较全面的三维软件，占据了三维软件市场的主流地位。此后 3DMax 仍然在不断升级更新，并在影视制作和游戏制作方面大放异彩，如《魔兽争霸 3》就让公众体验到了这款神奇软件的魅力。

改进后的 3DMax 6.0 版本已经开始被全球专业三维创作领域的设计人员广泛采用，并创造出无以伦比的视觉产品。此后，3DMax 9.0 和 3DMax 2008 开始出现了专业动画版和专业建筑版的细分方向，使得 3DMax 更加朝着专业化深耕的方向发展。

在 CG 制作领域，3DMax 更是几乎与 Maya 平分天下。周星驰执导并主演的电影《功夫》利用 3DMax 完成了近乎 80% 的特效。关于电视方面，动画师 Geof Valent 说：“3DMax

这套系统所具备的丰富功能和良好的访问性能，让我们有更多时间享受实现理念的过程，并将诸多设想创作出来。作为一个工具，它使得我们能够投入到创作工作中，而不用去顾及无谓的技术障碍。这就是我们喜欢上 3DMax 的原因。它确实易用，易上手，而且易于完成制作任务。”

《魔兽争霸 3》在游戏领域已经成为经典，其中的片头动画、游戏模型和震撼场面都大量运用了 3DMax 制作技术，《传奇世界》《热血传奇》等经典作品的热销奠定了 3DMax 在游戏行业中的霸主地位。从低模、高模到贴图和动作，从灯光到粒子系统，Autodesk 的 3DMax 都游刃有余，展现了强大的适用性。

目前 3D Studio Max 已经成为全球用户最多的三维制作软件，尤其在游戏、建筑、影视领域，占据着最为重要的市场。

3.1.3 C4D 软件介绍

C4D（Cinema 4D）是德国 Maxon Computer 研发的 3D 绘图软件，以其运算速度高和渲染插件强著称。

Cinema 4D 的前身是 1989 年发表的软件 FastRay。FastRay 最初只发布在 Amiga 上，Amiga 是一种早期的个人电脑系统，当时还没有图形界面。1991 年 FastRay 更新到了 1.0 版，但是这个软件当时还并没有涉及三维领域。1993 年 FastRay 更名为 Cinema 4D 1.0，仍然在 Amiga 上发布。

1. C4D 的模块

C4D 包含建模、动画、渲染、角色、粒子以及插画等模块，在用其描绘的各类电影中表现突出。随着其越来越成熟的技术，它受到越来越多的电影公司的重视，同时在电视包装领域也表现非凡，成为了行业主流软件。

（1）建模。Cinema 4D Studio 可以导入和导出多种文件格式，以适应大部分制作流水线。借助 Cinema 4D 简单易用的非线性建模工具，可以随时修改参数化对象，使用参数化对象，多边形对象，细分曲面以及各种变形器、修改器进行建模。Cinema 4D 提供了很多参数化对象，将其作为基础形状可以创建更复杂的模型，将样条进行挤压、放样、旋转以及扫描，参数可以实时调整甚至做动画。

（2）UV 编辑。UV 坐标对于实现高质量的贴图绘制来说非常重要。无论是要调整游戏低模的 UV 亦或是进行高分辨率的 matte painting，Cinema 4D 都提供了丰富的 UV 编辑解决方案，确保贴图被正确投射到模型之上。

（3）材质贴图。材质系统提供了 14 种不同的通道，也可以自定义通道以满足某些特殊需求，比如游戏引擎。大多数通道的最基本的用法是使用贴图或者着色器，可以使用图片或视频作为贴图使用，也可以使用一些高级着色器，比如次表面散射或者背光。Cinema 4D 甚至还提供了一个业界标准的 3D 绘制工具来实现更高级的纹理绘制。

无论要创建的对象是人工的还是天然的，Cinema 4D 的材质系统都提供了丰富的参数用于描述对象的表面属性。对于贴图来说，Cinema 4D 支持绝大多数流行格式，其中包括带有图层的 PSD 文件。

（4）灯光。Cinema 4D 的照明系统非常强大，提供了很多选项来控制灯光的颜色、亮度、衰减以及其他属性。它可以调整每个阴影的密度和颜色，还可以调整很多灯光设置，比如对比度、镜头反射、可见光或者体积光、噪波，甚至可以使用 Lumen 或者 Candela 来控制亮度值，这些都可以提供非常真实的照明结果。

（5）摄像机。借助 Cinema 4D 的摄像机校正标签，可以将 3D 摄像机与几乎任意图像匹配。只需要在图片上绘制几条线或者网格，就可以定义摄像机的焦点、焦距和朝向，或者通过添加锚点解算出摄像机的位置，设置线的长度来定义场景尺寸。通过摄像机校正标签解算出摄像机信息后，可以轻松创建背景对象或者将图像作为遮罩环境的一部分。

（6）动画部分。与修整模式结合使用，用来判断在未选中对象时是否可以移动对象，并通过高亮对对象进行控制。交互标签对于角色绑定来说尤其有用，它可以报告所有的鼠标交互动作，包括单击多边形，同时该标签还允许使用 XPresso、C.O.F.F.E.E.（过滤器插件）或者 Python 控制对象。

Cinema 4D 提供了一系列稳定易用的角色动画工具来帮助使用者创建栩栩如生的角色形象，并且使制作角色动画的过程变得简单许多。一些高级功能，比如四元标签，用于记录鼠标移动作为位置数据的卡布奇诺，以及用于创建 IK（Inverse Kinematics，反向运动）动力学的自动重绘工具，这些都大大简化了动画师和绑定师的工作流程。

2. C4D 的优势

（1）文件转换优势。从其他三维软件导入的项目文件都可以直接使用，而不用担心文件破损等问题。

（2）C4D 的毛发系统是迄今为止最强大的系统之一，便于控制，可以快速进行造型，并且可以渲染出各种所需效果。

（3）C4D 高级渲染模块拥有快速的渲染速度，可以在最短的时间内创造出最具质感和真实感的作品。

（4）BodyPaint 3D 为三维纹理绘画模块，使用这个模块可以直接在三维模型上进行绘画，有多种笔触支持压感和图层功能，功能强大。

（5）MoGraph 系统为艺术家提供一个全新的维度和方法，是 Cinema 4D 的一个利器。

（6）C4D 的预制库。C4D 拥有丰富而强大的预制库，你可以轻松地从中找到你需要的模型、贴图、材质、照明、环境、动力学、甚至是摄像机镜头预设，大大提高了我们的工作效率。

（7）C4D 可与后期软件 After Effects 无缝衔接。

【应用案例】

三维建模软件（种类介绍）介绍

3.2 Maya 基础

【学习目标】

了解 Maya 三维软件的基础知识；认识 Maya 软件的用户界面；学会 Maya 软件的基本操作。

【知识要点】

1. 三维坐标

最基本的可视图元为点。点没有大小，但是有位置。为确定点的位置，首先应在空间建立任意一点作为原点，随后便可将某个点的位置表示为原点左侧（或右侧）若干单位，原点上方（或下方）若干单位，以及高于（或低于）原点若干单位，如图 3-5 所示。

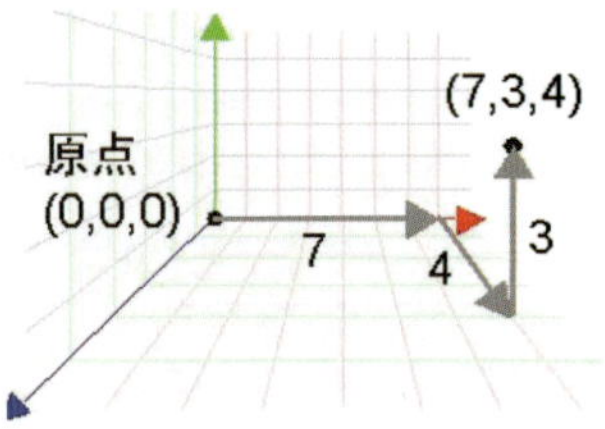

图 3-5　坐标原点

例如，对于位于原点右侧（X）7 个单位、原点上方（Y）3 个单位和原点下方（Z）4 个单位的点，其 X、Y、Z 坐标为 (7,3,4)，这三个数字提供了空间中点的三维坐标。

在计算机图形中，实际上我们不说点位于“左 / 右”“上 / 下”或“高于 / 低于”，而是将这三个维度称为 X 轴、Y 轴和 Z 轴，如图 3-6 所示。

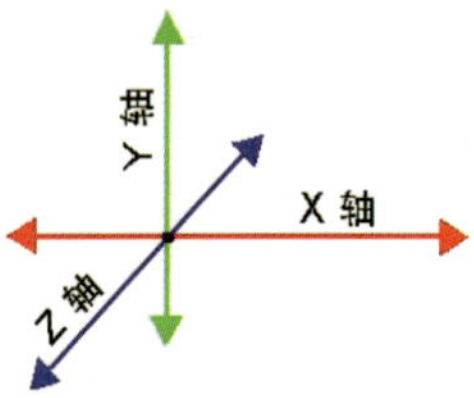

图 3-6　坐标轴

在动画和可视效果中，传统上使用 Y 轴作为“向上”轴或标高轴，使用 X 轴和 Z 轴作为“地面”轴。但是，某些行业传统上使用 Z 轴作为上方向轴，使用 X 轴和 Y 轴作为地面轴。

在 Maya 中，可以在 Y 和 Z 轴之间切换向上轴。选择“窗口 \ 设置 \ 首选项”，然后在左窗格中单击“设置”，如图 3-7 所示。

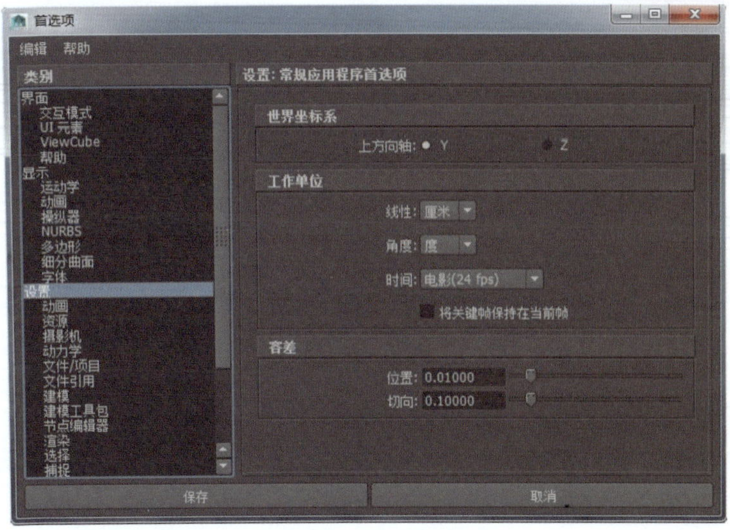

图 3-7 轴向的切换

2. 界面概述

Maya 界面如图 3-8 所示。下面对界面各部分进行介绍［下述序号与图中序号相对应，如（1）对应①］。

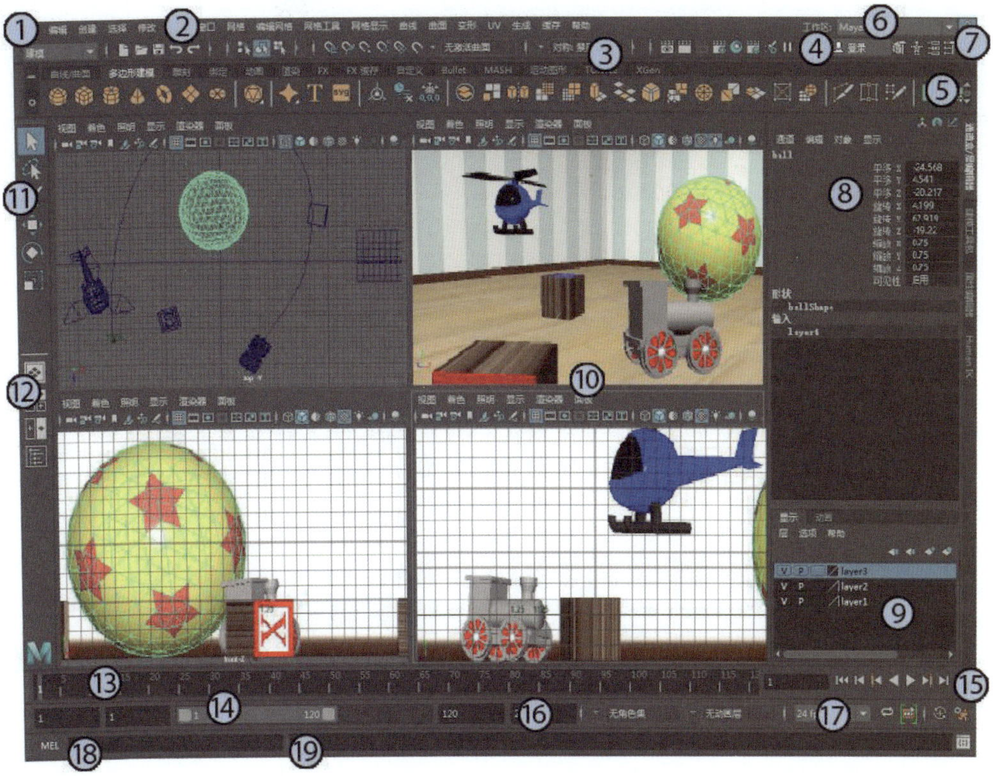

图 3-8 Maya 界面

（1）菜单集。菜单集将可用菜单分为不同的类别："建模""装备""动画""FX"和"渲染"。Maya 主菜单中的前七个菜单项始终可用，其余菜单项根据所选的菜单集而变化。

若要在菜单集之间切换，可以单击"状态行"中的下拉菜单按钮，如图 3-9 所示，或者使用快捷键。默认快捷键如下：

F2：建模。

F3：装备。

F4：动画。

F5：FX。

F6：渲染。

图 3-9 模块的选择

（2）主菜单。在场景中进行工作时所使用的工具和操作包含在主菜单中。主菜单还包括用于面板和选项窗口的单独菜单。主菜单位于 Maya 窗口的顶部，如图 3-10 所示。

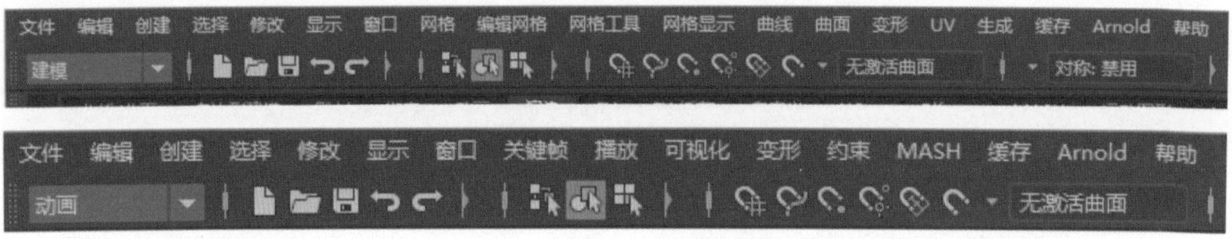

图 3-10 建模和动画模块菜单

有七个菜单在 Maya 中始终可用："文件""编辑""创建""选择""修改""显示"和"窗口"。

下述菜单随所选菜单集而变化："建模""装备""动画""动力学""渲染"。每个菜单集用于支持特定的工作流。

（3）状态行。状态行包含许多常用的常规命令对应的图标，例如，保存文件的"保存"命令图标，以及用于设置对象的选择、捕捉、渲染等的图标。状态行还提供了快速选择字段，可针对输入的数值进行设置，单击垂直分隔线可展开或收拢图标组。

（4）"用户账户"菜单。该菜单用于登录到 Autodesk 账户，管理许可证或购买 Autodesk 产品。

（5）工具架。工具架包含常见任务对应的图标，并根据类别按选项卡进行排列。可以创建自定义工具架，然后在其中创建可快速访问的工具或命令快捷键。

默认工具架分为多个选项卡，每个选项卡均包含许多图标，分别代表每个菜单集最常用的命令。例如，"装备"选项卡包含"装备"菜单集中最常用命令的对应图标，也可以将自定义脚本和面板布局添加到工具架。图 3-11 所示为工具架选项卡。

图 3-11 工具架选项卡

“工具架选项卡”下的“导航工具架”的下拉菜单如图 3-12 所示。

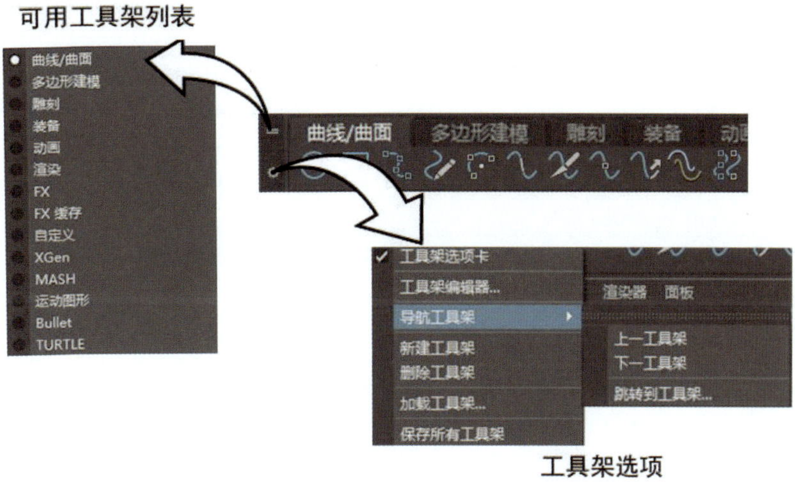

图 3-12 “工具架选项卡”下的“导航工具架”

（6）工作区选择器。工作区选择器用于选择专门设计用于不同工作流的窗口和面板的自定义或预定义的选项的排列。（图 3-8 显示的是“Maya 经典”工作区）

工作区是各种窗口和面板以及其他界面选项的有序排列。预定义的“工厂”工作区包含默认的“Maya 经典”工作区，以及另外几个专用于执行各组任务的工作区。此外，您也可以根据自己的需求创建和共享自定义工作区。

可以修改当前工作区，方法包括：打开、关闭和移动窗口、面板及其他 UI 元素，以及停靠和取消停靠窗口和面板。无需明确保存对工作区所进行的更改，即切换到其他工作区或关闭 Maya 时，您所做的更改将自动保存（在下次切换回该工作区或重新启动 Maya 时将保存您的更改）。

对预定义工作区所进行的更改将以覆盖的形式保存。您可以通过以下方式随时还原工作区的原始配置：切换到工作区，然后选择“窗口 \ 工作区 \ 将‘[工作区]’重置为出厂默认值”命令（或者，从“工作区”下拉菜单中选择“重置当前工作空间”命令）。

对自定义工作区所作的更改可以按照还原覆盖的方式进行。

与旧版软件相比，通过工作区可以更灵活地自定义面板布局界面，即在工作区可将面板移动和停靠到任何位置，而面板布局仅控制各功能项在视图面板中的排列，如图 3-13 所示。另一个区别就是，工作区将自动作为单独的文件存储到用户目录中并持续存在，而面板布局则存储在场景文件中。

图 3-13　工作空间

有如下两种切换工作空间的方法：从主菜单栏最右侧的“工作区”选择器中选择一个项目；从“窗口 \ 工作区”菜单中选择一个项目。

（7）侧栏图标。状态行右侧的图标可打开和关闭许多常用的工具。从左到右显示的图标依次是建模工具包、HumanIK 窗口、属性编辑器、工具设置和通道盒 / 层编辑器，这些工具默认情况下处于打开状态并在此显示其相应的图标。

在“Maya 经典”工作区中，这些工具在下述窗格中以选项卡形式打开，但在浮动窗口中打开的“工具设置”除外。通过这些选项卡可在打开的工具之间切换，单击当前选项卡可收拢整个窗格。单击收拢窗格中的任意选项卡即可打开窗格。可以拖动这些选项卡来更改其顺序，也可以在这些选项卡上右击以获得更多选项。

（8）通道盒。通过通道盒可以编辑选定对象的属性和关键帧值。默认情况下，此处将显示变换属性，但您可以更改此处显示的内容。

（9）层编辑器。层编辑器中有以下两种类型的层：

1）显示层用于组织和管理场景中的对象，例如，用于设置可见性和可选性的层。

2）动画层用于融合、锁定或禁用动画的多个级别。

在所有情况下，都有一个默认层，对象在最初创建后放置在该层。

（10）视图面板。通过视图面板，可以使用摄像机视图通过不同的方式查看场景中的对象，可以显示一个或多个视图面板，具体取决于正在使用的布局，也可以在视图面板中显示不同的编辑器。通过每个视图面板中的面板工具栏，可以访问位于面板菜单中的许多常用命令，如图 3-14 所示。

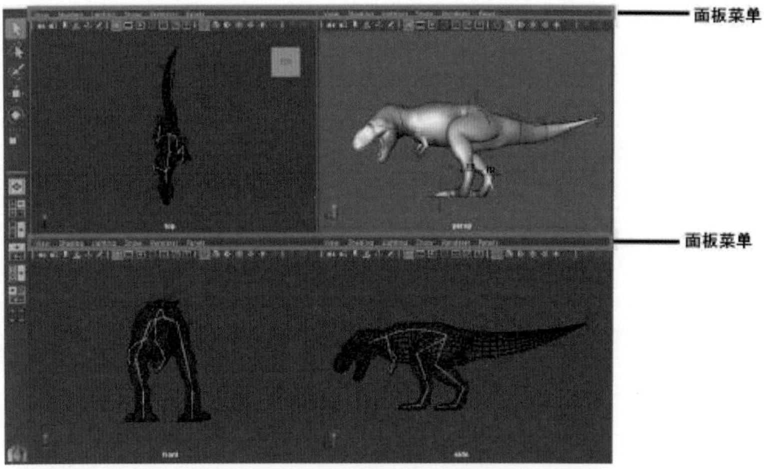

图 3-14　视图面板

（11）工具箱。工具箱包含用于选择和变换场景中对象的工具。工具箱中的一些工具可以通过以下快捷键启动：选择工具（Q）、移动工具（W）、旋转工具（E）、缩放工具（R）

和显示操纵器（T），以及访问在场景中使用的最后一个工具（Y）。

（12）快速布局和大纲视图按钮。单击工具箱下面的前三个快速布局按钮即可在有用的视图面板布局之间切换，底部的按钮用于打开大纲视图。更改面板布局的方法见表 3-1。

表 3-1　面板布局调整方法

目标	操作
切换到保存的面板布局	在面板中，从“面板 \ 保存的布局”子菜单中选择某个项目
更改面板数量和分段	在快速布局按钮上右击，然后从菜单中选择一个项目，或在面板中，从“面板 \ 布局”子菜单中选择某个项目
调整面板大小	拖动面板之间的分隔线，拖动分隔线的交叉点可同时调整所有面板的大小
将当前面板排列保存为布局	在快速布局按钮上右击，选择“保存当前布局”命令，然后，可以从“面板 \ 保存的布局”菜单中获得此布局
在当前布局与全屏活动面板（鼠标光标所在的位置）之间切换	按 Space（空格）键
在全屏视图面板与当前布局之间切换	按“Ctrl+Space”组合键
设置面板内容	在面板中，从“面板 \ 面板”子菜单中选择某个项目
在面板布局历史中返回	在面板中，选择“面板 \ 布局 \ 上一排列”，或按 { 快捷键
在面板布局历史中前进	在面板中，选择“面板 \ 布局 \ 下一排列”，或按 } 快捷键

（13）时间滑块。时间滑块显示可用的时间范围。时间滑块还可显示当前时间、选定对象或角色上的关键帧、显示“缓存播放”，拖动其中的播放光标可以在整个动画中进行“播放”。

（14）范围滑块。范围滑块用于设置场景动画的开始时间和结束时间。如果要重点关注整个动画的更小部分，还可以设置播放范围。

（15）播放控件。通过播放控件，可以依据时间的移动预览时间滑块范围定义的动画。

（16）动画菜单和角色菜单。通过“动画”菜单或“角色”菜单可以切换动画层和当前的角色集。

（17）播放选项。通过播放选项可控制场景播放动画的方式，其中包括，设置帧速率、设置循环控件、自动设置关键帧和缓存播放，而且还支持快速访问“时间滑块”首选项。

（18）命令行。命令行的左侧区域用于输入单个 MEL 命令，右侧区域用于提供反馈。如果您熟悉 Maya 的 MEL 脚本语言，则可使用这些区域。

（19）帮助行。当光标在 UI 中的工具和菜单项上移动时，帮助行显示这些工具和菜单项的简短描述。此栏还会提示使用工具或完成工作流所需的步骤。

3. 创建和编辑对象

Maya 有多种不同类型的对象，其中大多数用于为对象建模，但也有一些其他“辅助对象”用于在场景中构建不同元素。

（1）多边形对象。多边形对象是由面、边和顶点组成的 3D 几何对象，通常称为“多边形网格”。多边形网格广泛用于为游戏、虚拟现实、电影和 Internet 创建的多种 3D 模型，如图 3-15 所示。

图 3-15　多边形模型

（2）NURBS（非均匀有理 B 样条线）曲面对象。NURBS 曲面对象是由 U 向和 V 向曲线定义的面片组成的 3D 几何对象。曲面插补在控制点之间，从而生成平滑形状。NURBS 十分平滑，对于构建有机 3D 形状十分有用，且主要用于工业设计、动画和科学可视化领域，如图 3-16 所示。

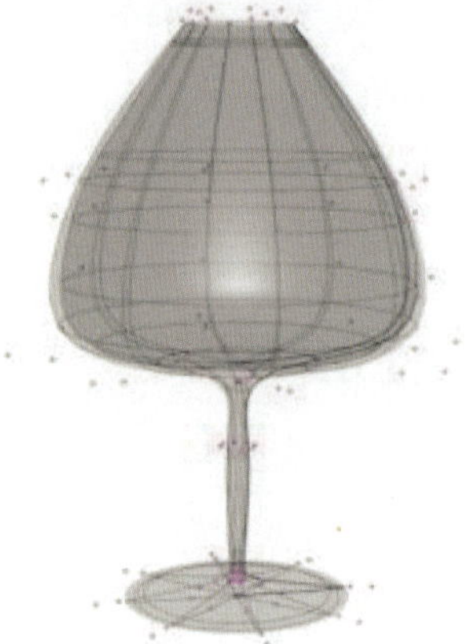

图 3-16　样条线模型

（3）NURBS 曲线（NURBS Curves）。曲线用于构建对象或用作场景中的其他元素。可以使用不同的方法从曲线创建 3D 对象，或者将其用于动画的运动路径或用于控制变形，如图 3-17 所示。

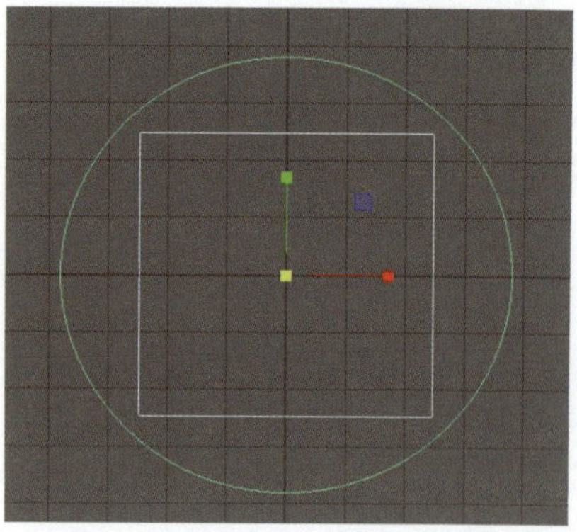

图 3-17　曲线

（4）复制对象。

- 简单复制选定对象。

方法一：按 Ctrl + D 组合。

方法二：选择“编辑 \ 复制”。

- 使用指定选项复制选定对象。选择“编辑 \ 特殊复制”打开特殊复制选项面板，将“几何体类型”设置为“复制”，设置“副本数量”选项以及“将应用于每个副本的变换”选项。
- 复制选定对象并重新应用上一变换。如果将对象向上移动两个单位，然后选择“编辑 \ 复制并变换”，则系统将创建重复对象并将该对象再次向上移动两个单位。
- 创建选定对象的实例。选择“编辑 \ 特殊复制”，将“几何体类型”设置为“实例”，设置“副本数量”选项以及“将应用于每个副本的变换”选项。

（5）删除对象。

- 删除对象。选择对象，直接按 Delete（删除）键即可。
- 从选定对象中删除特定类型的组件，如，构造历史，从“编辑 \ 按类型删除”子菜单中选择一个项目，按 Delete 键。
- 删除特定类型的所有对象，从“编辑 \ 按类型删除全部”子菜单中选择一个项目，按 Delete 键。

（6）重做。

- 撤消上次操作：选择“编辑 \ 撤消”或按 Ctrl+Z 组合键。
- 重做上次操作：选择“编辑 \ 重做”或按 Ctrl+Y 组合键。
- 重复上一命令：选择“编辑 \ 重复”或按 G 快捷键，也可以使用鼠标中键单击菜单从中选择要重复的命令。

4. 变换对象

（1）移动对象或组件。选择一个或多个对象或组件，单击工具箱中的“移动工具”图标，或按 W 键。如果要先更改“移动工具”的设置，请双击其图标，以便在“工具设置”面板中显示其选项。使用移动操纵器可以更改选定对象的位置，如图 3-18 所示。

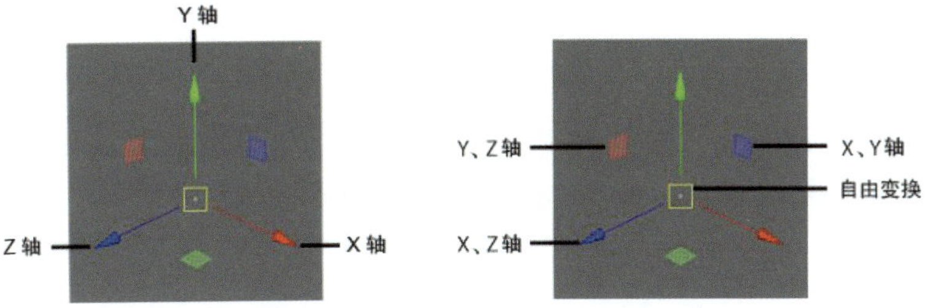

图 3-18 位置变换

拖动中心控制柄可以使对象在视图中四处自由移动；拖动箭头可以使对象沿轴移动；

拖动平面控制柄可以使对象沿该平面的两个轴进行移动，例如，拖动绿色的平面控制柄可使对象沿 XZ 平面移动；单击箭头或平面控制柄使对象处于活动状态（呈黄色），然后使用鼠标中键在视图中的任意位置拖动可使对象沿该轴或平面移动。

（2）旋转对象和组件。选择一个或多个对象或组件，单击工具箱中的“旋转工具”图标，或按 E 键，选择旋转操纵器，可以旋转选定的对象，如图 3-19 所示。

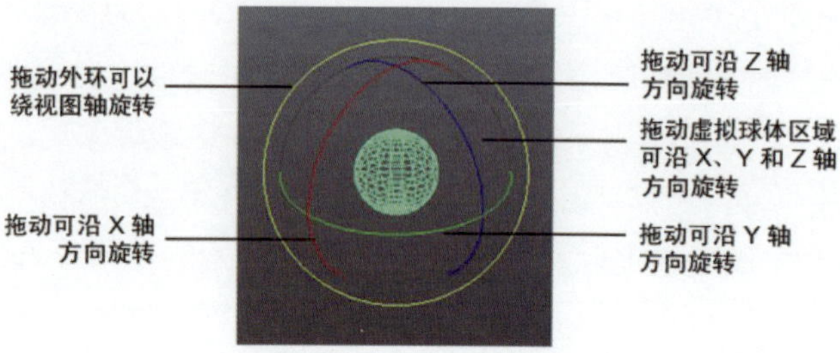

图 3-19 旋转变换

拖动各个环可以使对象绕不同的轴旋转；拖动蓝色外环在屏幕空间旋转，可使对象朝向摄像机，旋转轴将会更改，具体取决于摄像机的角度；在环的灰色区域之间拖动，可使对象围绕任意轴自由旋转。

（3）缩放对象或组件。选择一个或多个对象或组件，单击工具箱中的“缩放工具”图标，或按 R 键，选择任意轴向缩放操纵器，可以缩放选定的对象，如图 3-20 所示。

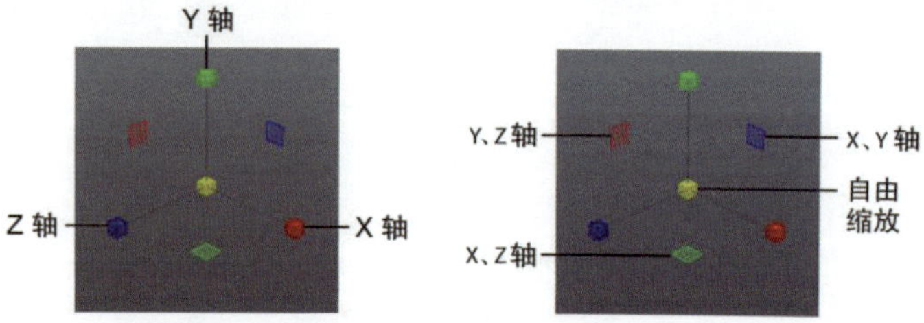

图 3-20 缩放变换

拖动中心框可以使对象沿所有方向均匀缩放；沿 X、Y、Z 轴控制柄的长度方向在任意位置拖动，可以使对象沿该轴进行缩放；拖动平面控制柄可以使对象沿该平面的两个轴进行缩放；单击轴或平面控制柄使对象处于活动状态（呈黄色），然后使用鼠标中键在视图中的任意位置拖动可以使对象沿该轴或平面缩放。

5. 水杯的制作

（1）打开 Maya，在工具架上选择圆柱体并单击，自动创建一个圆柱体，如图 3-21 所示。

（2）通过通道盒将圆柱体放大 5 倍，右击选择面模式，选择除底端面外所有的面，按 Delete 键删除，如图 3-22 所示。

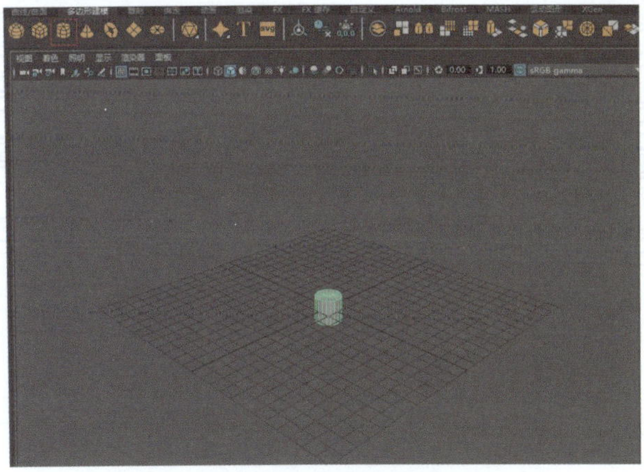

图 3-21 创建圆柱体

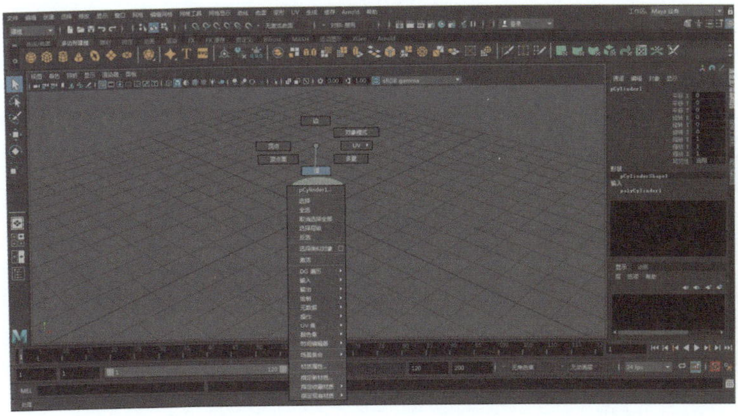

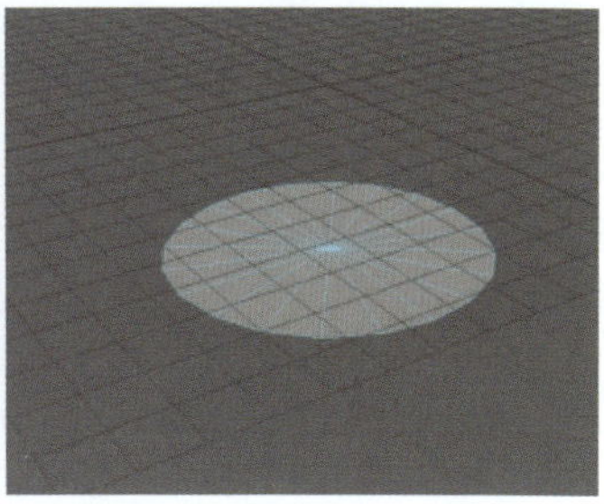

图 3-22 删除面

（3）选中端面并右击，选中线模式，双击图中所示线段，选中整个环线，在工具架上选择“挤出”命令，切换坐标，向上拉动 Y 轴，如图 3-23 所示。

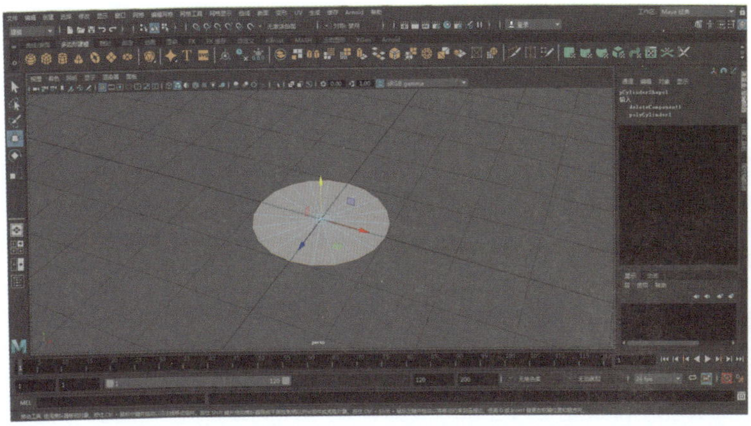

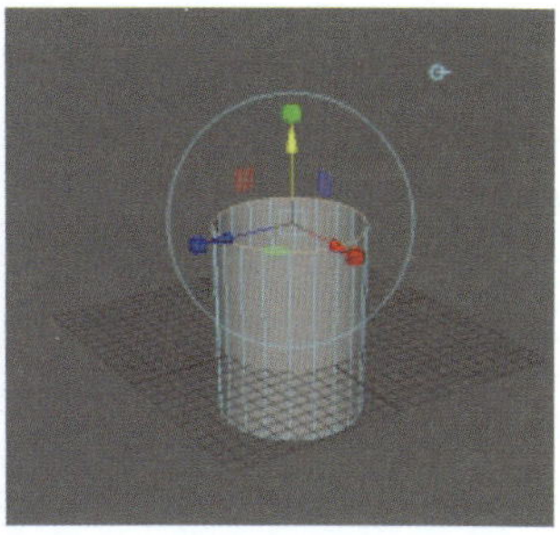

图 3-23 挤出线

（4）按 G 快捷键继续挤出，单击坐标轴方块，拉动坐标轴原点向里缩放，如图 3-24 所示。

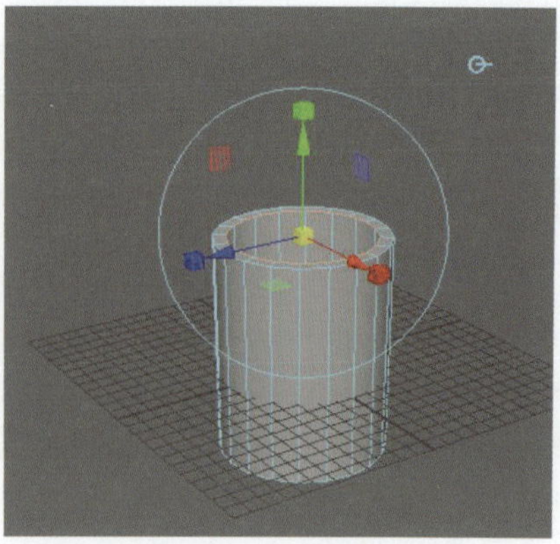

图 3-24　原位挤出

（5）继续挤出，拖动 Y 轴向下，此时，按空格键将视图切换到前视图，同时单击视图工具中线框图标，将坐标轴拖动到合适位置，如图 3-25 所示。

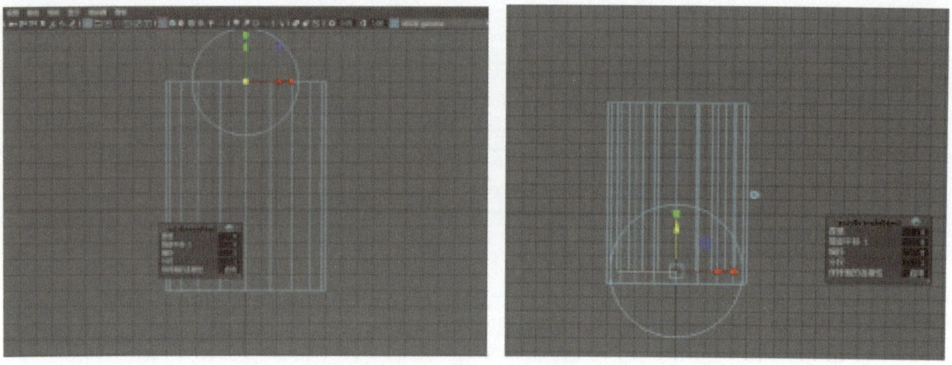

图 3-25　对齐位置

（6）按空格键，切换到透视图，将指针放置在对象上，右击选择对象模式，在网格菜单下选择“填充洞”命令，如图 3-26 所示。

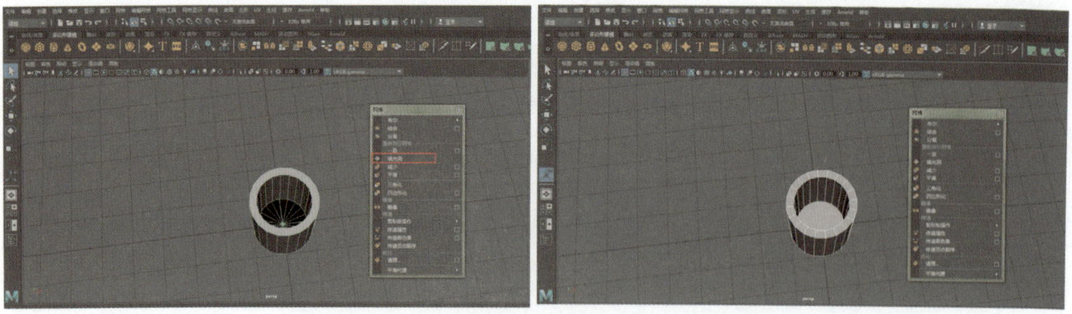

图 3-26　补齐杯底

（7）选择“菜单”→“网格工具”→“插入循环边”命令，在对象表面直接单击经线，可以在对象表面添加循环线，我们这里共添加了五条线，如图 3-27 所示。

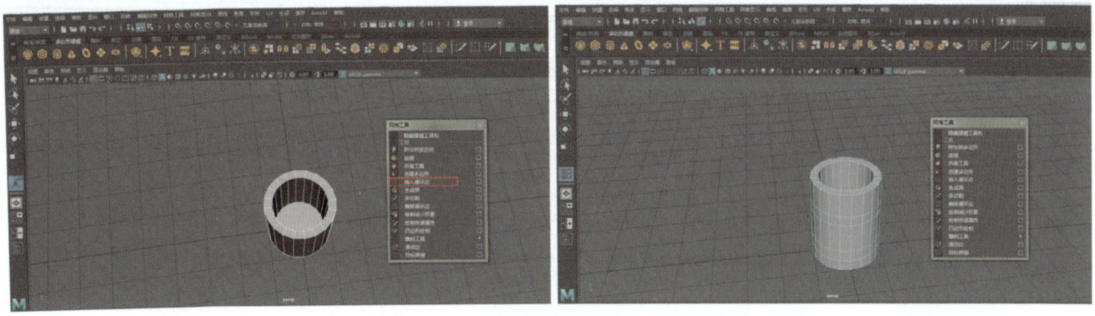

图 3-27　加线

（8）右击选择面模式，按 Shift 键，选择上下两个较小的面，选择“菜单”→“编辑网格”→“桥接”命令，单击“桥接”后的方框图标，打开“桥接选项”对话框，在其中进行相应设置，如图 3-28 所示。设置完成后单击“应用”按钮。

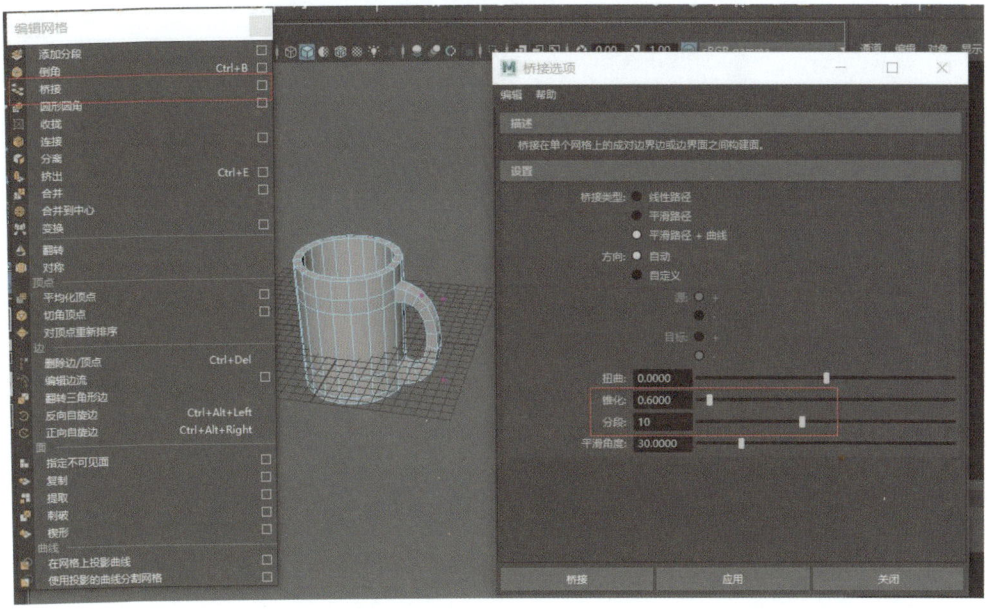

图 3-28　桥接设置

（9）选择对象线模式，按 Shift 键，选择图中的线，选择“菜单”→“编辑网格”→“倒角”命令，打开“倒角选项”对话框，在其中进行参数设置，如图 3-29 所示。设置完成后单击“应用”按钮。

（10）为水杯指定材质。选择水杯，在工具架上选择“渲染”标签，选择 blinn 材质，在属性编辑器中单击“颜色”属性，设置颜色为红色，如图 3-30 所示。

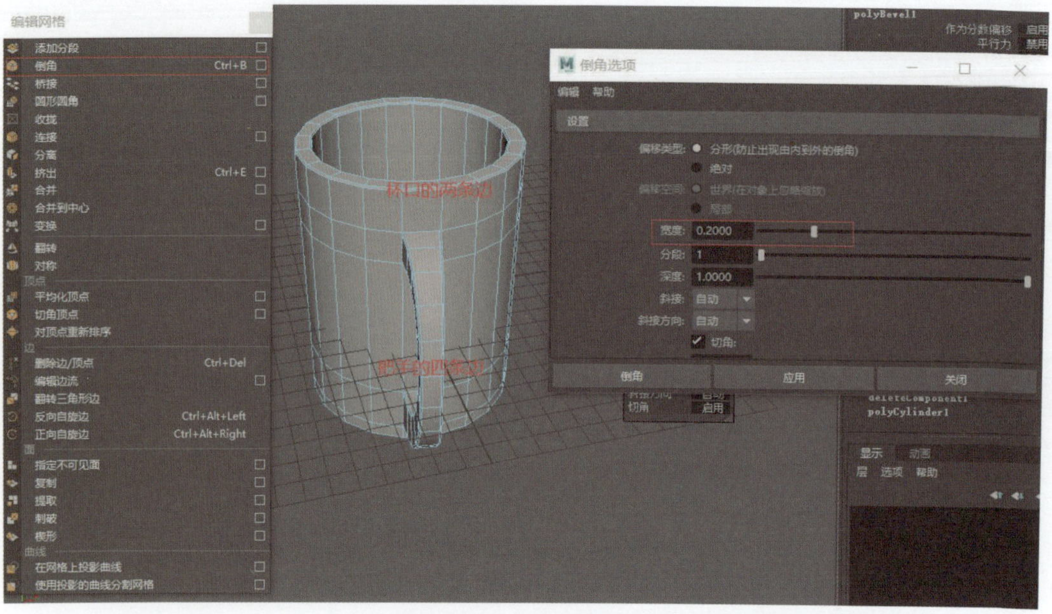

图 3-29　倒角设置

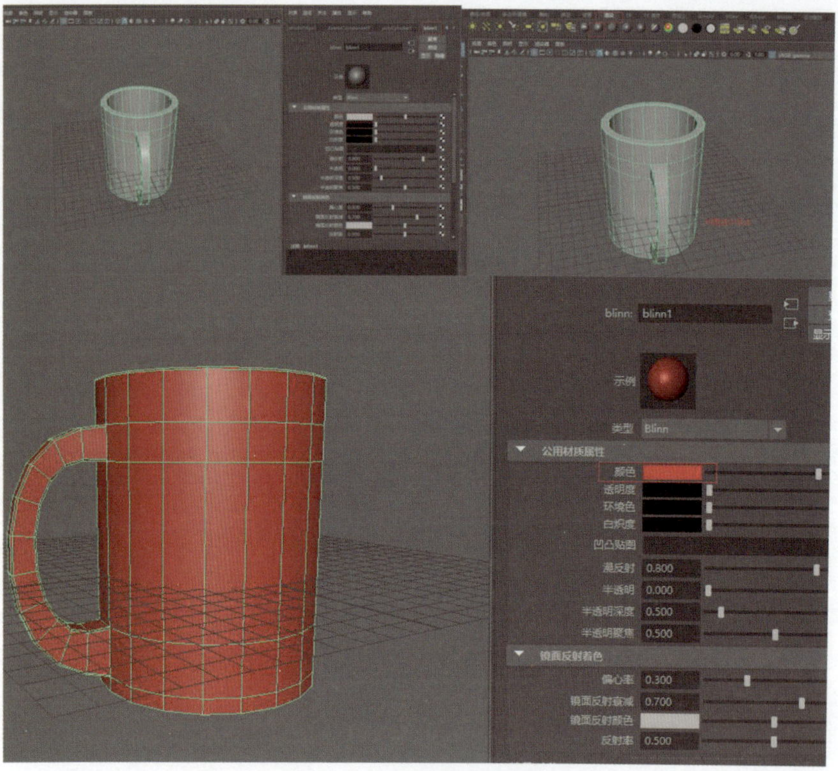

图 3-30　指定材质、设置颜色

（11）选择对象，选择“菜单”→“网格”→“平滑”命令，如图 3-31 所示。

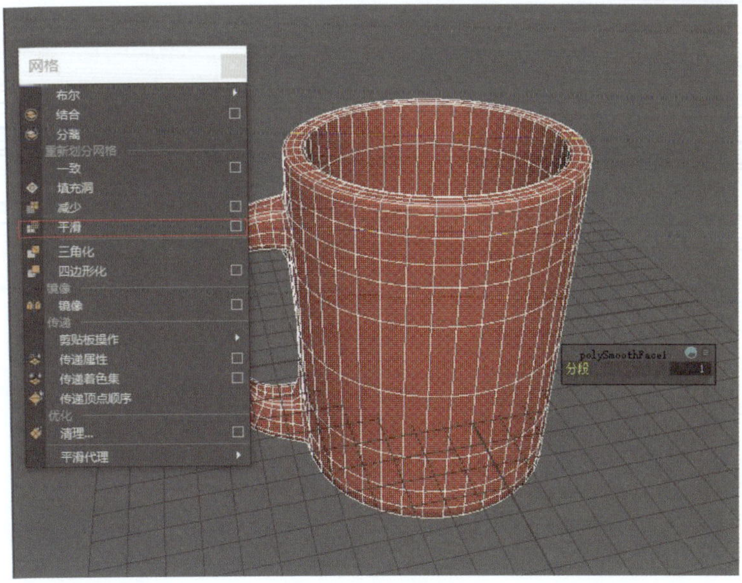

图 3-31　平滑模型

（12）选择对象，选择“菜单”→“编辑”→“按类型删除”→“历史”命令。至此，水杯模型制作完成，最终得到如图 3-32 所示的水杯。

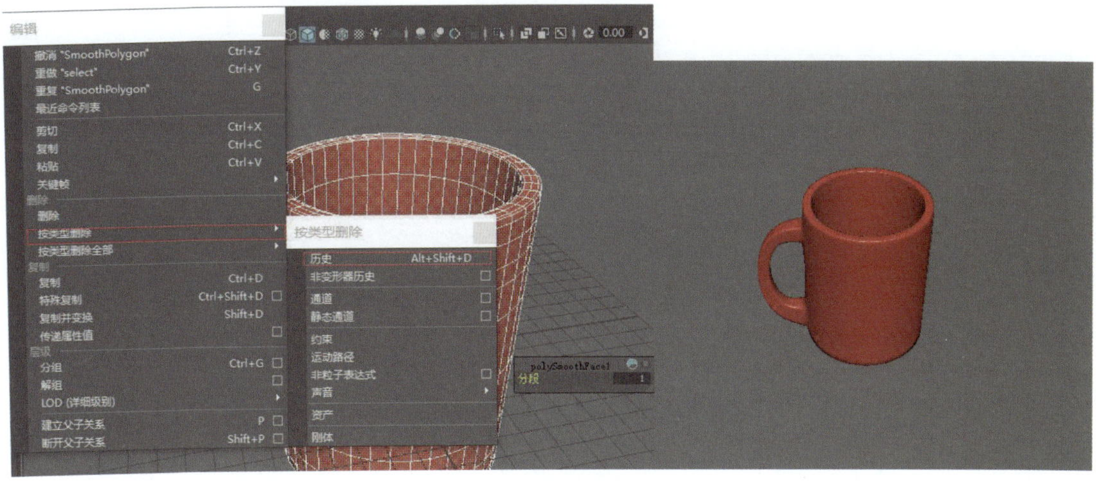

图 3-32　删除历史

【应用案例】

Maya 模型制作

3.3 3DMax 基础

【学习目标】

本部分将对 3DMax 的整体布局、工具栏、菜单栏等进行详细的讲解，学完本节内容后读者应用了解 3DMax 各窗口的功能和作用。

【知识要点】

3.3.1 窗口界面

作为主流的 3D 类制作软件，跟 Maya 一样，3ds Max（即 3DMax）在启动界面提供了简单的学习向导，如图 3-33 所示。通过图中提供的这些短视频，读者可以快速入门，掌握 3DMax 的简单操作技巧。

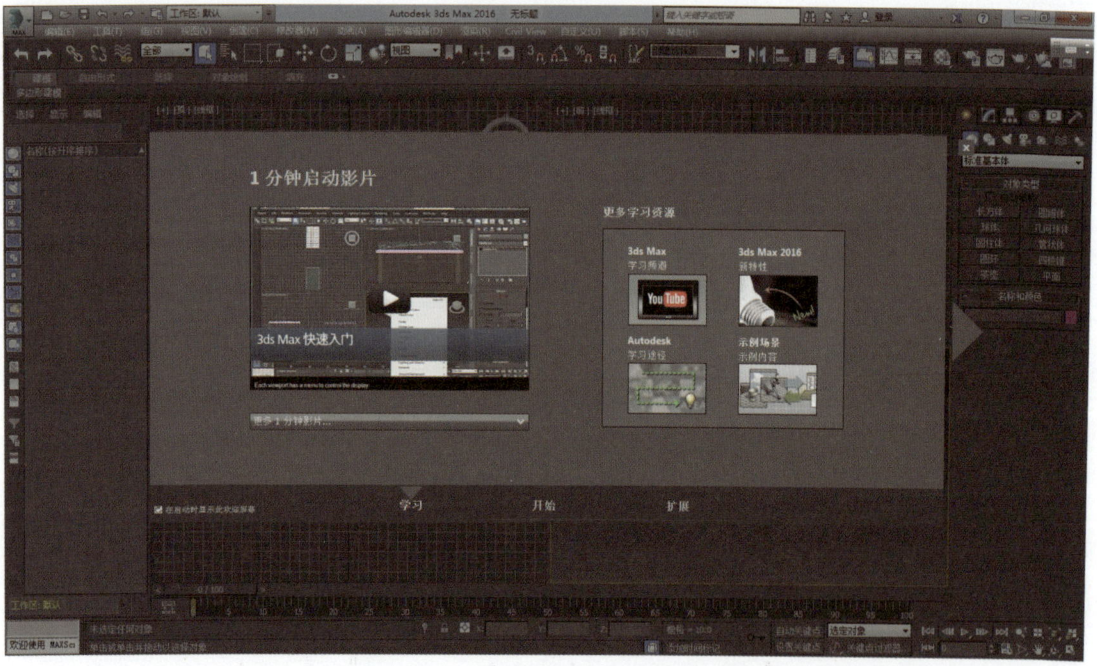

图 3-33　带学习导航的 3DMax 启动画面

进入程序后新建工程，则进入 3DMax 编辑器。3DMax 主要编辑窗口由几个类似选项卡的视图组成，如图 3-34 所示。

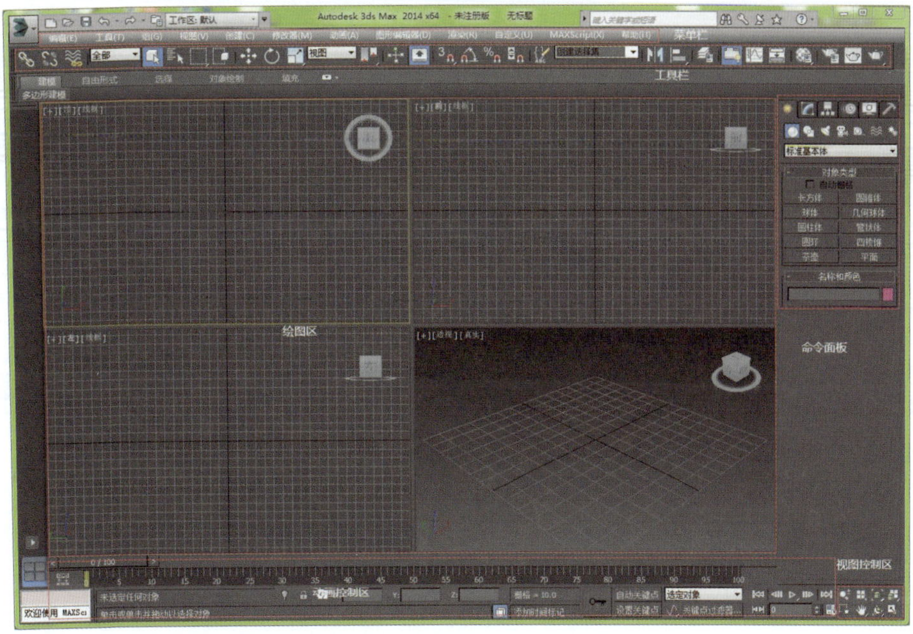

图 3-34　3DMax 界面组成

3.3.2　基本操作

1. 创建对象

正确安装软件后，物体的创建以及编辑通常使用主工具栏和命令面板来进行。在命令面板的“新建”选项中包含了常用的几何体、图形、灯光、相机、辅助物体、空间扭曲等。

如图 3-35 所示，“标准基本体”的建模包含了一些常规的几何物体，比如圆环、圆柱体、长方体等。

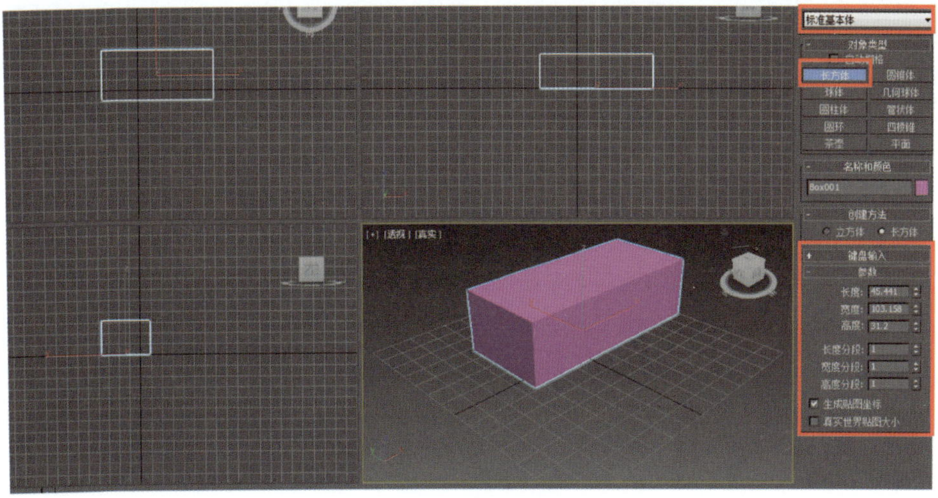

图 3-35　标准基本体的建模

创建对象的具体操作如下：选择“标准基本体”，在“对象类型”中单击所需要的几何体按钮，如“长方体”按钮，然后在下方“参数”区设置长、宽、高和分段等基本参数后，就可以得到需要的模型了。分段（段数）将影响三维物体显示的圆滑程度，同时也决定了该对象占用计算资源的大小，段数越大占用的计算资源越大。物体模型段数设置应当适中，过大过小都不好。每个图形的创建方式大同小异。

2. 二维图形的建立

单击创建三维图形旁边的“圆形”，可以发现矩形、圆、线等对象，这时我们就可以绘制二维图形了。有很多三维建模的方式是通过截面或底面等二维形式在空间中构造形成的，如图 3-36 所示。

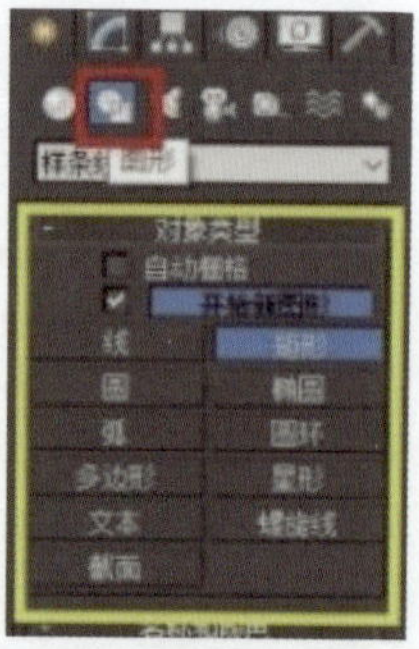

图 3-36　二维图形的建立标签

3. 物体的冻结与消隐

选中对象后右击，在弹出的菜单栏中选择“冻结当前选择”命令后会发现图形变成灰色的了，而且不能移动。这就代表物体被“冻结”了，如图 3-37 所示。

当场景中对象很多的时候，为了方便操作，会选择将对象“冻结”。选中对象并右击，可以在弹出的菜单中选择“隐藏”或“消除隐藏”，即是否显示该对象，如图 3-38 所示。

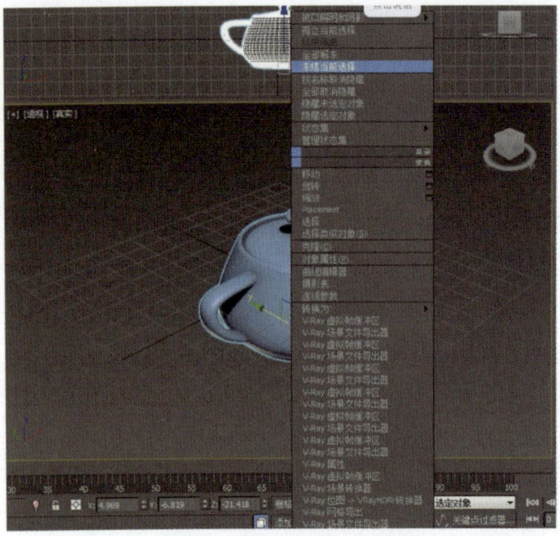

图 3-37　对象的冻结

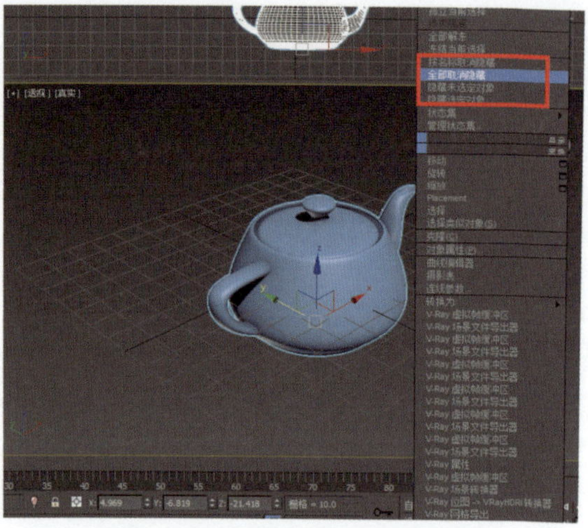

图 3-38　对象的隐藏与取消隐藏

4. 对象的操作

物体创建完成后，可以通过工具栏对这些对象进行基本的操作，比如，选择、移动、旋转、缩放、复制（克隆）等。

如果想要移动一个物体或对象，比如一个圆柱或者曲线，就要按图 3-39 中的箭头按钮，或者按快捷键 W，可以选择沿着 X、Y、Z 轴移动。箭头按钮旁边依次是旋转和缩放的按钮。物体的移动、旋转、缩放可分别用快捷键 W、E、R 来实现。

图 3-39　物体的移动、旋转、缩放按钮

5. 对象的修改

单击图 3-40 中的 按钮可以更改已创建物体的线条数、边数、颜色以及其他三维参数。

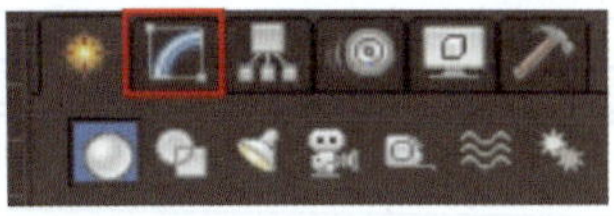

图 3-40 对象的修改

6. 物体的复制（克隆）

按住 Shift 键并拖动对象可进行对象的复制，可以选择复制的个数、名称，如图 3-41 所示。

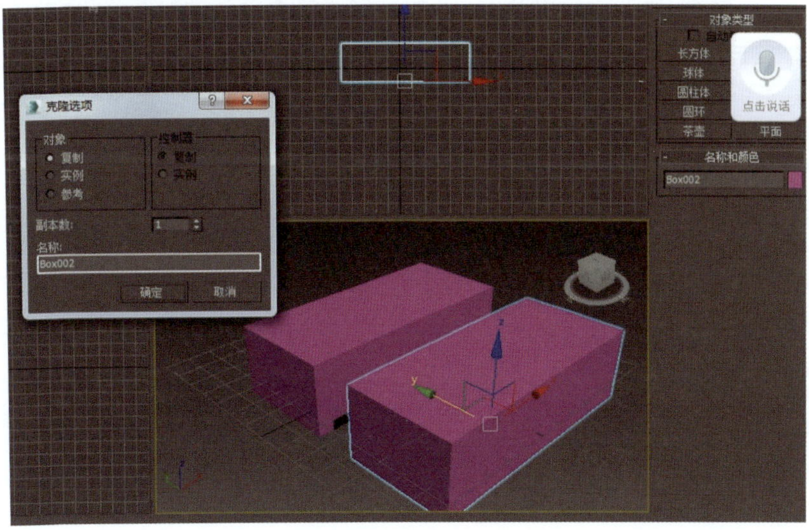

图 3-41 对象的复制

关于复制的说明：

（1）复制：复制出的物体与原物体之间无关联。

（2）实例复制：复制出的物体与原物体之间有关联，改变原物体会影响副本，反之亦然。比如，通过灯光的复制，可以用一个灯光控制所有灯光同步调整。

（3）参考：原物体和副本的关联是单向的，即仅原物体影响副本。

（4）副本数：可设置通过复制生成的副本个数，不含原物体。

需要说明的是，关联性通常是指基本参数，如，尺寸大小，添加编辑命令等，而颜色将不受影响，因为物体颜色属于材质部分。

7. 阵列复制

如果副本物体之间的位置、角度和大小等方面呈现一种规律，即不仅仅是数量上的复制，此时就可以通过“阵列复制”来完成，方法如下所述，选择物体，执行“工具”→“阵列”命令（图 3-42），弹出“阵列”对话框，如图 3-43 所示，其中部分区域的功能如下所述。

增量：用于设置单个物体之间的关系。如，每个副本与前一个复制出来的副本之间的位置变化。

总计：所有物体之间的关系的总量。如，总共移动复制出 4 个物体，从第 1 个物体到最后 1 个物体之间总共移动 200 个单位；又如，制作一个长度为 100 米的用多个柱子组成的围栏，其间分布的柱子的间距总量就是 100 米。这个功能可以快速解决类似“在固定长度范围以内，均匀间隔一定距离，布设若干个复制（克隆）单元”的问题。

对象类型：用于设置复制物体之间的关系，分为复制、实例和参考。

阵列维度：用于设置物体复制的扩展方向，分为线性、平面和三维（即 1D、2D 和 3D）。

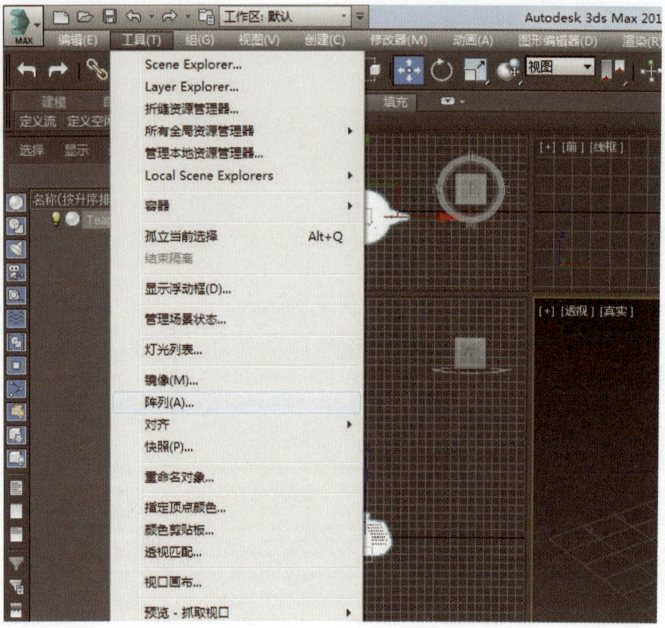

图 3-42　“阵列”命令

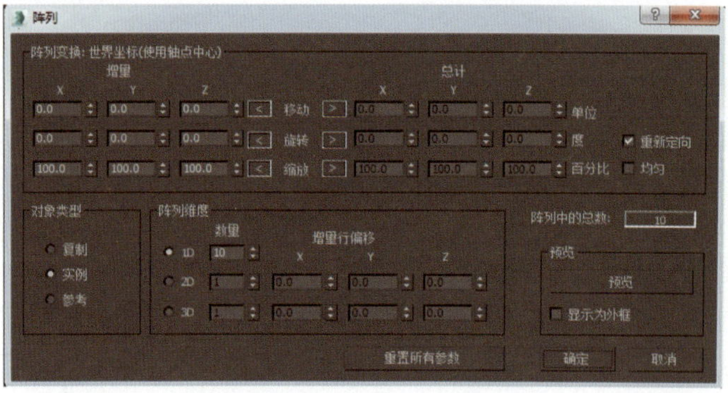

图 3-43　“阵列”对话框

8. 镜像复制

镜像指对物体进行轴对称翻转或翻转复制，适用于具有轴对称造型特征的物体。制作很多左右基本对称的造型可以用这种方法，只做其中一边，另外一边通过镜像复制完成，比如，人的脸就是一个严谨的左右对称的造型。进行镜像操作的方法：选择操作对象物体，单击工具栏，执行“工具”→“镜像”命令，在弹出的对话框中根据实际需要设置参数，如图 3-44 所示，其中各参数的意义说明如下：

- 变换：对选择的物体实现镜像复制（默认的方式）。
- 几何体：物体自身进行镜像。
- 镜像轴：物体翻转的轴。
- 偏移：镜像前后发生位置偏移的距离。
- 克隆选项：选择“不克隆”单选按钮时，选择的物体仅进行翻转，原物体可能发生位置变化。
- 镜像 IK 限制：确定镜像复制过程中是否需要设置 IK。

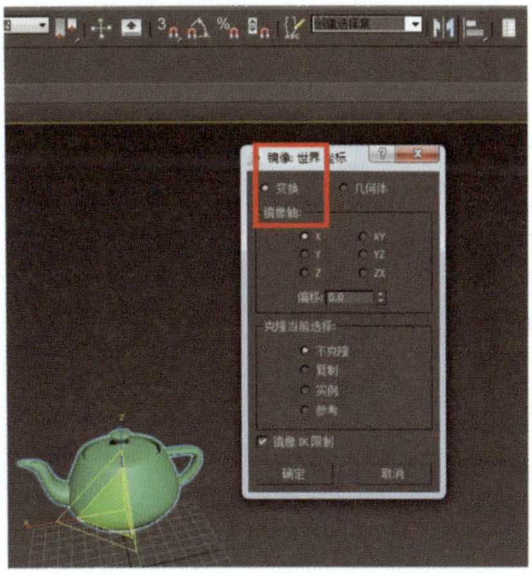

图 3-44 “镜像”对话框

3.3.3 综合案例——电视柜

在掌握前面的基础操作和功能的基础上，我们现在已经可以制作一个综合的虚拟物体了。下面制作一个如图 3-45 所示的电视柜。

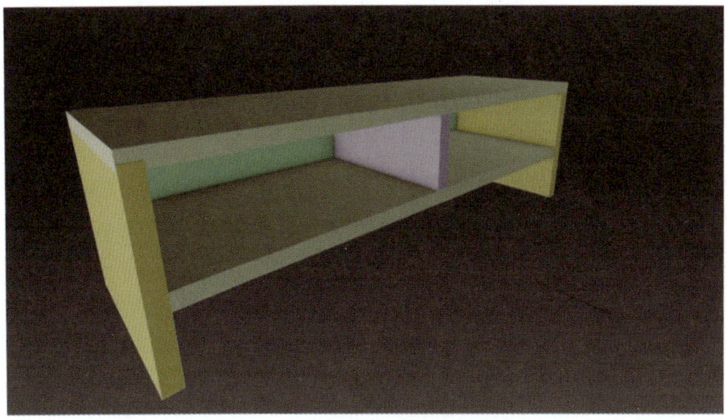

图 3-45 简易电视柜效果

（1）在“自定义”菜单中选择“单位设置”命令，在弹出的对话框中将“系统单位比例”（制作单位）改为厘米（cm），如图 3-46 所示。

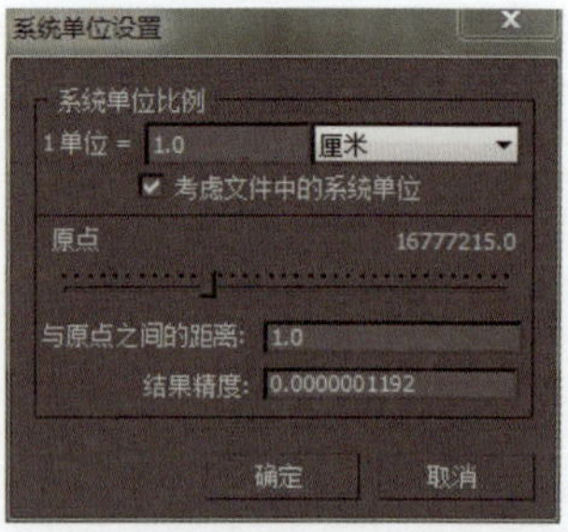

图 3-46　系统单位设置为 cm

（2）在顶视图中创建长方体，长度为 120cm，宽度为 38cm，高度为 3cm，如图 3-47 所示；在左视图中创建同等宽度的长方体桌腿，长度为 40cm，高度为 3cm。

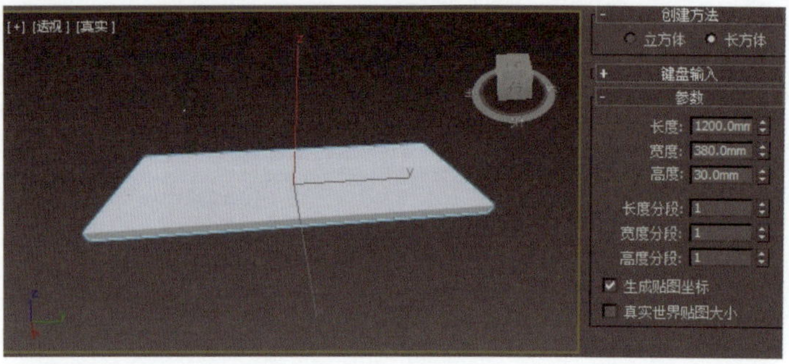

图 3-47　创建平板

（3）调整相对位置。按 S 键，或者单击按钮，启动三维捕捉，在弹出的对话框中选择“端点”，如图 3-48 所示。

图 3-48　用吸附调整桌脚的位置

（4）选定桌腿然后按 F12 键，在弹出的对话框中选择“屏幕”，在 X 轴中输入 30 并按 Enter 键，桌腿缩进 30 个单位，如图 3-49 所示。

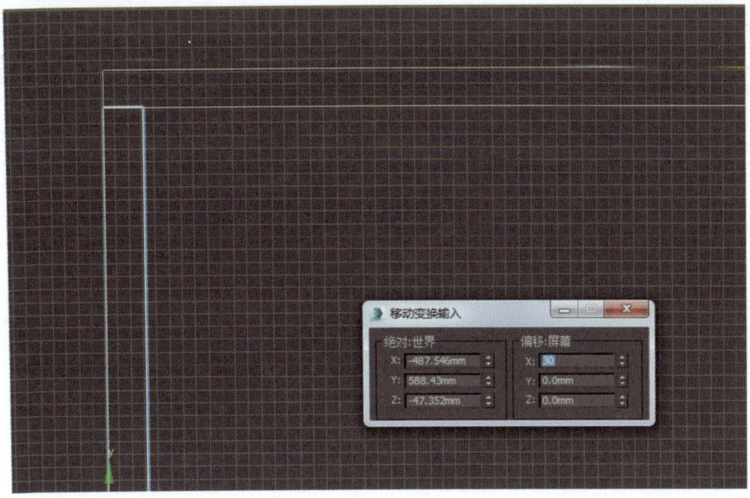

图 3-49 偏移缩进

（5）在前视图中按住 Shift 键并移动桌腿，复制一个桌腿，再按 F12 键调整移动 -30 个单位，如图 3-50 所示。

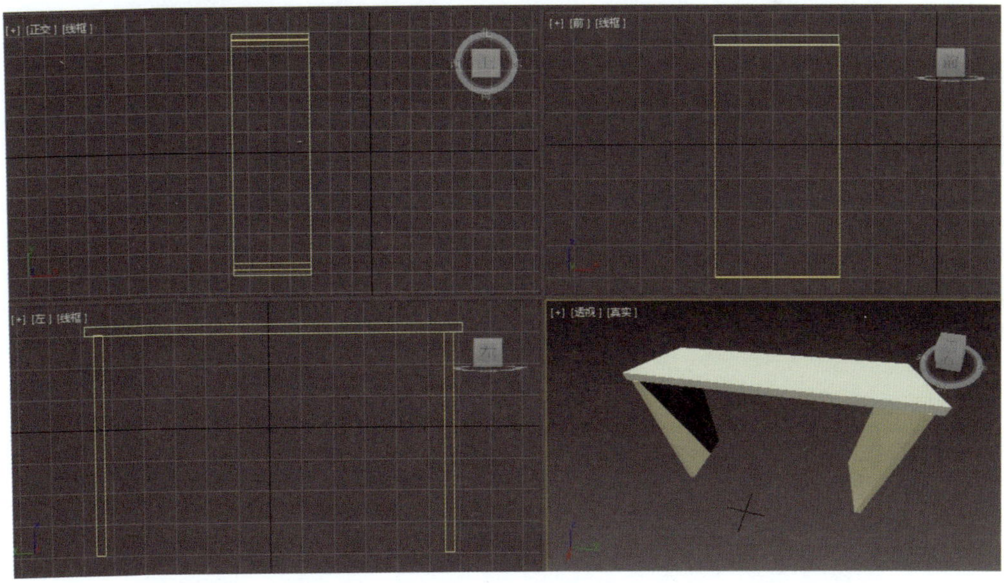

图 3-50 通过复制创建另一个桌腿

（6）在前视图中选择上面桌面，分别按 Ctrl+C 和 Ctrl+V 组合键，直接进行原地复制。按 F12 键，在弹出的对话框中选择“屏幕”，在 Y 轴中输入 –20 并按 Enter 键，将长方体的长度改为 110cm，如图 3-51 所示。

（7）在前视图中创建作为中间隔板的长方体，其长度为 18cm，宽度为 2cm，高度为 38cm。生成中间隔板的调整好位置，如图 3-52 所示。

图 3-51　横隔板

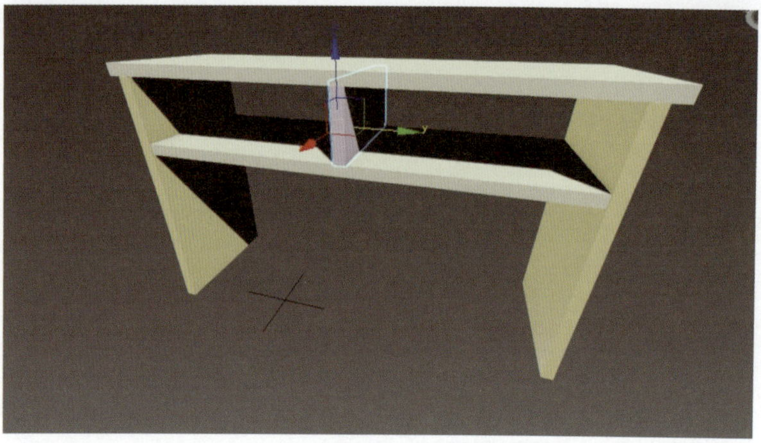

图 3-52　中间隔板

（8）按 S 键捕捉对象，右击工具栏，在弹出的界面中选中“中点”，调节隔板使其位于桌面的居中位置，如图 3-53 所示。

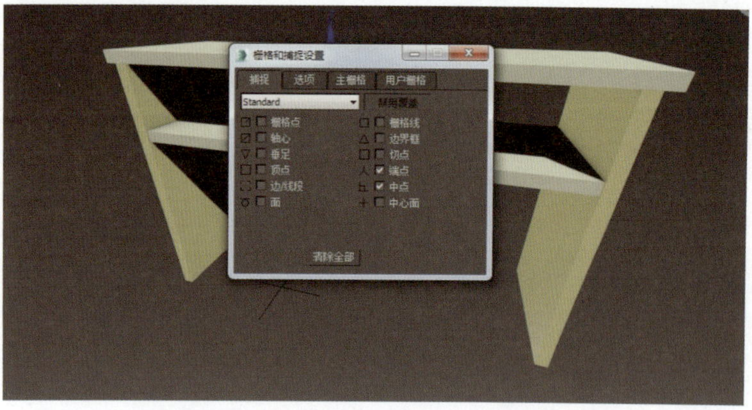

图 3-53　调节隔板使其位于桌面的居中位置

（9）各部件创建完成后，执行菜单命令选中全部部件，然后执行“组”→“成组”命令，如图 3-54 所示。

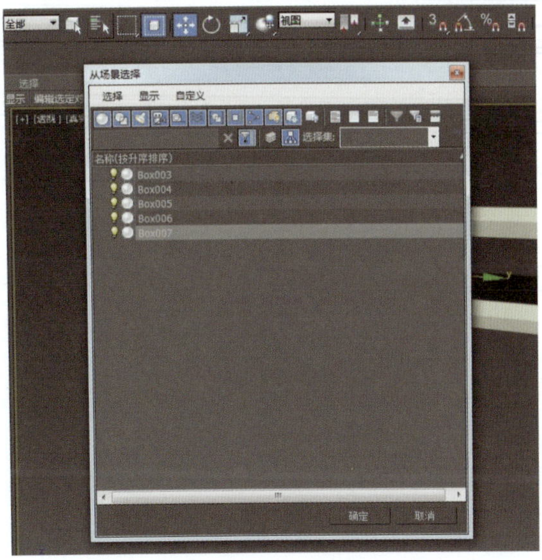

图 3-54　选中全部部件

（10）加上背板就成为简易的电视柜，电视柜的最后效果如图 3-55 所示。

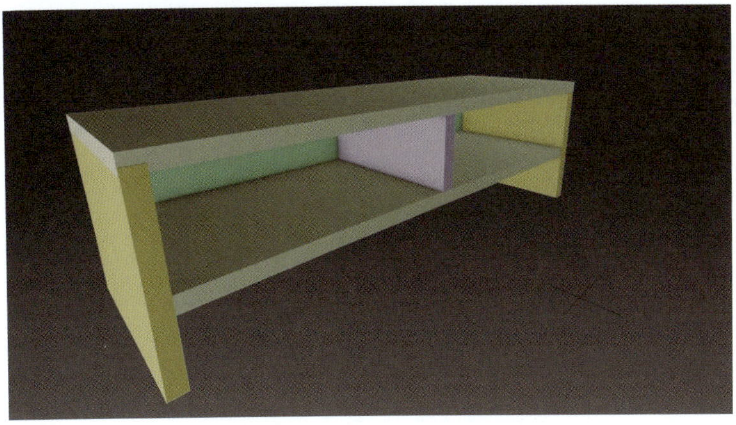

图 3-55　电视柜建模效果图

【应用案例】

3DMax 基本操作简介

3.4 三维模型制作规范

【学习目标】

通过本节的学习，应掌握三维软件建模的规范标准及模型的材质纹理标准，掌握模型 UV 拆分和整理规范。

【知识要点】

不同的驱动引擎，对模型的要求基本是相同的。当一个 XR 模型制作完成时，它所包含的基本内容，包括场景尺寸及其单位，模型归类塌陷、命名、节点编辑，纹理、坐标、纹理尺寸、纹理格式、材质球等必须是符合制作规范的。一个归类清晰、面数节省、制作规范的模型文件对于后续项目开发是十分必要的。

模型的制作流程如下：

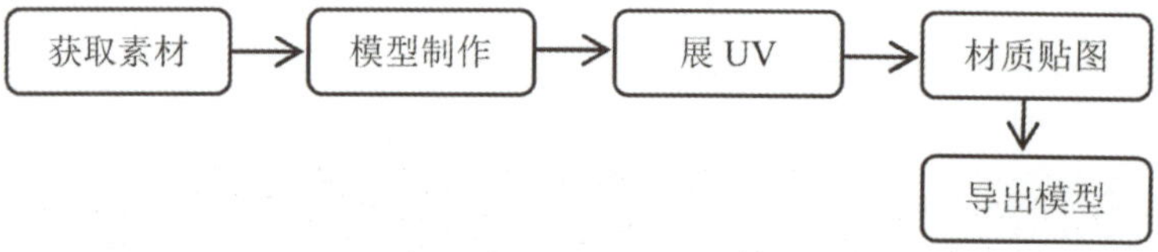

3.4.1 建模规范

（1）在分工制作模型时，必须确定模型定位标准。导入到三维软件里的整体布局图最好在 (0,0,0) 位置，以便开发人员的初始模型在零点附近。

（2）在没有特殊要求的情况下，Unity 3D 中的单位为米（m），而在进行制作前模型制作软件的单位一般需要设置为厘米（cm），如图 3-56 所示。

图 3-56 单位设置

（3）删除场景中多余的面。在建立模型时，被遮挡并且不需要活动的地方可以不要建模，对于看不见的面也可以删除，这主要是为了降低整个场景的面数，提高交互场景的运行速度。比如在制作机械模型时，无需对包装内部的结构进行制作。

（4）为了防止物体的面与面之间贴得太近，出现两个面交替出现的闪烁现象，面与面之间的最小间距推荐为当前场景最大尺度的二千分之一。例如，在制作场景长（或宽）为 1km 的室外场景时，物体的面与面之间的距离不要小于 20cm。模型与模型之间不允许出现共面、漏面和反面的情况。

（5）能够复制的物体尽量复制，因为复制出来的对象虽然在数量上是增加的，但是其在 Unity 中占用的资源基本上和一个物体所消耗的资源一样多。

（6）建模时最好采用四边面进行建模，主要是为了建模的方便性，但是需要注意的是，在导入 Unity 之后，模型会自动转化为三角面。

（7）模型检查和清理。在建模、贴纹理之后，需要对模型进行细致检查和清理。

1）模型完成之后进行合并，UV 要进行重新拆分，纹理要重新匹配。按照“一建筑一物体”的原则进行合并，体量特别大或连体建筑可分为两三个物体，但导出前要按建筑再合并成一个物体。在 Maya 软件中还要删除构造历史。

2）所有物体的质心要归于中心，检查物体位置无误后锁定物体。

3）检查模型的法线方向，根据具体情况确保法线方向正确。

（8）模型命名。不能使用中文对模型进行命名，必须使用拼音或者英文进行命名，不然在 Unity 3D 中会出现无法识别的问题。实际生产中，必须按规范进行命名，按项目对名称的要求进行严格的标准化的命名。

（9）模型的级别。模型的级别也就是模型的精细程度。在一个场景中，我们在建模的时候，有时要根据场景中对象所处的具体位置及重要程度来判断应该建成何种精度的仿真模型。对于重要的模型需要进行高仿真，对次要或者不重要的模型则只需要使用低模来进行展示即可。

（10）贴图黑缝问题。在烘焙的时候，如果图片不够大，往往会在边缘产生黑缝。如果制作比较复杂的模型，可以将其合并成一个物体，即变成多维子材质，然后对模型进行整体完全烘焙，这样可以节省很多资源。对于类似于地面的模型，须检查贴图材料平铺的比例，对于较远的地表，可以用一张图来平铺。

3.4.2 材质贴图规范

1. 材质和贴图类型

我们目前是以 Unity 3D 软件作为仿真开发平台，该软件对模型的材质有一些特殊的要求。在 3DMax 或者 Maya 中使用的材质不是都被 Unity 3D 软件所支持，只有下面几种材质被 Unity 3D 软件所支持。

（1）Standard（标准材质）：默认的通用材质球。基本上目前所有的仿真系统都支持这种材质类型。

（2）Multi/Sub-Object（多维 / 子物体材质）：将多个材质组合为一种复合式材质，分别指定给一个物体。需要注意的是，在 VR 场景制作中，Multi/Sub-Object 材质中的子材质一定要是 Standard 标准材质，否则不被 Unity 3D 支持。我们在制作完模型进行烘焙贴图前必须将所有物体塌陷在一起，塌陷后的新物体就会自动产生一个新的 Multi/Sub-Object 多维 / 子物体材质。因此，这种材质类型在我们的仿真制作中经常使用。

2. 贴图通道及贴图类型

Unity 3D 目前只支持 Bitmap 贴图类型，其他所有贴图类型均不支持。只支持 Diffuse Color（漫反射）与 Self-Illumination（自发光，用来导出 Lightmap）贴图通道。

Self-Illumination（自发光）贴图通道在烘焙 Lightmap 后，需要将此贴图通道（Channel）设置为烘焙后的新 Channel，同时将生成的 Lightmap 指向 Self-Illumination。

3. 贴图的文件格式和尺寸

原始贴图不带透明通道的为 JPG，带透明通道的为 32 位 TGA，但分辨率最大不超过 8K（8192×8192）；贴图文件尺寸必须是 2 的 N 次方（8、16、32、64、128、256、512），最大贴图尺寸不能超过（8192×8192）。在烘培时将纹理贴图存为带 Alpha 通道的格式，如 TGA 格式。

4. 贴图和材质应用规则

（1）贴图不能以中文命名，不能有重名。

（2）材质球命名与物体名称一致。

（3）材质球的父子层级的命名必须一致。

（4）同种贴图必须使用一个材质球。

（5）除需要用双面材质表现的物体之外，其他物体不能使用双面材质。

（6）若使用 CompleteMap 烘焙，烘焙完毕后会自动产生一个 Shell 材质，必须将 Shell 材质变为 Standard 标准材质，并且通道要一致，否则不能正确导出贴图。

（7）带 Alpha 通道的贴图，在命名时必须加 _al 以区分。

5. 通道纹理应用规则

模型通过通道处理时需要制作带有通道的纹理。在制作树的通道纹理时，最好将透明部分改成树的主色，这样在渲染时可以使有效边缘部分的颜色正确。在程序渲染时，通道纹理占用的资源比同尺寸普通纹理要多。通道纹理命名时应以 -AL 结尾。

3.4.3 模型 UV 和整理

模型的 UV 拆分必须采用手动方式。模型制作完成之后要手动对模型 UV 进行拆分，拆分布局要合理。

模型导出前的整理包括：

- 检查材质球是否为标准材质球。
- 所有物体名、材质球名、贴图名保持一致。
- 合并顶点（大小要合适）。
- 清除场景中不必要的物体，除了主要的有用的物体外，删除一切物件。
- 清理材质球，删除多余的材质球（不重要的贴图要缩小）。
- 按要求导出 FBX（检查是否要打组导出）。

【应用案例】

建模标准（用于 Unity 开发）

3.5 模型导出与格式

【学习目标】

在模型制作软件中导出引擎能够使用的模型和动画，熟记模型导出的要求，并根据情况对导出的 FBX 格式进行设置。

【知识要点】

3.5.1 Unity 3D 支持的模型格式

模型和动画作为资源导入开发引擎使用时，Unity 3D 支持通用和专有两种文件格式。

1. 通用文件格式

通用文件格式通常是以插件的形式存在于建模软件中。建模软件在保存通用格式文件时需要对模型和动画进行导出，导出的文件可以在各种不同的软件之间进行导入及编辑。比如用 3DMax 创建的模型可以使用 FBX 格式进行导出，然后导入 Maya 软件进行再编辑。Unity 3D 可读取的格式包括 FBX、DAE（Collada）、DXF 和 OBJ 等。

关于导出通用文件格式说明如下：

（1）在导出模型时，可以根据开发引擎的需要选择导出全部或部分模型。

（2）导出的通用文件的大小一般小于三维软件自身文件的大小。

（3）导出的通用文件格式在开发引擎中使用时，可以模块化操作，例如，碰撞类型或交互要使用不同的组件。

（4）对于开发引擎不直接支持的软件，可以将已导出的通用文件格式在支持的三维软件中重新导入打开，查看模型并重新导出为 Unity 支持的格式。

（5）如果原始文件发生更改，则必须重新导出模型。

（6）源文件在导出时使用的版本要与开发引擎支持的版本兼容。

2. 专有文件格式

专有文件格式是三维软件本身专有的文件格式，如 Autodesk 3ds Max 的 Max 文件格式或 Maya 的 ma 文件格式，使用时只能在创建专有文件的软件中对其进行打开和编辑。专有文件通常无法在未经转换或导出的情况下直接由其他软件编辑。

Autodesk 3ds Max、Autodesk Maya、C4D 等软件产生的文件格式可以在 Unity 开发引擎中直接使用。

需要注意的是，使用专有文件格式时，Unity 在导入过程中会将三维软件产生的文件先转换为 FBX 文件，然后再调用，所以建议在三维软件中直接导出 FBX 文件，而不是保存为工程文件的默认格式。

关于导出专有文件格式说明如下：

（1）如果原始模型更改，Unity 会自动重新导入文件，但是在开发后期会变得复杂。

（2）必须在使用 Unity 的每台计算机上安装所用模型制作软件的授权副本。

（3）不必要的数据可能导致文件变得较大。因为在将模型导入 Unity 时必须运行建模软件作为后台进程，而大文件可能会降低 Unity 项目导入或资源重新导入的速度。

（4）在导入过程中，Unity 会在内部将专有文件导出到 FBX，因此难以验证 FBX 数据和进行故障排除。

（5）计算机上必须安装相应的建模软件，否则保存成专有格式的文件，如 ma、mb、Max、c4d 等时，文件的资源无法在开发引擎中导入。处理 Unity 项目的每台计算机都必须正确安装模型制作软件。例如，如果使用 Autodesk Maya LT 许可证来创建 mb 文件并将其复制到项目中，如果在其他计算机上打开该项目，那么打开该项目的计算机也必须安装 Autodesk Maya LT。

3.5.2 模型的导出

模型制作软件在导出模型时，场景中的对象可以全部导出，也可以部分导出。这样做的目的是为了在 Unity 开发引擎中既可以根据不同的组件模块进行操作，也可以优化数据，减少资源的占用。不论导出的是特定对象还是全部场景，它们的基本设置是相同的。需要导出的内容见表 3-2。

表 3-2 导出内容

对象	内容
模型网格（Meshes）	必须将所有 NURBS、样条曲线、面片和细分曲面转换为多边形（三角形或四边形）
骨骼动画（Animation）	选择正确的骨架，检查帧率，检查动画长度
混合形状（Blend Shapes）	确定混合形状或变形目标；烘焙变形体，在导出前，需将变形体烘焙到模型上，例如，从 Maya 导出复杂骨架，需要在将模型导出前将变形烘焙到蒙皮权重上；要将纹理复制到 Unity 项目中的名为 textures 的文件夹中
平滑（Smoothing）	验证所有平滑组和平滑网格设置

3.5.3 FBX 导出设置

1. 检查模型

打开 Autodesk Maya 场景，按照模型制作规范检查模型的面数，检查是否有多余的线或者面，如图 3-57 所示。

2. 检查纹理

打开软件的 UV 编辑器，对模型 UV 进行编辑排列整理，如图 3-58 所示。

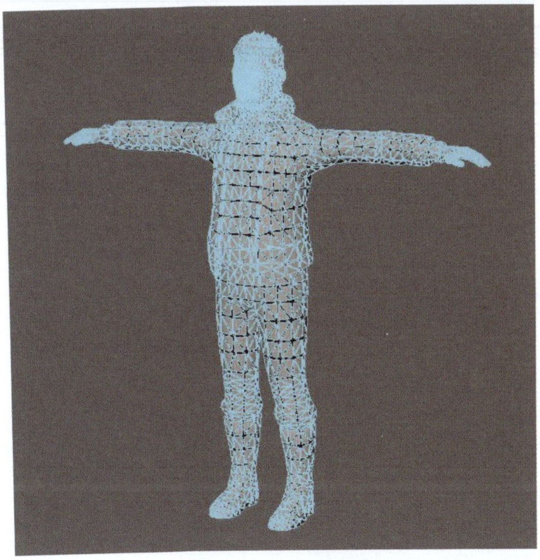

图 3-57 模型检查

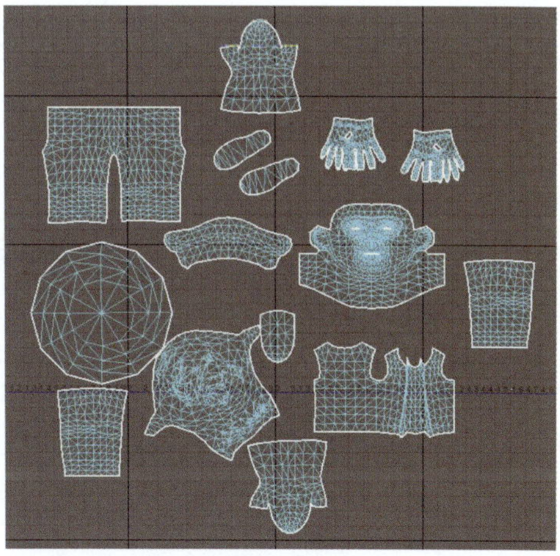

图 3-58 UV 整理

3. 贴图整理

将 UV 分布导出之后在 Photoshop 中进行绘制或者整理，并将制作完成的贴图放置在单独文件夹中。制作完成的贴图如图 3-59 所示。

图 3-59 制作完成的贴图

4. 设置 FBX 导出选项

由于 FBX 文件不仅能够对模型进行保存，也能对动画进行保存，所以此处以导出 FBX 为例对导出的相关设置进行说明。

对三维软件的导出对话框中的各项进行设置（图 3-60），确保三维软件中的设置与 Unity 中的 FBX 的导入设置匹配。根据需要选择导出的几何体、动画、摄影机（摄像机）、灯光和嵌入的媒体等。在导出时尽可能使用最新 FBX 版本，同时在将文件导入 Unity 时使用的 FBX 版本与从建模软件中导出时使用的版本要相同。版本不同可能会影响模型的正常使用。

文件导出之后要导入到 Unity 进行验证。验证前，先查看导出文件的大小，对文件大小执行完整性检查，如果太小可能是导出不完整，需要在三维软件中重新导出。下面简述从 Maya 中导出的注意事项。

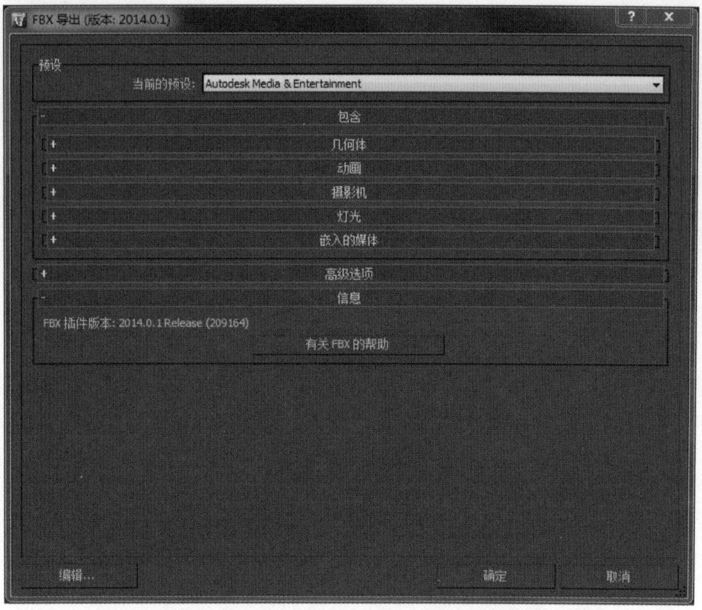

图 3-60 “FBX 导出”对话框

（1）包含。

1）几何体。导出的几何体中使用默认选项，因为 Unity 3D 开发引擎只支持多边形模型，所以在导出时需要将场景中的曲面模型化为网格，一般而言，在模型制作完成之后需要直接将 NURBS 曲面模型转化为多边形（Polygon）模型，如图 3-61 所示。

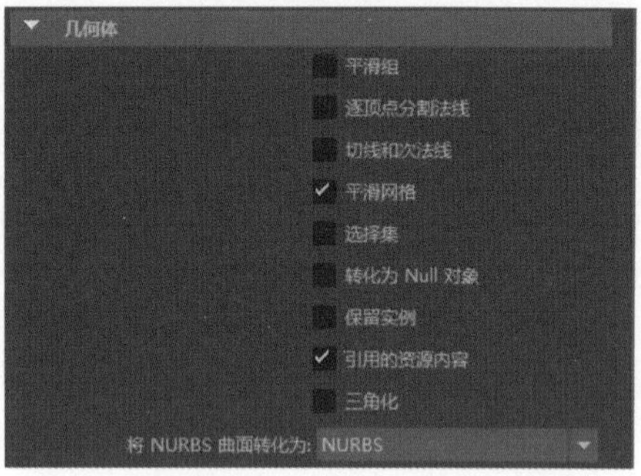

图 3-61 几何体设置

2）动画。如果场景中的对象包含动画，需要在“动画”窗格中将“动画”勾选，并且在指定动画帧数的情况下要勾选“烘焙动画”。需要注意的是，在 Maya 中导出动画，需要先对动画进行烘焙，如图 3-62 所示。

Maya 在导出骨骼动画和混合变形动画时，在导出设置面板中勾选“变形模型”“蒙皮”“混合变形”等 FBX 导出选项，如图 3-63 所示。

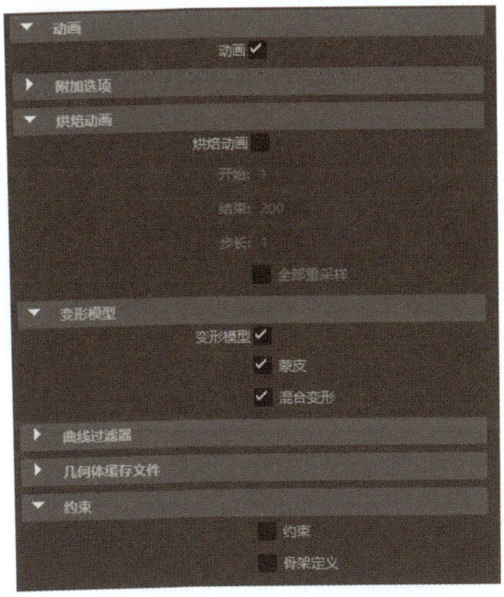

图 3-62 导出动画

图 3-63 导出变形动画

3）摄影机和灯光。由于在 Unity 3D 中有默认的摄影机和灯光，因此若无特殊要求无需将摄影机和灯光进行导出。

4）嵌入的媒体。激活“嵌入的媒体”选项可以在 FBX 文件中包括（嵌入）相关的媒体（如纹理），然后在导入时将它提取到 FBM 文件夹中。FBX 插件将嵌入的媒体复制到与 FBX 文件处于同一位置上的 fbm 文件夹中，并以 FBX 文件命名。由于该媒体包含于 FBX 文件自身中，所以会对文件大小产生影响。

在创建模型的过程中用到的纹理可以直接导入 Unity 3D 中，而无需勾选“嵌入的媒体”。

（2）高级选项。单位和轴向设置如图 3-64 所示。

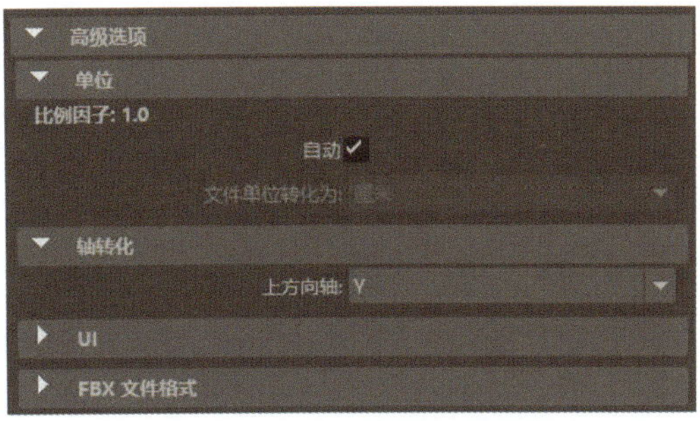

图 3-64 单位和轴向设置

如前所述，Unity 3D 中的单位是米，所以在导出模型时最佳的方式就是将模型导出的单位与 Unity 3D 的单位统一。还需要注意的是，在 Unity 3D 中，上方向轴是 Y 轴，因此在模型导出时也要将模型的轴向与 Unity 3D 统一。

【应用案例】

模型导出设置（用于 Unity 3D 开发）

拓展实训

使用 3DMax 或者 Maya 模型制作软件制作如图 3-65 所示的简易沙发模型，并导出为 FBX 格式。

图 3-65　简易沙发模型

第 4 章

Unity 开发技术基础

本章导读

本章主要介绍虚拟现实开发工具之一 Unity（Unity 3D）的功能及应用。首先对 Unity 引擎进行了简单的介绍，从软件的安装注册到完整的项目开发和发布进行了详细的讲解，其中包含场景搭建中要用到的地形、天空盒、光影、摄像机、音频，虚拟仿真要用到的物理引擎、碰撞检测和动画系统，人机交互要用到的 UI 交互界面的设置，以及美术效果要用到的材质、贴图和粒子特效等。

教学目标

★ 了解 Unity 的工作原理以及如何合成和发布基本的项目内容。
★ 掌握 Unity 场景搭建的方法及相关资源的应用。
★ 了解物理引擎和碰撞检测的原理及应用。
★ 掌握 UI 界面的设置和应用。
★ 掌握动画的创建及控制方法。
★ 掌握粒子系统的设置方法。

4.1 Unity 简介及安装注册

【学习目标】

了解 Unity 引擎并掌握其安装和注册的方法。随着本书同步动手安装相关版本的软件并注册自己的 Unity 专用账号。

【知识要点】

4.1.1 Unity 简介

虚拟现实引擎数不胜数，最具代表性的商用引擎有 UnReal、CryENGINE、Havok

Physics、Game Bryo 和 Source Engine 等，但是这些游戏引擎价格昂贵，开发成本高。Unity 公司提倡“开发的民主化”，提供商用和个人等多个版本，开发者可根据自己的需求选择适合自己的版本，个人可选用免费的个人版本，使开发人员不再由于价格的因素而影响开发。Unity 是目前主流的游戏开发引擎，相关数据显示，在全球游戏 Jam 2019 中的近 9000 款游戏中，65% 是使用 Unity 开发的，同比增长 6%。本书以 Unity 3D 为例进行讲解。

Unity 也称 Unity 3D，是由 Unity Technologies 公司开发的一个可让开发者轻松创建包括游戏、三维实时动画、建筑可视化、工业设计、影视特效等多平台交互内容的综合开发工具，是实时 3D 互动内容创作和运营的平台，可创建 2D 和 3D 游戏、应用程序并进行体验。

Unity 起初是一个游戏开发引擎，它融合了图形、音效、人工智能、虚拟现实等多种元素。游戏开发所用的技术几乎可以应用于所有行业，可运行在 Windows 和 MacOS X 操作系统下，还可以利用 Unity Web Player 插件发布网页游戏，支持 Mac 和 Windows 平台的网页浏览，可发布执行程序至 Windows、Mac、Wii、iPhone、WebGL（需要 HTML5）、Windows Phone 8 和 Android 等终端平台。

Unity 是一款极其适合用于虚拟仿真、游戏开发、教育、医疗、军事、汽车、建筑、影视、动漫等多个行业领域的跨平台、综合型开发工具。在 Unity 开发环境中，开发者可以将三维模型、图片、音频、视频等多媒体资源整合到虚拟场景当中，并根据作品的需求，利用脚本程序赋予用户（玩家）与虚拟场景中的各物体，以及场景中各物体之间进行交互的能力。应用领域如图 4-1 至图 4-6 所示。

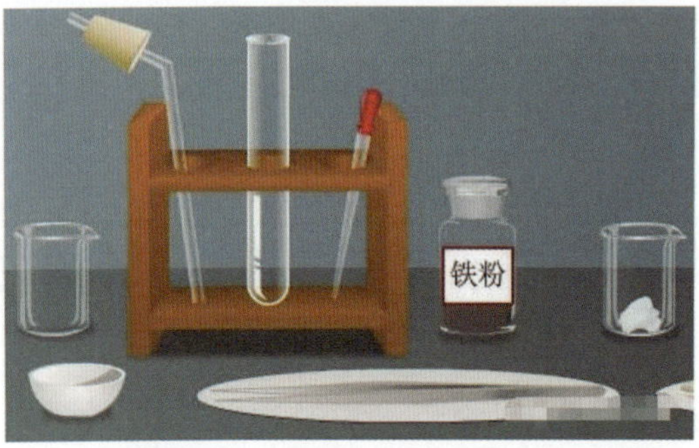

图 4-1　Unity 应用于虚拟实验

图 4-2　Unity 应用于古迹复原

图 4-3　Unity 应用于虚拟军事

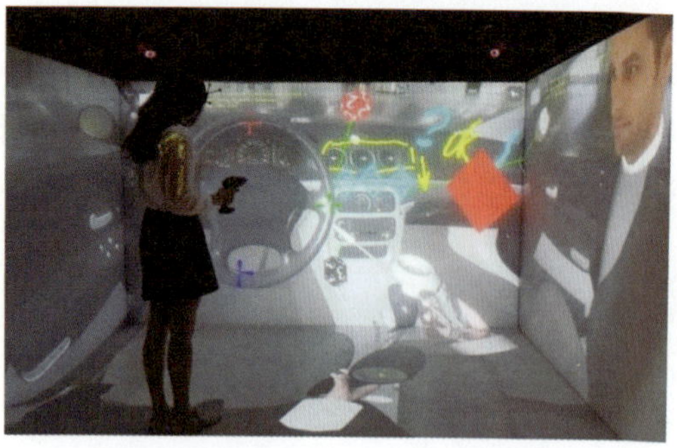

图 4-4　Unity 应用于汽车驾驶

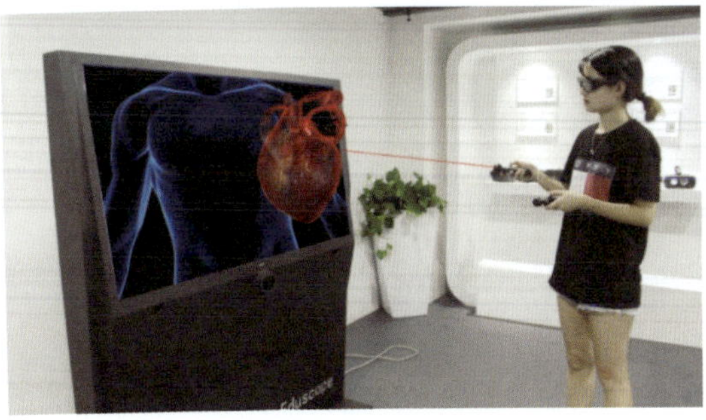

图 4-5　Unity 应用于应用于医疗

图 4-6　Unity 应用于家装

4.1.2　注册 Unity 专用账户

要安装并使用 Unity Editor，必须拥有 Unity Developer Network（UDN）账户。如果已经拥有账户，就可以直接下载并安装编辑器，如果没有账户，可以选择创建 Unity ID，也可以使用社交网站登录账户之一进行跳转登录，具体如图 4-7、图 4-8 所示。

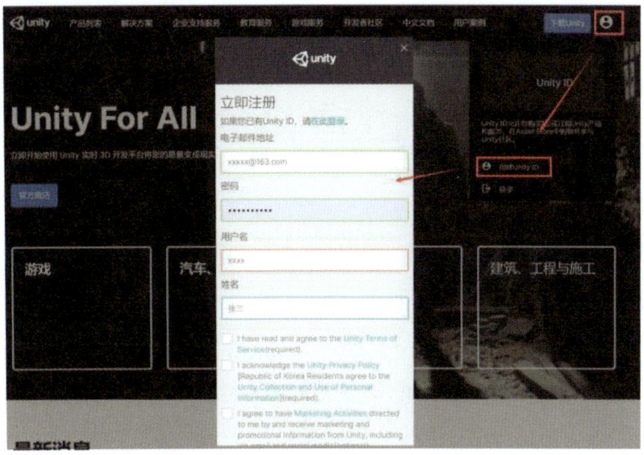

图 4-7　在官网注册 Unity 账号

图 4-8　登录账号

4.1.3 Unity 的安装

在注册和登录账号之后，Unity 会授权开发者下载安装程序的资格，开发者可以从 Unity 的中文官网（unity.cn）下载 Editor，也可以从此官网上下载 Unity Hub，然后使用 Hub 进行安装。Unity Hub 是自 2018 版本后新推出的管理工具，可管理操作系统里的所有 Unity 项目和安装程序。使用 Hub 可以管理 Unity Editor 的安装及不同版本及其关联组件，并可创建新项目以及打开现有项目。

1. 安装方法

（1）进入 Unity 中文官网，先下载 Unity Hub，如图 4-9 所示。

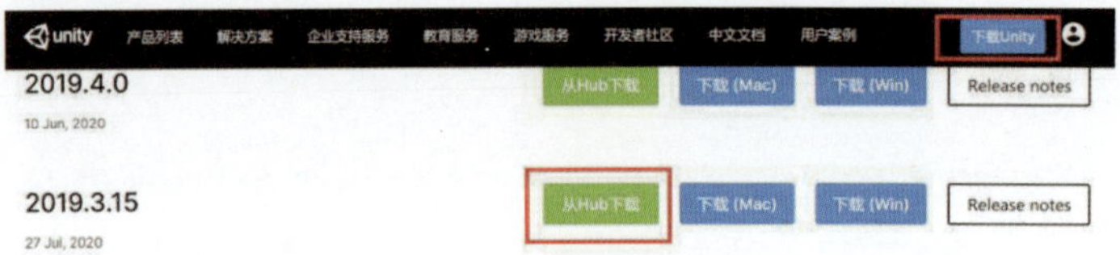

图 4-9　在官网下载 Hub

（2）安装完 Hub，选择需要安装的版本进行安装，如图 4-10、图 4-11 所示。

图 4-10　在 Hub 中下载所需版本

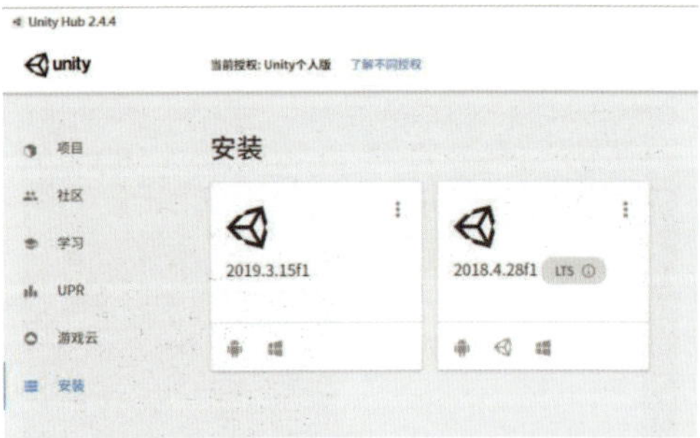

图 4-11　Hub 中已经下载的所有版本

2. Unity Hub 与软件启动

Unity Hub 是 2018 版本后 Unity 公司推出的一个独立应用程序，可简化查找、下载和管理 Unity 项目和安装内容的方式。可以手动将已安装在计算机上的 Editor 版本添加到 Hub。Unity Hub 的操作界面如图 4-12 所示。

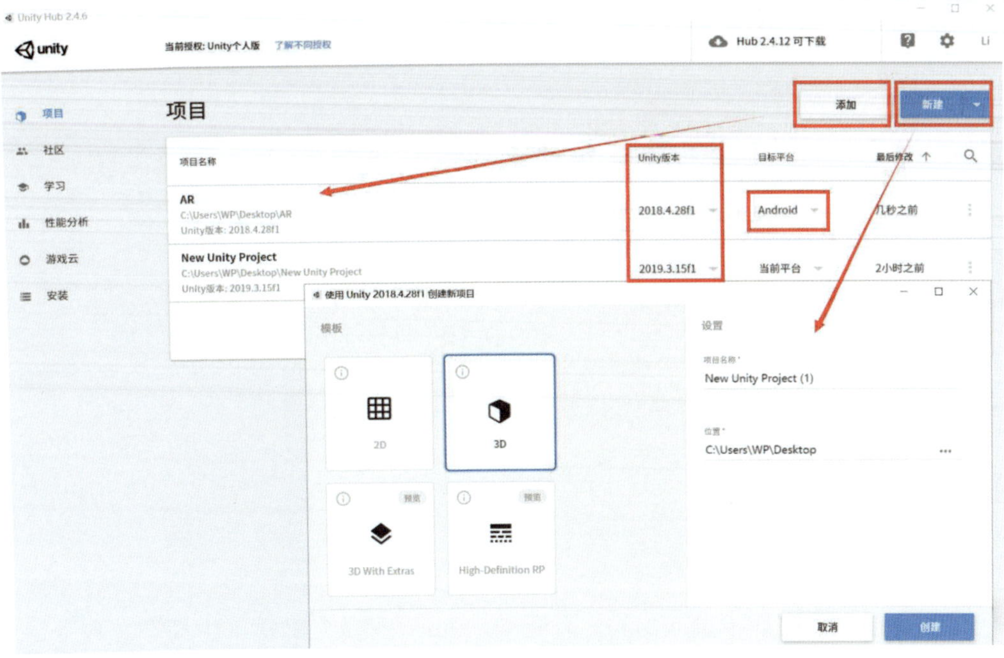

图 4-12 Unity Hub 的操作界面

Unity Hub 具有以下功能：

（1）管理 Unity 账户和 Editor 许可证。

（2）创建项目，将默认版本的 Unity Editor 与项目关联，并可以安装和管理多个 Editor 版本。

（3）可从项目视图中启动不同版本的 Unity。

（4）在不启动 Editor 的情况下可管理和选择项目目标平台。

（5）可同时运行两个 Unity 版本。但是为了防止本地冲突和其他奇怪场景出现，最好一次只在一个 Editor 中打开一个项目。

（6）可以追加安装组件到目前已安装的 Editor 中。通过 Unity Hub 下载 Editor 版本时，可以在初始安装期间或以后查找和添加其他组件（如特定的平台支持、Visual Studio、脱机文档和标准资源等）。

（7）可使用项目模板来快速启动常见项目类型的创建过程。在创建新项目时，Unity 的项目模板会提供常用的默认值，项目模板还可以批量预设目标游戏类型或视觉保真度级别的设置。

【应用案例】

请跟着教学视频资源完成同步训练。

发展趋势及开发引擎　　虚拟现实硬件

4.2 窗口界面及资源导入

【学习目标】

了解资源导入规范，熟悉窗口布局，了解各窗口的功能和作用，并会自定义窗口布局；熟悉菜单命令，掌握工具栏、菜单栏及最常见的 Editor 窗口视图的操作方法；能够系统地理解和使用 Unity 集成开发环境，并会正确导入和使用资源。

【知识要点】

4.2.1 编辑器整体视图

新建工程进入程序后，进入 Unity 编辑器。Unity 主要编辑窗口由几个选项卡一样的视图组成，每种视图都有自己专用的用途。图 4-13 所示为 Unity 编辑窗口。

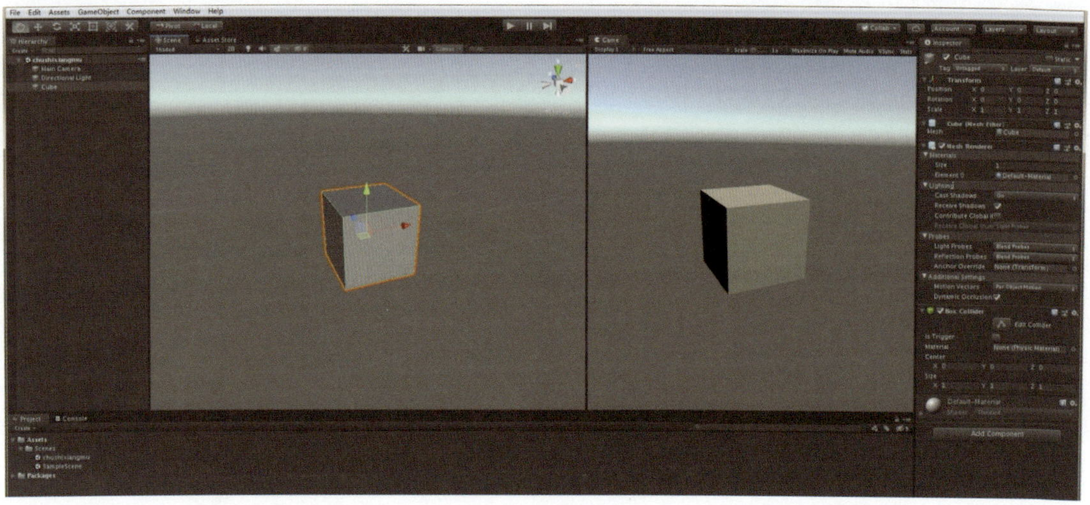

图 4-13 Unity 编辑窗口

4.2.2 菜单及窗口

1. 菜单栏

菜单栏如下所示。

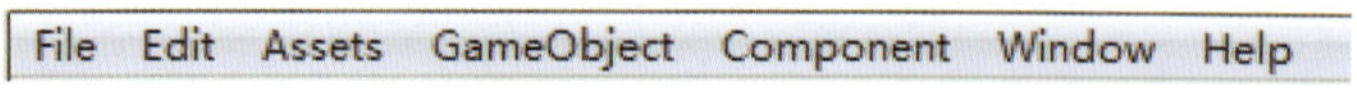

2. 工具栏

工具栏如下所示。

工具栏包含七个基本控件，每个控件有不同的功能，具体如下：

（1） 变换组件工具：用于操作 Scene 视图。第一个为“抓手”工具，快捷键为 Q，是场景移动工具，等同于按住鼠标中键移动场景；第二个为“移动”工具，快捷键为 W，可上下左右拉动以改变物体对象的坐标；第三个为“旋转”工具，快捷键为 E，可 360° 任意旋转物体对象的角度；第四个为“比例”工具，快捷键为 R，可拉动任意一个小方块调整任意比例关系；第五个为“矩形”工具，快捷键为 T，拉动任意边缘可以调整某一边的比例关系；第六个为“综合”工具，快捷键为 Y，其集移动、旋转和比例调整功能于一体，非常方便；第七个为“自定义编辑”工具，没有快捷键，其可以根据你选中的不同物体启动不同的编辑功能。

（2） 变换辅助坐标开关：影响 Scene 视图显示效果，用于切换物体锚点和坐标，可切换本地坐标系和世界坐标系。

（3） 播放 / 暂停 / 步进按钮：用于处理 Scene 视图

（4） 云按钮：打开 Unity Services 窗口

（5） Account 下拉菜单按钮：用于访问 Unity 账户。

（6） Layers 下拉菜单按钮：控制 Scene 视图中显示的对象和层级。

（7） Layout 下拉菜单按钮：控制所有视图的布局。

3. Project 窗口

在 Project 窗口中可访问和管理属于项目的资源。每一个 Unity 项目都包含一个场景和资产文件夹。Project 窗口中存放着所有用于项目开发的素材、场景、脚本、模型、贴图、声音文件和预制物体等，如图 4-14 所示。

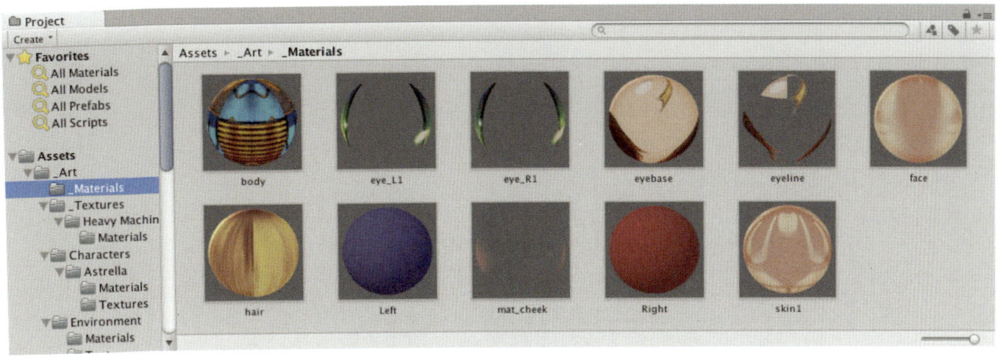

图 4-14　Project 窗口

Project 窗口的左侧面板将项目的文件夹结构显示为层级列表。通过单击从列表中选择文件夹时，文件夹内容将显示在右侧面板中，可显示文件夹包含的任何嵌套文件夹，单击小三角形按钮可展开或折叠文件夹，按住 Alt 键单击可以递归方式展开或折叠所有嵌套文件夹。

各个资源在右侧面板中显示为图标，这些图标指示了资源的类型（脚本、材质、子文件夹等）。可移动面板右侧底部的滑动条调节图标大小，如果滑动条移动到最左侧，这

些图标将替换为层级列表视图。

面板上方是一个“痕迹导航路径”，显示当前正在查看的文件夹的路径。可单击此路径的单独元素，以便围绕文件夹层级视图轻松导航。

单击本窗口右上角的搜索框可检索需要查询的资源，项目结构列表上方是 Favorites 部分，可在其中保存常用项以方便访问。可将所需项从项目结构列表拖动到 Favourites 部分，也可在此处保存搜索查询结果。

Project Browser 的搜索也可应用于 Unity Asset Store 中可用的资源。如果从痕迹导航栏的菜单中选择 Asset Store（资源商店），则会显示 Asset Store 中与查询匹配的所有免费和付费资源。按类型和标签搜索的工作方式与 Unity 项目相同。首先根据资源名称检查搜索查询词，然后按顺序检查资源包名称、资源包标签和资源包描述，如图 4-15 所示。

图 4-15　在检索栏直接检索资源商店的资源

如果从列表中选择一项，该项的详细信息可以显示在 Inspector 中，可在常规 Asset Store 窗口中进行旋转和预览，为开发者购买或下载提供详细的参考信息。

4. Scene 视图窗口

Scene（场景）视图用于交互设计，可以选择和定位景物、角色、摄像机、光源和所有其他类型的对象。在 Scene 视图中选择、操作和修改对象是开始使用 Unity 必须掌握的必要技能。在 Scene 视图中移动和操纵物体是很常用的功能，可以快速操作场景中的物体，选择任何游戏物体，按 F 键，被选择物体将在视图正中心显示，按住 Alt 键和鼠标右键拖动可以缩放 Scene 视图，如图 4-16 所示。

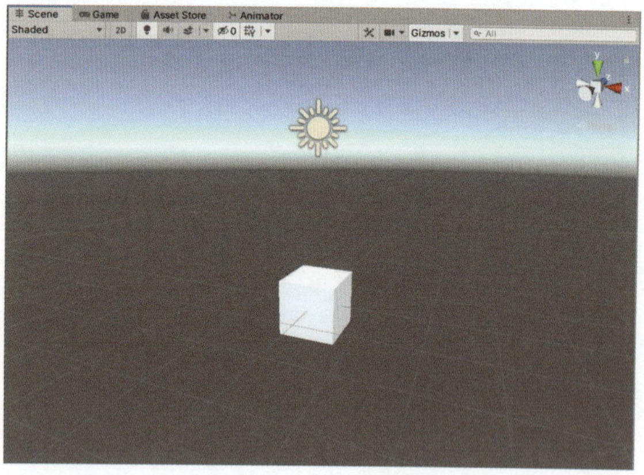

图 4-16　Scene 视图

小贴士：在 Unity 中，X 轴：从左指向右，Y 轴：从下指向上，Z 轴：指向屏幕前方。如果分别用人的大拇指、食指和中指替代 X、Y、Z 轴，那么其手势就像极了人的左手，所以业内称 Unity 为左手坐标系（图 4-17）。只有明确了其坐标方向才能在其他辅助软件里输出适合 Unity 的模型，才能正确导入资源。

5. Game 视图窗口

Game（游戏）视图是场景中的摄像机渲染后的场景，它表现的就是最终可发布的作品。通常需要使用一个或者多个摄像机去控制玩家在玩游戏时的真实感觉。

Game 视图控制栏（图 4-18）的参数解析见表 4-1。

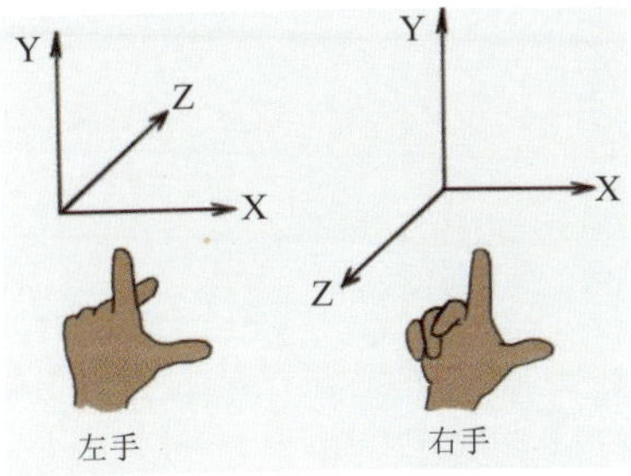

图 4-17　左、右手坐标示意图

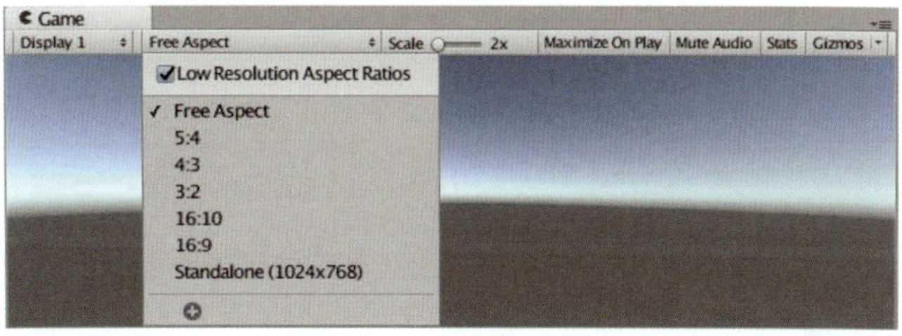

图 4-18　Game 视图控制栏

表 4-1　Game 视图控制栏解析

按钮	功能
Display	默认设置为 Display 1。如果场景中有多个摄像机，可单击 Display 1 下拉按钮从摄像机列表中选择其他摄像机，也可以在摄像机的 Inspector 属性面板中的 Target Display 下拉菜单下分配其他摄像机
Free Aspect	默认设置为 Free Aspect，在下拉菜单中可选择不同值来测试游戏，特别是 UI 在不同宽高比的显示器上的预览效果
Low Resolution Aspect Ratios	低分辨率纵横比。当内容在 Scene 视图上很清晰，在 Game 视图上却很模糊时，可取消勾选该项。如果该选项为灰色（不可更改状态）：在 Mac OS 系统支持的 Retina 屏幕下，将显示模式设置为任何类型，则该功能启用；对于 Windows 系统，在控制面板的“显示”中将分辨率从 100% 更改为 125%，则该功能启用
Scale 滑动条	滚动条可放大、缩小 Game 视图的显示区域。当设备分辨率高于 Game 视窗时，该滚动条即具备缩小视图以查看整个屏幕的功能
Maximize On Play	在播放模式时，单击此按钮可使 Game 视图最大化到 Editor（编辑）窗口的 100%，以便进行全屏预览
Mute Audio	在播放模式时，单击此按钮可静音场景内的所有声音
Stats	单击此按钮可以切换 Statistics（统计数据）覆盖层，其包含游戏音频和图形的渲染统计信息，对于程序运行模式下设备的性能监测非常有用
Gizmos	单击此按钮可切换辅助图标的可见性，其下拉菜单包含用于控制对象、图标和辅助图标的多项显示方式

6. Hierarchy 窗口

Hierarchy（层次）窗口会列出当前场景中的每个物体对象，包括资源文件的直接实例（如 3D 模型）和预制件实例，在场景中添加和删除对象时，这些对象会在层级窗口中相应地显示和消失。

默认情况下，对象在 Hierarchy 窗口中按其生成顺序列出。在创建一组对象时，可通过向上或向下拖动对象对其重新排序，使其成为“子”或“父”对象。最顶层的对象或场景被称为“父对象”，而在其下面分组的所有对象被称为“子对象”或“子项”，如图 4-19 所示。

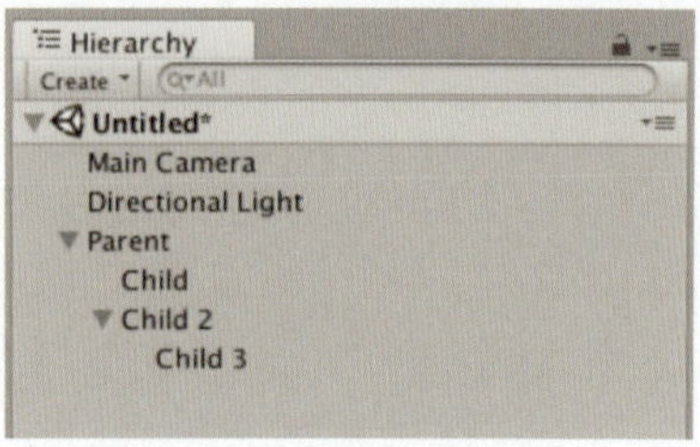

图 4-19 Hierarchy 窗口及父子级关系

单击父对象的下拉箭头（位于其名称的左侧）可显示或隐藏其子项。在按住 Alt 键的同时单击下拉箭头，可选择父对象及所有子对象（不仅仅包括直接子对象）的可见性。

7. Inspector 属性查看器

Inspector 属性查看器即 Inspector 窗口。Unity Editor 中的项目由多个游戏对象组成，而这些游戏对象包含脚本、声音、网格和其他图形元素（如光源）。Inspector 窗口（有时也称为 Inspector）显示有关当前所选游戏对象的详细信息，包括所有附加的组件及其属性，并允许修改场景中的游戏对象的功能。

使用 Inspector 可以查看和编辑 Unity Editor 中几乎所有内容（包括物理游戏元素，如游戏对象、资源和材质）的属性和设置，以及 Editor 内的设置和偏好设置。图 4-20 所示为 Inspector 属性查看器。

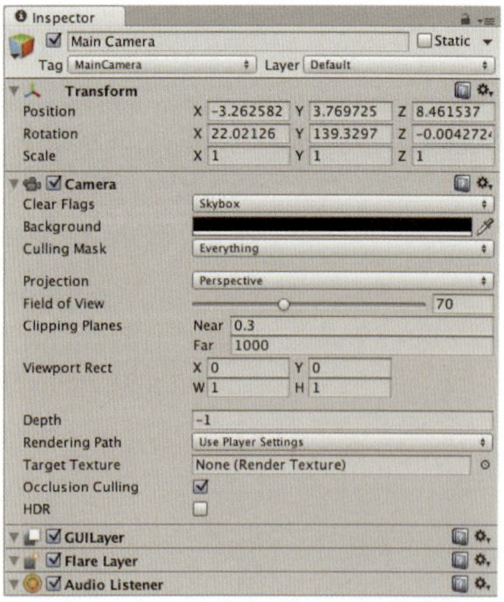

图 4-20 Inspector 属性查看器

在 Hierarchy 或 Scene 视图中选择游戏对象时，Inspector 将显示该游戏对象的所有组件和材质的属性，但是每种类型的资源都有一组不同的设置，在 Inspector 中可以编辑这些组件和材质的设置。

小贴士：可通过单击任意视图的选项卡并拖动到任意位置来自定义视图布局。展开 Layout 下拉选项（在工具栏上）并选择 Save Layout 命令为新布局命名即可保存新布局。创建 Editor 自定义布局后，也可随时还原，只需从 Layout 下拉菜单中选择 Delet Layout 命令即可删除任何视图模式，单击 Default 即可恢复默认布局。

【应用案例】

界面布局

4.3 场景搭建

【学习目标】

本部分将对 Unity 的地形引擎、天空盒、光影、材质、贴图、摄像机和音视频进行系统的介绍，使读者在学完本节后能够熟练掌握地形绘制、天空盒的设置、光影设置、材质与贴图设置、摄像机设置，以及音视频的导入与控制。

【知识要点】

4.3.1 地形引擎

虚拟现实技术需要把很多元素融合在一起，一般包含人物、场景、各类建筑及动物，而场景一般包括起伏的地形、葱郁的草木、各种天气的天空、房屋、街道等自然环境，使体验者有身临其境、忘记现实的沉浸感。

地形是虚拟场景中自然景观的核心元素，大多数人物模型和建筑模型都是在 3DMax 或 Maya 等专业三维建模软件中制作，虽然 Unity 也有三维建模功能，但相对简单，实现不了复杂模型的制作，而在地形开发方面 Unity 非常强大，它支持以笔刷方式精细地雕刻山脉、峡谷、平原、盆地等地理环境，同时还包含制作材质纹理和植被等功能。利用这些功能，开发者可以搭建出非常真实且复杂的自然环境景观。

1. 创建和编辑地形

（1）要在场景中添加地形（Terrain），首先要在 Project 窗口中单击 + 图标新建一个场景（Scene），命名为 environment，再在 Hierarchy 窗口中执行如下操作：单击 + → 3D Object → Terrain。制作的景观最初是一个大型平坦的平面。

（2）选中 Terrain，在 Inspector 窗口可以查看地形的默认大小、宽度、厚度、图像分辨率、纹理分辨率等，单击小齿轮图标，可以在 Resolution 面板（地形参数设置面板）中对这些数值进行任意修改。地形参数设置面板界面如图 4-21 所示，对应的地形参数注解见表 4-2。

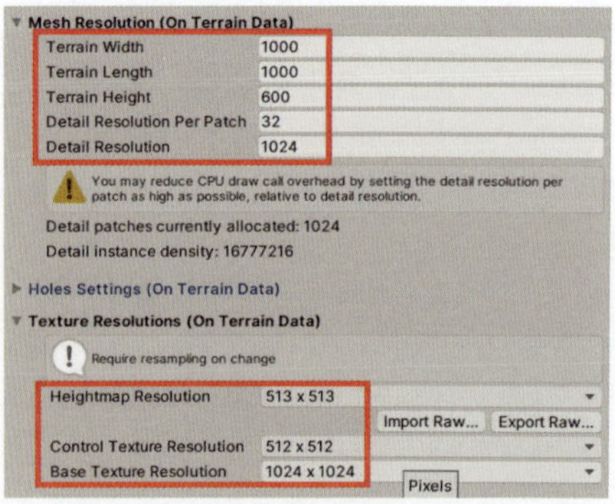

图 4-21 地形参数设置面板界面

表 4-2 地形参数注解

参数	含义	功能
Terrain Width	地形宽度	全局地形总宽度
Terrain Length	地形长度	全局地形总长度
Terrain Height	地形高度	全局地形允许的最大高度
Detail Resolution Per Patch	每个子地形块的网格分辨率	全局地形中每个子地形块的网格分辨率
Detail Resolution	细节分辨率	全局地形细节贴图的分辨率
Heightmap Resolution	高度图分辨率	生成全局地形的高度图分辨率
Control Texture Resolution	控制纹理的分辨率	把地形贴图绘制到地形上时所使用的贴图分辨率
Base Texture Resolution	基础纹理的分辨率	远处地形贴图的分辨率

2. 地形工具

（1）单击 Hierarchy 窗口中的 Terrain 对象，然后打开 Inspector 窗口。Inspector 窗口中包含 5 个图标工具栏，分别用于创建相邻的地形瓦片，雕刻和绘制地形，添加树、草、花和岩石等细节和更改所选地形的常规设置。

地形系统操作有强大的快捷键，Terrain 对应在 Inspector 窗口的快捷键如下：

1）按 F1、F2、F3、F4、F7、F8 键选择画笔图标下的各个子选项。

2）按 F5 键选择 Paint Trees。

3）按 F6 键选择 Paint Details。

4）按 [键和] 键可调节画笔大小。

5）按 + 键和 - 键可调节画笔透明度。

6）使用逗号（,）和句点（.）键可循环显示可用的画笔。

7）使用“Shift+ 逗号”组合键和“Shift+ 句点”组合键可循环显示树、纹理和细节的可用对象。

小贴士：通常情况下，当光标位于 Scene 视图上时，按下 F 键会框选整个游戏对象。由于地形通常非常大，在选中地形时按下 F 键，Scene 视图会快速地跳转到您想要编辑的地形区域，方便您快速定位和编辑。如果光标离开地形区域块再次按 F 键，则恢复为标准的框选行为。

（2）单击图标工具栏中的第一个图标可添加与现有地形区块相邻的区块，如图 4-22 所示。

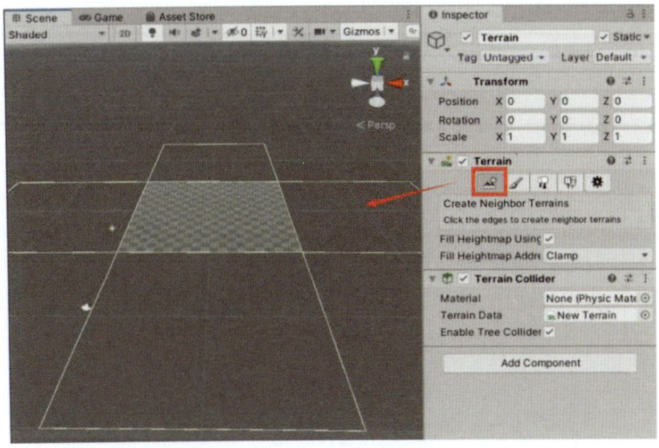

图 4-22 添加与现有地形区块相邻的区块

（3）单击图标工具栏中的第二个图标即可显示地形工具列表。Terrain 组件提供六种不同的工具：

1）Raise or Lower Terrain：使用画笔工具绘制高度贴图。

2）Paint Texture：应用表面纹理。

3）Set Height：将高度贴图调整为特定值。

4）Smooth Height：平滑高度贴图以柔化地形特征。

5）Stamp Terrain：在当前高度贴图之上标记画笔形状。

（4）单击图标工具栏中的第三个图标可以绘制树。地形自身没有可用的树资源，要在地形上绘制，需要添加树原型。单击 Edit Trees 按钮，选择 Add Tree，可以从项目中选择树资源，并将其添加为“预制件”以便与画笔结合使用，如图 4-23 所示。在 Asset Store 上有免费的 SpeedTrees 包，其中提供了四种 SpeedTree 模型。开发者也可以创建自己的树。

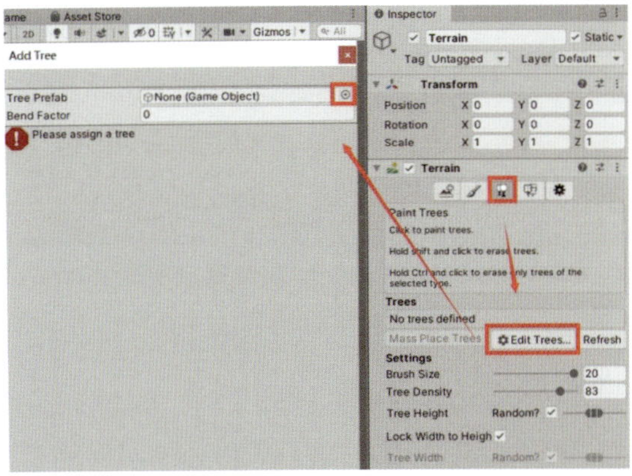

图 4-23 添加树资源

（5）单击图标工具栏中的第四个图标可以绘制花草和细节。地形没有可用的花草或细节资源，在 Inspector 中单击 Edit Details 按钮可显示带有 Add Grass Texture 和 Add Detail Mesh 选项的菜单，单击任一菜单项将弹出一个窗口，在其中可以选择要添加到地形以便进行绘制的资源，如图 4-24 所示。

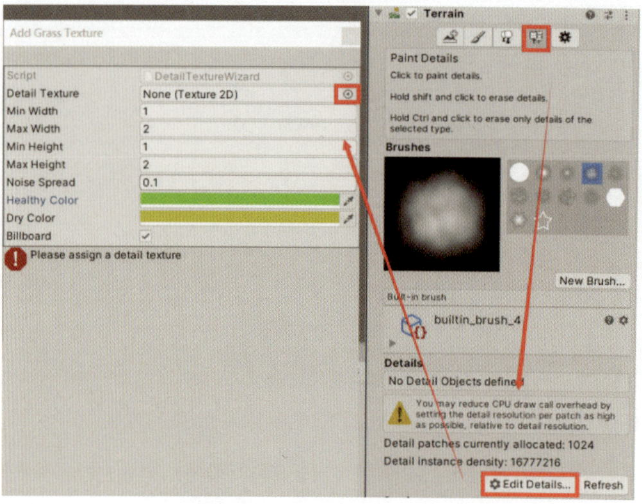

图 4-24　添加花草和细节

小贴士：花草和其他细节当前仅在内置渲染管线和通用渲染管线（URP）中有效。在编辑花草和细节时建议启用纹理四边形 Billboard 选项，使其自动面向摄像机，这样可在内容开发中实现良好的草丛效果。对于细节网格，可以将 Render Mode 属性设置为 Vertex Lit 或 Grass。选择 Vertex Lit 可创建具有真实法线的顶点光照网格，这些网格不会在风中移动；选择 Grass 可创建使用地形法线的顶点光照网格，这些网格会在风中移动。

4.3.2　天空盒

1. 了解天空盒

天空盒（Skybox）是 Unity 整个场景的封装器（围绕整个场景进行渲染），但是在所有不透明对象渲染完之后才渲染它。天空盒是一个六边形的立方体，用于主体场景之外的世界。用于渲染天空盒的网格是具有六个纹理的盒体，也可以是曲面细分的球体。要实现个性天空盒，必须创建天空盒材质，然后选择 Window → Rendering → Lighting Settings 菜单项，在 Scene 选项卡下的 Environment 展开选项中将 Skybox Material 选择为您已创建的 Skybox 资源即可，该选项默认为 Default-Skybox。可以通过此操作在多个天空盒资源中切换。

2. 创建天空盒

创建天空盒有 4 种方式，分别是 6 面贴图拼制法、立方体贴图法、全景法和程序生成法。其中 6 面贴图拼制法、立方体贴图法和全景法较为简单，用的也较多，但如果需要进行更多的处理，可以用最后一种方法（程序生成法）来进行控制。

（1）6 面贴图拼制法。制作 6 个无缝材质，分别对应天空盒的 6 个面，如图 4-25 所示。为了每个拼接图片边缘上的颜色彼此匹配，每个纹理的 Wrap Mode（包装方式）模式要从 Repeat（重复）更改为 Clamp（固定），如图 4-26 所示，这样制作出来的天空盒没有缝隙。天空盒参数设置解析见表 4-3。

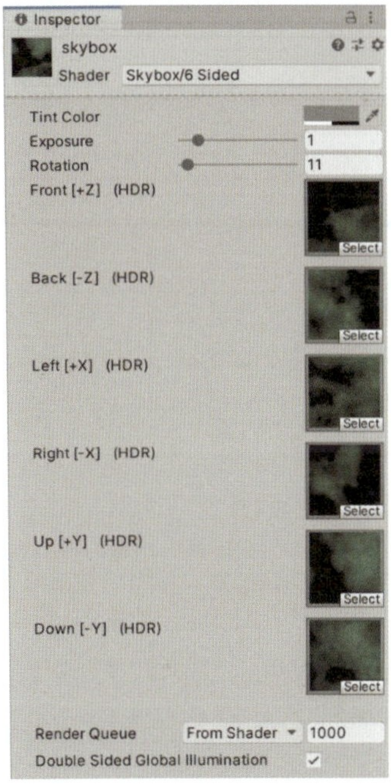

图 4-25　6 面贴图拼制法制作天空盒

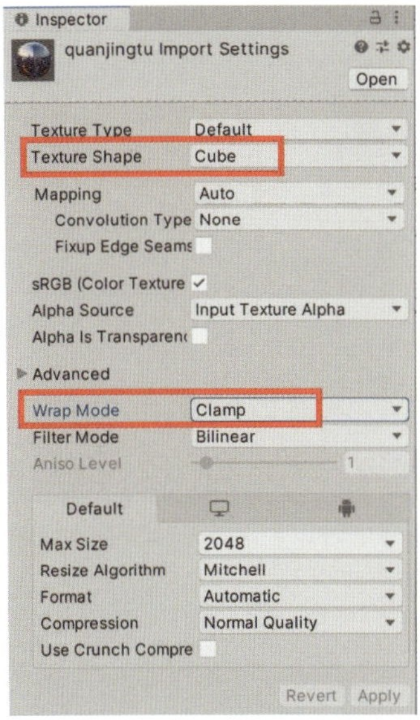

图 4-26　更改贴图设置

表 4-3　天空盒参数设置解析

属性	功能
TintColor	着色颜色
Exposure	天空盒的亮度
Rotation	天空盒围绕正 Y 轴的旋转值
Front 等	用于存储天空盒立方体每个面的纹理。需要注意的是，纹理所对应的位置非常重要，匹配不对将导致贴图彼此缝合不上

（2）立方体贴图法。立方体贴图是六个正方形纹理贴图的集合，它们组成一个包围着对象的虚构立方体的各面，每个面分别代表沿世界轴方向的向上、向下、向左、向右、向前和向后视图，然后将 Project 窗口创建的材质球在 Inspector 窗口的 Shader 设置为 Skybox/Cubemap（图 4-27）。与 6 面贴图法创建天空盒原理类似，更改贴图的设置如图 4-26 所示。

（3）全景贴图法。全景贴图法就是在 Project 窗口选中创建的材质球，再在 Inspector 窗口的 Shader 下拉框中选择 Skybox/Panoramic，然后将 2D 的图片拖入 Spherical 选项框，选择 Image Type 为 360 Degrees，系统就用该图片围成了一个 360° 的天空盒了，如果选择 180 Degrees，那么天空盒就只有 1 面，反面就是空的，如图 4-28 所示。

小贴士：如果将一个天空盒分配给摄像机，请确保将该摄像机的 Clear mode 设置为 Skybox。若在 Lighting 窗口 Other Settings 中设置雾效颜色，请将雾效颜色与天空盒的颜色相匹配，则效果更好。

图 4-27　立方体贴图法制作天空盒

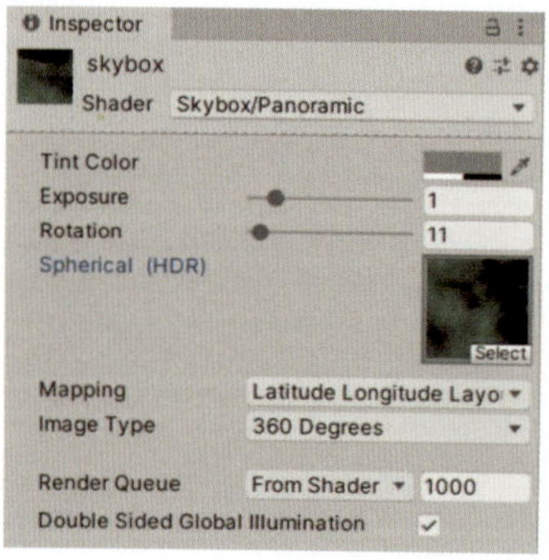

图 4-28　全景贴图法制作天空盒

（4）程序生成法。程序生成法就是用代码的方式进行天空盒的创建，并使用代码设定鼠标或方向键对镜头旋转的控制。本方法需要一定的编程基础，由于本书为基础性的导论教材，故不展开讲述。

4.3.3　光影

1. 光源

光源是每个环境和内容场景不可缺少的部分。光源决定对象的着色及其投射的阴影，是图形渲染的基本部分，它决定了环境或场景的颜色和氛围。Unity 中的光照大体分为 2 类：

“实时”光照和“预计算”光照，将两种技术组合使用可带来沉浸式的场景光照。

（1）光照技术。Unity 用各种不同的方式计算复杂的高级光照效果，每种方式适合不同的使用情况。要准确计算出三维对象的阴影效果，Unity 需要精确计算落在对象上的光的角度、强度和颜色，如图 4-29 所示。场景中每一个 Light 对象都有自己的属性信息，Light 属性面板如图 4-30 所示，Light 属性面板参数解析见表 4-4。不同类型的光源都以不同的规则呈现不同的光强、不同的衰减程度和不同的角度。关于 Unity 中的光源类型后面会详细介绍。

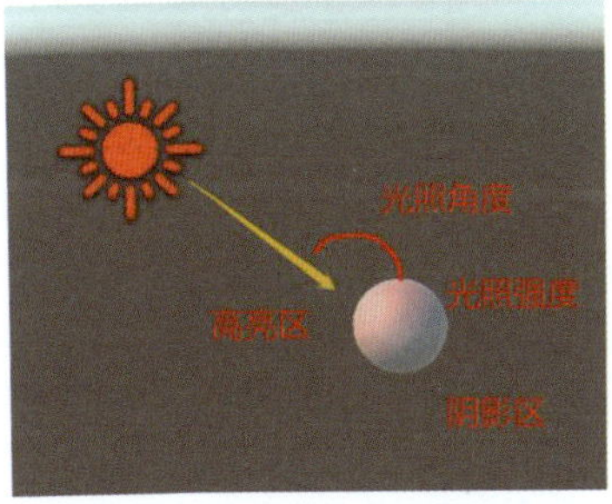

图 4-29　光照角度、强度和颜色

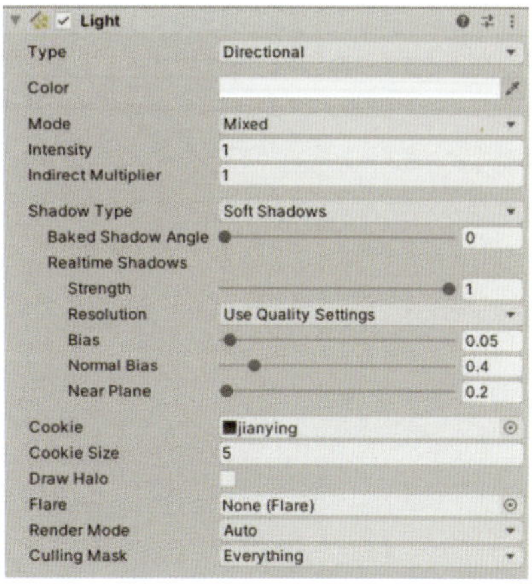

图 4-30　Light 属性面板

Light 属性面板的参数解析见表 4-4。

表 4-4　Light 属性面板参数解析

属性	功能
Type	可选光源类型，包含 Directional、Point、Spot 和 Area 四种
Range	定义从光源中心发出的光线范围（仅限点光源和聚光灯）
Spot Angle	定义聚光灯锥形底部的角度（以度为单位）（仅限聚光灯）
Color	设置发光的颜色
Mode	指定光照模式：Realtime（实时光照）、Mixed（混合）和 Baked（烘焙）。可设定是否“烘焙”以及如何“烘焙”光源
Intensity	设置光源的亮度。方向光的默认值为 0.5，点光源、聚光灯及面光源的默认值为 1
Indirect Multiplier	使用此值可改变间接光的强度。间接光是指从一个对象反射到另一个对象的光。Indirect Multiplier 定义由全局光照（GI）系统计算的散射光的亮度。如果将 Indirect Multiplier 设置为低于 1 的值，每次反弹都会使散射光变得更暗；大于 1 的值使光线在每次弹射之后更明亮
Shadow Type	设置光源投射阴影的模式：生硬阴影、柔和阴影、不投射阴影
Baked Shadow Angle	使用这些属性可控制实时阴影渲染设置。如果 Type 设置为 Directional、Point 或 Spot，且 Shadow Type 设置为 Soft Shadows，此属性将为阴影边缘添加一些人工柔化，使其看起来更自然。Realtime Shadows 属性只有在 Shadow Type 设置为 Hard Shadows 或 Soft Shadows 时才可用

续表

属性	功能
Strength	使用滑动条可控制光源所投射阴影的暗度（取 0 和 1 之间的值）。默认情况下，此值设置为 1
Resolution	控制阴影贴图的渲染分辨率。较高的分辨率会增加阴影的保真度，但会耗费更多的 GPU 时间，且占用更多内存
Bias	默认值为 0.05，用来控制阴影被推离光源的距离（取 0 ～ 2 之间的值），可用于避免错误的自阴影瑕疵
Normal Bias	默认值为 0.4，使用滑动条来控制阴影投射面沿着表面法线收缩的距离（取 0 ～ 3 之间的值），可用于避免错误的自阴影瑕疵
Near Plane	默认值为0.2，使用滑动条来控制渲染阴影时近裁剪面的值，取0.1 ～ 10之间的值。此值用于限制光源的 Range（范围）
Cookie	指定用于投射阴影的纹理遮罩，如，设计光源轮廓或制作图案光照
Draw Halo	勾选此复选框可绘制直径等于 Range 值的光源的球形光环，还可以使用 Halo 组件来实现此效果。需要注意的是，Halo 组件的 Size 参数确定其半径，而不是直径
Flare	如果要设置光晕在光源位置渲染，请将资源置于此字段中以用作其源
Render Mode	使用此下拉列表来设置所选光源的渲染优先级，但会影响光照保真度和性能
Auto	确定渲染方法，具体取决于附近光源的亮度和当前的 Quality 设置
Important	Important 模式仅用于最显著的视觉效果，如汽车的前照灯或舞台聚光灯等，光源始终以像素质量为单位进行渲染
Not Important	光源以快速、顶点 / 对象模式进行渲染
Culling Mask	通过设置物体的 Layer 层，选择该层物体是否接受光照

（2）Unity 中的光照分类。

1）实时光照。在系统默认情况下，Unity 中的光源（方向光、聚光灯和点光源）是实时计算并渲染的（即场景提供直射光并每帧都更新），光照效果会随光源和游戏对象的移动而在场景中随之更新，占系统资源较多，系统压力会较大。

2）烘焙光照。Unity 通过计算光源对场景中静态对象的影响，以及复杂的静态光照效果（也称全局光照技术，简称 GI），将其结果存储在光照纹理贴图中，覆盖在场景几何体上以营造出真实的光照效果，这一计算过程称为烘焙。使用烘培光照可降低实时光计算量，提高系统性能，适应性能较低的硬件，如移动平台。

光照贴图上的光照既包括照射到物体表面的直射光，又包括从场景内其他物体或表面反射的间接光，它可以与颜色（反照率）和浮雕（法线）之类的对象表面信息及材质相关联的着色器一起使用。烘焙光照效果贴图在游戏过程中无法改变，故称为“静态光照效果”。它可与实时光源同时使用，实时光照可重叠并在光照贴图场景上叠加，但不能改变光照贴图上的光照效果本身。

3）预计算实时全局光照。静态光照贴图无法对场景中的光照条件变化作出反应，但预计算实时 GI 可以提供一种可实时更新复杂场景光照的技术。通过这种方法，可创建具有丰富全局光照和反射光的光照环境，模拟真实世界中光照的多次反射效果，能够实现实时光照变化，更接近自然光照规律，但目前只用于静态物体。

使用预计算光照首先需要打开 Lighting Settings 窗口，找到 Realtime Global lumination 选项，保持勾选“预计算光照”并保证场景中有一个光照静态的物体，此时预计算光照就开始生效。

小贴士： 进行此操作时最好勾选“Ambient Occlusion”（环境遮蔽）项，这样对物体间发暗的效果会呈现得比较好，这是全局光照明里面很重要的影响因素，正常都要勾选，数值越大越好，即生成的全局光越真实，但是数值越大系统压力越大，对硬件要求较高，开发者应根据内容需要的光照级别来折中选择参数。若生成的光照贴图不满意，可以单击 Generate Lighting 下的 Clear Baked Data 进行清除，并再次渲染生成新的光影效果。

2. 光源类型

（1）点光源。点光源是最简单的光源，也称为泛光源或全向光，由空间中的一个点面向所有方向均匀发光，强度随着距离的增加而逐渐衰减，随着预设光照半径数值由小到大而逐渐由强变弱，最后变为零，原理详见图 4-31。光照强度与距光源距离的平方成反比，即可用“平方反比定律”来模拟光源在现实世界中的情况。点光源可用于模拟场景中的灯、其他局部光源，此外还可以逼真地模拟火花或爆炸等周围环境光照效果。

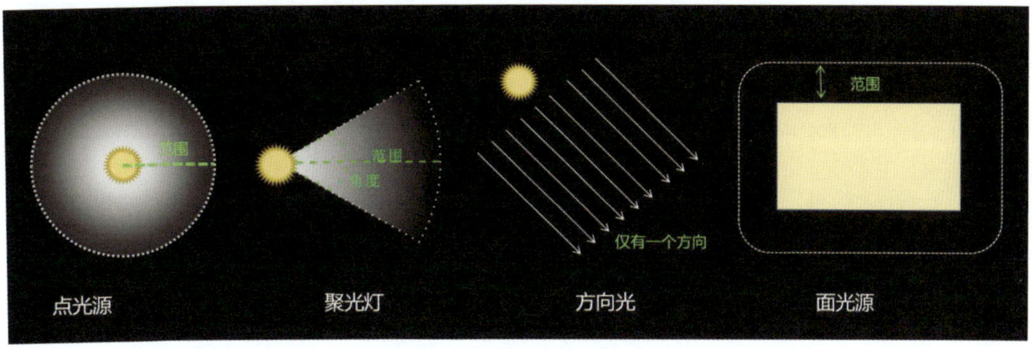

图 4-31　光源类型原理对比图

（2）聚光灯。聚光灯可模拟从无限小的点发出的光线，光线集中于指定的锥形区域或者特定方向，有位置、光照半径、光锥角度、光强等属性。跟点光源一样，聚光灯有指定的位置和光线衰减范围。不同的是聚光灯有一个角度限制，成锥形的光照区域。聚光灯锥体边缘的光线和点光源一样，光照强度会随着半径的变大而逐渐减弱，调整锥体 2 边的夹角，光域会随之变化，光线淡化的大小也会随之调整，这被称为“半影”，原理详见图 4-31。

聚光灯通常用于模拟人造光源，例如手电筒、汽车前照灯、射灯和探照灯等。通过脚本或动画控制聚光灯的方向，可以模拟舞台风格的光照效果。

（3）方向光（Directional Light）。方向光没有任何可识别的光源位置，其与目标对象的距离是未定义的，放置在场景中的任何位置光线都不会有强弱变化，可视为存在于无限远处的光源，原理详见图 4-31。由于它很多属性近似太阳光，只要场景中有一个方向光，场景中的所有对象都会被照亮，故在一些逼真的场景中，方向光可用于模拟太阳或月亮等自然光照效果。

在 Unity 中，每个新建的 Scene 中都默认包含一个方向光，系统默认将其关联到 Lighting 面板下的 Environment Lighting → Source 选项中的 Skybox（天空系统）中。通过删除默认的方向光并创建新光源，或直接单击 Lighting → Scene → Sun Source 指定不同光源对象可更改光源类型。

对于方向光源，移动其位置改变不了其光的强度，但可以改变整个场景以及天空盒的光照和阴影，影响环境光的效果。利用动画效果或代码控制其旋转，便可以实现日升日落效果。当光源指向上方时天空会变黑，可以模拟夜晚效果。

（4）面光源。面光源是通过空间中的矩形区域均匀地向所有方向发射光，但仅从矩形的所在面发射，无法手动控制面光源的范围（原理详见图 4-31），但当远离光源时，强度将按照距离的平方呈反比衰减，因此阴影较其他光源类型更柔和、细腻。

使用面光源来可以创建逼真的路灯或灯带效果。小的面光源可以模拟室内光照效果，效果比点光源更逼真。由于光照计算对处理器性能消耗较大，因此面光源只能烘焙到光照贴图中，不可实时处理。

3. 添加和使用光源

单击菜单 GameObject → Light，从展开的子菜单中选择所需的光源类型即可将光源添加至场景之中开始使用。光源被添加到场景中后，可像其他对象一样进行移动旋转等基本操作。

单击 Inspector 窗口最下方的 Component 组件，选择 Rendering → Light 命令可为任何选定的对象添加光源（Light）组件，该组件可进行光源多种属性的设置，如想改变场景的风格和氛围，更改光源的 Color 属性即可。启用 Scene 视图光照（单击工具栏上的“灯泡”按钮），如图 4-32 所示，则可在移动光源对象并设置其参数时实现光照效果预览。

图 4-32　开启灯光效果预览功能

不同的光源有不同的作用，也有不同的使用准则，如下所述。

（1）方向光通常代表太阳并且对场景的阴影和外观有显著影响。在上面光源部分已经提到，位置于它而言并不影响场景的任何光照效果，而角度会影响场景的光照，使用时光线方向略微向下，使光线与场景中的主要对象形成一个适当的角度，这样便可生成符合自然环境规律的阴影。若要设置白昼更替，通过脚本、动画来控制方向光的旋转值即可实现。

（2）聚光灯和点光源通常用于模拟人造光源，它们的位置通常应场景需求而设定。但这两类光在第一次添加到场景时效果不太明显，需在 Inspector 窗口调整光源的 Range（作用范围）、Color（颜色）和 Intensity（强度）等属性值以适应场景要求。其中，光源的作用范围是光的亮度变暗为零的界限。

4. 阴影和剪影

阴影可以显示游戏对象的比例和位置关系，Unity 通过一定的算法将光源照射到的物体的阴影投射到其自身的其他部分或其他附近的游戏对象上，为场景添加了深度感和真实感。

（1）阴影。

1）阴影的工作原理。假设场景中只有一个光源，光线从光源处发出，以直线方式传播，最终照射到某个游戏对象（非玻璃材质，即透明材质），它就无法再进一步照射到其他对象（光线会直接“反射或折射”，无法穿透），这样未被照设到的区域就形成了遮蔽的暗区，即产生了阴影。

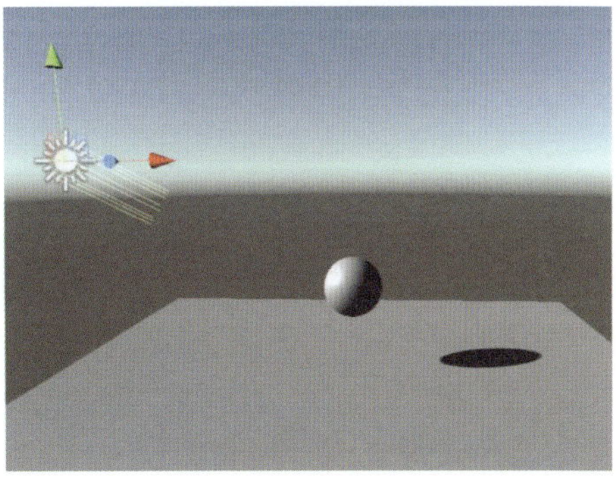

图 4-33　阴影原理图

Unity 计算阴影位置和大小的原理是，将光源比作摄像机，使用与摄像机相同的原理，从其视角“渲染”场景，位于直接视线中的表面接受光照，将摄像机无法看到的区域定义为光线无法照射到的区域，即为阴影区，如图 4-33 所示。图 4-34 所示为游戏对象的阴影设置。

2）启用阴影。在 Inspector 窗口中的 Shadow Type 下拉属性列表里可为单个光源启用和选择适合场景需求的阴影，有 3 类可选，即无阴影、软阴影和硬阴影，如图 4-35 所示。相关的属性与功能解析见表 4-5。

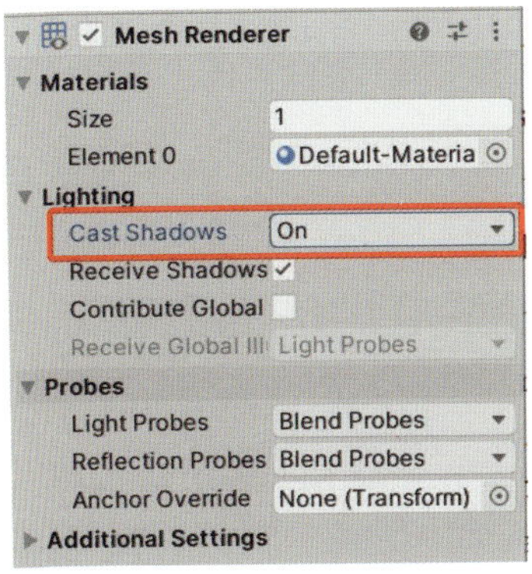

图 4-34　游戏对象的阴影设置

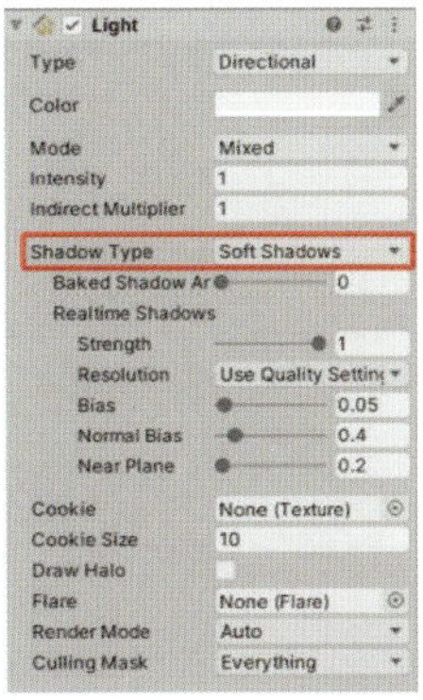

图 4-35　启动光源阴影

表 4-5　阴影属性与功能解析

属性	功能
Shadow Type	Hard Shadows（硬阴影）是生成锐边的阴影，而 Soft Shadows（柔和阴影）会减少阴影贴图中的“块状”锯齿效果，阴影边缘模糊
Strength	此设置可调节阴影的暗度值
Resolution	此设置可以设置阴影贴图渲染分辨率，有使用质量设置、低分辨率、中分辨率、高分别率和超高分辨率 5 个选项
Bias	此设置可微调阴影的位置和形态
Normal Bias	此设置可微调阴影的位置和定义
Shadow Near Plane	设置渲染阴影的近平面，比给定距离近的 GameObject 不会投射阴影

场景中的每个物体对象的网格渲染器（Mesh Renderer）（图 4-34）都具有投射阴影（Cast Shadows）和接收阴影（Receive Shadows）的属性，必须正常启用：

- 从下拉菜单中选择 On 则启用阴影投射，如果选择 Off，那么即使光源设置的光线强度再大，该物体也不会投射阴影，但对其他对象没有影响。
- 选择 Two Sided，允许双面投射阴影（阴影投射时会忽略背面剔除）。
- 选择 Shadows Only，只显示阴影，不显示物体对象，可以制作不可见物体的阴影投射效果。

（2）剪影。剪影通常用于改变光源投射形状，以便与场景细节相匹配，为场景增加逼真的环境氛围。比如阳光透过窗户照进室内的光斑形态、投影仪的效果、舞台灯光投射效果等。

创建剪影其实非常简单，就是通过光照遮蔽创建阴影，只需在光源和投射目标面之间放置一个形状遮罩，光照以纹理的形式添加剪影，这种遮罩称为剪影（即 cookie）。剪影就是普通的纹理，要将图像亮度转换为 Alpha/ 透明度通道，这样才更容易将剪影设计为灰度纹理，光线才能透过，从而产生图形剪影效果。参见图 4-36，具体操作如下：

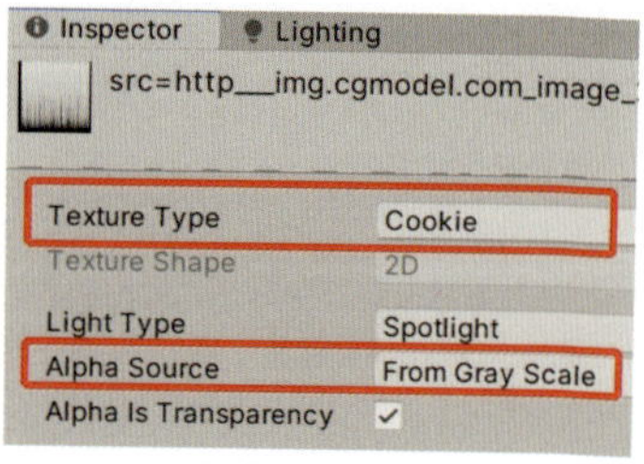

图 4-36　将纹理开启 Alpha 通道

- 在 Photoshop 中绘制灰度图像剪影纹理。白色像素可穿透完全光照强度，黑色像素没有光照可穿透。纹理的边界必须是完全黑色的，否则光会泄漏到聚光灯外。
- 导入到 Unity 后，从 Project 视图中选择该剪影，然后在 Inspector 面板中将 Texture Type 设置为 Cookie。除非您已经自己设计了图像的 Alpha 通道，否则还应将 Alpha Source 选为 From Gray Scale。（通过这种方式可以创建灰度剪影，Unity 会自动将其转换为 Alpha 贴图）

4.3.4　材质与贴图

1. 网格组件

3D 世界的大部分是由网格组成，网格定义了物体对象的形状，3D 网格是 Unity 的主要图形基元。Unity 与大多数 3D 建模软件之间的交互性很强，支持三角形或四边形等多边形网格，所以在开发时我们必须要把 Nurbs（曲面建模）、Nurms（网格平滑建模）和 Subdiv（细分建模）等表面转换为多边形网格面。

默认情况下，网格几何形状仅给出对象的粗略形状，没有细节，给出细节这项工作要借助纹理来完成。纹理是标准的位图图像，其贴图原理就是将纹理图像看作是一张印在橡胶板上的图像，然后将橡胶板拉伸并附着在对象网格表面的适当位置。而贴图纹理的引用、平铺的信息、颜色的色调等渲染方式一般通过材质来定义，所以材质的着色器在计算游戏对象表面的基本颜色（反照率）时可使用纹理。此外，纹理还可以表示材质表面的许多其他信息，如反射率和粗糙度等。

材质通常与 Unity 中的网格渲染器、粒子系统和其他渲染组件联合使用，而材质的可用选项取决于材质使用的着色器。所谓着色器，就是一些包含数学计算和算法的小脚本，根据光照输入和材质配置来计算每个像素渲染的颜色值。

2. 创建和使用材质

从主菜单或在 Project 视图中选择 Assets → Create → Material 命令可创建新材质，将材质球从 Project 视图拖拽到 Scene 或 Hierarchy 视图中的任何对象上即可将材质应用于该对象。开发者还可以根据需要在 Inspector 中展开 Shader 下拉选项选择特定材质的着色器。

对新材质球系统默认指定标准着色器，其所有贴图属性为空，可在 Inspector（材质属性面板）中调整所有属性，如图 4-37 所示。着色器将决定可更改的属性，属性包括颜色、滑动条、纹理、数字或矢量。将材质应用于 Scene 视图中的对象，其属性更改将实时应用于该对象。

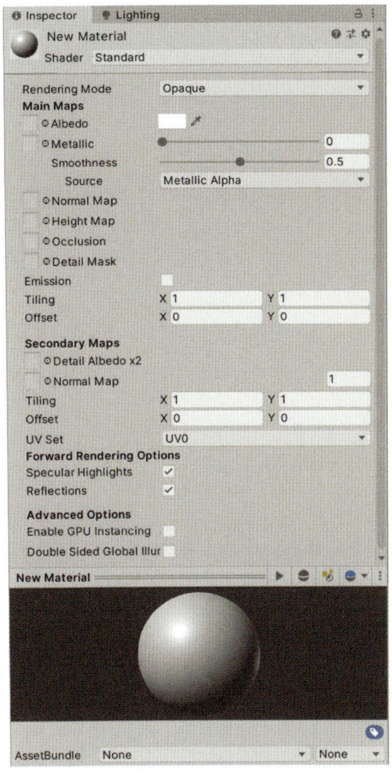

图 4-37 材质属性面板

将纹理贴图应用于材质属性有以下两种方法。

- 直接将纹理贴图从 Project 视图拖到 Inspector 窗口中的材质纹理属性方块上。
- 单击 Inspector 窗口中材质纹理属性方块后的 Select 按钮，然后从显示的下拉表中选择纹理。

3. 贴图

（1）UV 贴图。将 2D 纹理映射到 3D 模型上时，3D 建模程序会执行 UV 贴图包裹操作，详细介绍可参阅第 3 章三维建模技术基础的相关内容。在 Unity 内执行材质贴图时，可调整材质球的参数来缩放和移动纹理，其中法线贴图和细节贴图可以较为逼真地显示物体表面纹理的凹凸感和细节。

（2）Mipmap。Mipmap（或拼写成 MIP map）是一种电脑图形图像技术，是目前应用最为广泛的纹理映射技术之一。其原理是，将低一级图像的每边的分辨率取高一级图像的每边分辨率的二分之一，而同一级分辨率的纹理组则由红、绿、蓝三个分量的纹理数组组成。Mipmap 是图像逐渐减小版本的列表，用于优化实时 3D 引擎的性能，远离摄像机的对象使用较小的纹理版本。由于其包含了同一纹理区域在不同分辨率下的纹理颜色值，因此被称为 Mipmap。

Mipmap 通常与材质贴图技术结合，根据视距远近的不同，以不同的分辨率将单一的材质贴图以多重图像的形式表现出来。尺寸最大的图像放在前面显著的位置，而相对较小的图像则后退到背景区域，应用于在三维图像的二维代替物中，从而达到立体感效应。此外，Mipmap 技术还可帮助避免因在不同分辨率下使用 bit map 图像产生的纹理锯齿和闪烁在图像中出现。

（3）法线贴图。法线贴图是可以应用到 3D 表面的特殊纹理。它包含许多表面细节信息，通过 RGB 颜色通道来标记法线的方向，可使每个平面的各像素拥有高度值，在物体外形上创建出立体视觉效果。可以把它理解为与原凹凸表面平行的另一个不同的表面，但实际上它只是一个光滑的平面，但从视觉效果上来看，它比原凹凸表面的效果更好。若在特定位置上应用光源，可以让细节程度较低的表面生成高细节程度的精确光照方向和反射效果。Unity 使用编码为 RGB 图像的法线贴图，也可以选择从灰度高度贴图图像生成法线贴图。

（4）细节贴图。细节贴图又叫辅助贴图，就是在主纹理上覆盖第二组纹理，应用第二个反照率颜色贴图和第二个法线贴图。这样做可以在近距离观察材质时使其具有清晰的细节，同时在从更远处观察时具有正常的细节级别，而不必使用单个极高的纹理贴图来实现两个目标。

细节纹理的典型用途：为角色的皮肤添加皮肤细节，如毛孔和毛发；在砖墙上添加微小的裂缝和地衣生长效果；为大型金属容器添加小划痕和磨损。绘制细节纹理时应注意，中性灰色不可见，白色使主纹理变亮两倍，黑色使主纹理完全变黑。

（5）立方体贴图。立方体贴图又称反射贴图，是六个正方形纹理的集合，这些纹理代表环境中的反射。六个正方形组成一个包围着对象的虚构立方体的各个面，每个面代表沿世界轴方向（向上、向下、向左、向右、向前和向后）的视图。立方体贴图常用于捕获对象的反射或“周围环境”，如，天空盒和环境反射通常使用立方体贴图。

4. 纹理

纹理是覆盖或包裹游戏对象以赋予它们视觉效果的图像或视频文件，分为 3D 模型纹理和 2D 模型纹理。Unity 会将 Assets 文件夹中的所有图像或视频文件识别为纹理，用于 2D 项目的贴图存储为精灵（Sprite）。

理想状态下，纹理尺寸大小应该每边为 2 的幂（即 2、4、8、16、32、64、128、256、512、1024、2048）像素（px），依次类推。但特定平台可能会限定最大纹理尺寸，如：纹理导入器仅允许最大导入分辨率为 8K 的图像（即 8192×8192 像素），立方体贴图 Mali-Txxx GPU 仅支持最高 4096 像素的纹理图像。

在 Unity 中允许使用 NPOT（非 2 的幂）的纹理，即不一定是正方形，宽度与高度可以不同。但 NPOT 尺寸纹理占用内存压稍大，GPU 的采样速度也会更慢，因此，尽量使用 2 的幂大小的纹理以提高性能，或只将 NPOT 尺寸的图像应用于 GUI。对于不支持 NPOT 尺寸纹理的，Unity 会对其进行缩放和填充，以达到相近 2 的幂的图像大小，但此过程会占用更多内存，加载速度也会变慢。

纹理又可以分为图像纹理和视频纹理两种类型。

（1）图像纹理。Unity 可读取的图像纹理文件格式：BMP、EXR、GIF、HDR、IFF、JPG、PICT、PNG、PSD、TGA、TIFF。只要符合游戏对象着色器的尺寸要求和特定纹理要求，将其导入并进行优化就可以用于游戏对象。这些文件在导入 Unity 时会被自动展平，这样在游戏中就不会造成文件大小的损失，因此可以导入图层不变的 PSD 文件。图像纹理属性面板如图 4-38 所示。

图 4-38　图像纹理属性面板

图像纹理属性面板中的第一项是 Texture Type，此部分可以选择开发者需要的纹理类型，纹理属性面板中的其他属性会根据此处的选择而变化。Texture Type 选项的具体解析见表 4-6。

表 4-6　Texture Type 选项解析

属性	功能
Default	此选项为常用设置，大多数纹理导入的默认属性
Normal Map	此选项可将贴图的颜色通道转换为法线贴图格式
Editor GUI	选择此选项可在任何 HUD 或 GUI 控件上使用纹理
Sprite(2D and UI)	选择此选项可将贴图转换成精灵，即可在 2D 游戏中使用
Cursor	选择此选项可将纹理用作自定义游标
Cookie	选择此选项可通过基本参数来设置纹理，从而将其用于光源的剪影
Lightmap	选择此选项可将纹理用作光照贴图
Single Channel	设置纹理只有一个通道

纹理属性面板中的第二项是 Texture Shape，此部分可选择和定义纹理的形状和结构，具体解析见表 4-7。

表 4-7　Texture Shape 选项解析

属性		功能
Texture Shape		此属性用于定义纹理的形状，默认情况下该值为 2D
	2D	2D 是所有纹理的最常用设置，可用于将纹理映射到 3D 网格和 GUI 元素或其他项目元素
	Cube	此选项将纹理定义为立方体贴图，可用于制作天空盒或反射探针
Mapping		仅当 Texture Shape 设置为 Cube 时，此设置才可用。使用 Mapping 可指定如何将纹理投影到游戏对象上。默认情况下此设置为 Auto
	Auto	依据纹理信息自动计算布局
	6 Frames Layout	纹理转换为标准立方体贴图，即贴成 6 个面的正方体：交叉或序列 (+X -X +Y -Y +Z -Z)。图像可以水平或垂直定向
	Latitude Longitude	将纹理转换为 2D 纬度 / 经度形式
	Mirrored Ball	将纹理转换为类似球体的立方体贴图
Convolution Type		默认设置为 None，选择要用于此纹理的预卷积（即过滤）类型
	None	纹理没有预卷积，即无过滤
	Specular	选择此选项可将立方体贴图用作反射探针，纹理 Mipmap 使用引擎 BRDF（双向发射）进行预卷积（过滤）
	Diffuse	对纹理进行卷积（过滤），若要将贴图用作光照探针，可选择此选项
Fixup Edge Seams		仅在 None 和 Diffuse 卷积（过滤）情况下才可用，它可固定边缘接缝处，若反射贴图有解封，可勾选该选项进行控制，用于减少或完全修复瑕疵

对 Advanced 进行设置，可以进一步优化 Unity 处理纹理的方式。根据 Texture Type

选择的不同，该部分的设置也会略有不同，具体解析见表 4-8。

表 4-8 Advanced 设置解析

属性		描述
Non Power of 2		如果纹理为“非 2 的幂”的尺寸图，此模块用于定义图片导入时的缩放情况，默认设置为 None
	None	纹理尺寸大小保持不变
	To nearest	纹理在导入时缩放到最接近“2 的幂”尺寸大小。如，会将 233×507 像素的纹理缩放为 256×512 像素。但是需要注意的是，PVRTC 格式要求纹理为正方形，所以最终会将尺寸调整为 512×512 像素
	To larger	纹理在导入时缩放到最大“2 的幂”限度值的尺寸。如，233×507 像素的纹理将被缩放为 512×512 像素
	To smaller	纹理在导入时缩放到最小“2 的幂”限度值的尺寸。如，257×511 像素的纹理将被缩放为 256×256 像素
Read/Write Enabled		该属性在默认情况下是禁用的，只有在需要脚本访问时才启用
Streaming Mip Maps		此设置适用于使用网格渲染器（Mesh Renderer）显示的 3D 环境中的任何纹理，勾选此复选框可对该纹理使用纹理串流（Texture Streaming），漫射纹理、法线贴图和光照贴图都对纹理串流有效
Mip Map Priority		该过滤方法可用于优化图像质量，默认是取消勾选的，它仅在启用 Streaming Mip Maps 的情况下可用，用于设置 Mipmap 的优先级，值越高表示优先级越高
Mip Map Filtering		其下有两种选项，默认选项为 Box。Box 是淡出 Mipmap 的最简单方法。随着尺寸减小，MIP 级别将变得更加平滑；Kaiser 是一种随着 Mipmap 尺寸大小下降而对其应用的锐化算法，如果纹理在远处太模糊，可尝试此选项
Mip Maps Preserve Coverage		勾选此复选框可以生成 Mipmap 的 Alpha 通道，并在 Alpha 测试期间保留覆盖率
Fadeout Mip Maps		此属性用于细节贴图，启用此项可在 MIP 级别递进时使 Mipmap 淡化为灰色。最左侧表示开始淡出的 MIP 级别，最右侧表示纹理完全变灰的 MIP 级别
Wrap Mode		选择纹理平铺时的行为方式。默认为 Clamp，表示拉伸纹理的边缘；Repeat 表示在区块中重复纹理；Mirror 表示在每个整数边界上镜像纹理以创建重复图案；Mirror Once 表示镜像纹理一次，然后钳制到边缘像素；Per-axis 选项可单独控制 Unity 如何在 U 轴和 V 轴上包裹纹理
Filter Mode		默认为 Point (no filter)，设置纹理在通过 3D 变换拉伸时如何进行过滤。Point (no filter) 表示纹理在靠近时变为块状；Bilinear 表示纹理在靠近时变得模糊；Trilinear 与 Bilinear 很像，但纹理也会在不同的 MIP 级别间模糊

（2）视频纹理。视频纹理，顾名思义就是将动态的、可播放的视频画面作为纹理贴图蒙物表面，是将视频文件创建为动画纹理。凡是 QuickTime 程序可以播放的类型都可以作为视频纹理，如 .mov、.mpg、.mpeg、.mp4、.avi、.asf 等。将上述格式的视频文件导入到 Project 窗口的 Assets 文件夹中，文件将被自动转换为 Ogg Theora 格式，可像使用常规纹理一样附加到任何游戏对象上了，如图 4-39 所示。

导入的视频文件在运行时是不会自动播放的，需要使用 Video Player 组件进行视频下载和视频播放，如图 4-40 所示。

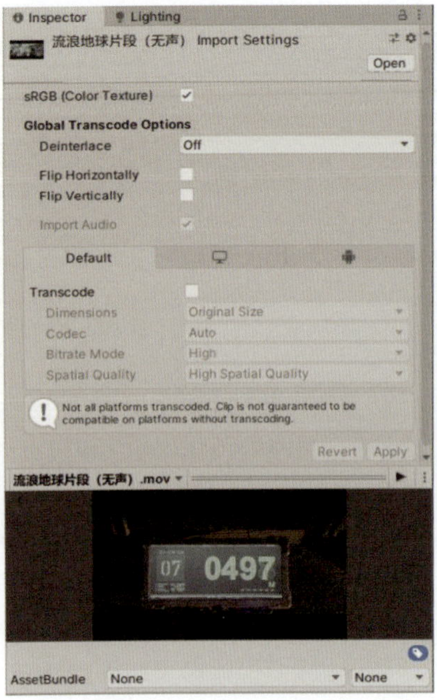

图 4-39 视频纹理属性面板

图 4-40 Video Player 组件

5. 着色器

着色器是包含数学计算和算法的小脚本，每个像素渲染的颜色是通过光照输入和材质配置来计算来完成。正常情况下我们只需设置和修改标准着色器的属性即可完成我们所需效果的渲染。它是一种高度可定制的着色器，能够以高度逼真的方式渲染多种类型的表面，如，对于角色、景物、环境、实体和透明游戏对象、硬表面和软表面等，标准着色器就可以完成，无需编写特定的着色器。在其他情况下，可能需要采用另外的内置着色器，甚至用脚本编写自己的着色器，如夜视、X 射线、液体、树叶、折射、透视、粒子特效、卡通、演示性效果或其他艺术效果等。

在 Unity 中，内置渲染管线中的着色器通过以下方式编写：表面着色器、顶点和片元着色器和固定函数着色器。

（1）表面着色器。大多数表面着色器自动支持前向和延迟光照，如果着色器会涉及光照和阴影，那么最佳选择是表面着色器。表面着色器会进行大量的光照计算，对于后期处理效果或其他特殊效果着色器，由于与光照没有任何关联，故不要选择表面着色器。

（2）顶点和片元着色器。如果您的着色器不需要与光照交互，或者如果您需要表面着色器无法处理的非常奇特的效果，则需要使用顶点和片元着色器。以这种方式编写的着色器程序是创建所需效果的最灵活方法（甚至表面着色器也会自动转换为一堆顶点和片元着色器），但这需要付出代价：必须编写更多的代码并且更难以让它与光照互动。这些着色器是以 Cg/HLSL 编写。

（3）固定函数着色器。固定函数着色器是传统的着色器语法，用于非常简单的效果。建议编写可编程的着色器，因为这样可以提供更大的灵活性。固定函数着色器完全用一种名为 ShaderLab 的语言编写，此语言类似于 Microsoft 的 .FX 文件或 NVIDIA 的 CgFX。在内部，当导入着色器时，所有固定函数着色器将转换为顶点和片元着色器。

无论何种类型，着色器代码始终由 ShaderLab 语言进行着色器结构的组织和封装。要进行着色器编写，需要学习 ShaderLab 语法，由于本书是导论教材，此部分属于后续核心技能课程，故不展开，感兴趣的读者可参考关于 ShaderLab 语法的相关书籍。以下是最简单的着色器编写过程：

```
// 有色顶点光照
Shader "Simple colored lighting"
{
// 单个颜色属性
Properties {
   Color ("Main Color", Color) = (1,0.5,0.5,1)
}
// 定义一个子着色器
SubShader
   {
      // 子着色器中的单个通道
      Pass
      {
         // 使用固定函数顶点光照
         Material
         {
            Diffuse [Color]
         }
         Lighting On
      }
   }
}
```

此着色器定义了 Color（颜色）属性，还定义了一个子着色器。Color 对应在材质 Inspector 面板中是 Main Color，其值为 (1,0.5,0.5,1)。子着色器包含一个 Pass，用于设置其基本材质并启用固定函数顶点光照。

4.3.5 摄像机

摄像机是为开发者捕捉和展示世界的设备，可通过自定义对摄像机进行管控，或通过脚本控制以实现预想的效果。在场景中可拥有无限数量的摄像机，且这些摄像机可设置为以任何顺序在屏幕上任何位置或仅在屏幕的某些部分进行渲染。可以给每个摄像机分配不同的深度（Depth）值，按照从低深度到高深度的顺序进行显示。即深度为 2 的摄像机将绘制在深度为 1 的摄像机之上。调整 Field of View 属性值可以调整屏幕上摄像机视图的大小，通过小地图的形式可以实现如导弹摄像机、地图视图、后视镜等效果。摄像机的 Inspector 面板如图 4-41 所示。

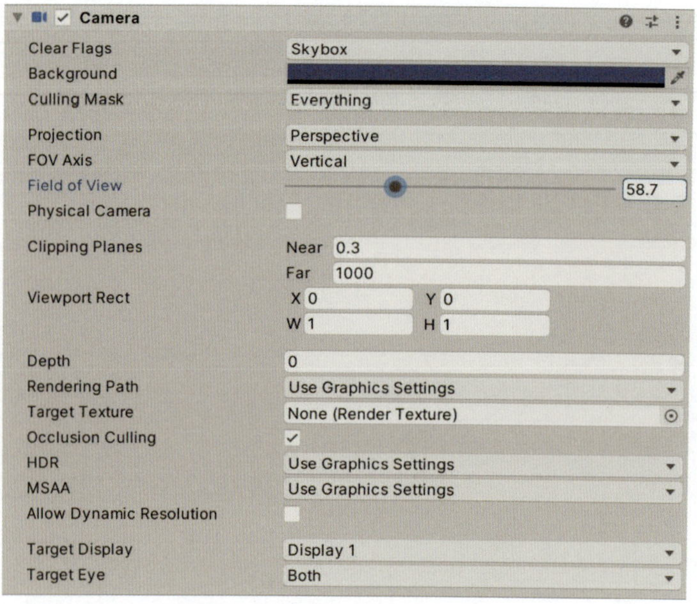

图 4-41　摄像机的 Inspector 面板

当场景中有多个摄像机的时候，默认情况下，只会显示主摄像机渲染的画面覆盖整个屏幕。同一时刻只能看到一个摄像机渲染的画面，即 depth 属性具有最高值的摄像机投射的画面。若要切换摄像机，可通过在脚本中禁用一个摄像机再启用另一个，即可从一个摄像机的镜头“切”至另一个，从而得到场景的多个镜头画面，具体程序如下：

```
using UnityEngine;
public class ExampleScript : MonoBehaviour {
    public Camera firstPersonCamera;
    public Camera overheadCamera;
    // 调用此函数可禁用 FPS 摄像机并启用高架摄像机。
    public void ShowOverheadView() {
        firstPersonCamera.enabled = false;
        overheadCamera.enabled = true;
    }
    // 调用此函数可启用 FPS 摄像机并禁用高架摄像机。
    public void ShowFirstPersonView() {
        firstPersonCamera.enabled = true;
        overheadCamera.enabled = false;
    }
}
```

4.3.6　音频

真实的物理世界是声像并茂的，如果开发的场景没有背景音效或动作音响，就给人一种不真实或有缺陷的感觉。将音频文件拖入 Project 面板即可导入 Unity，它支持 AIFF、WAV、MP3 和 Ogg 等大多数标准的音频文件格式。此外，Unity 还可以通过编写脚本来调用用户机器上的任何可用麦克风来录制音频，以便在游戏过程中进行使用、存储和传输。

Unity 的音频功能包括 3D 空间音效、实时混音和母带制作、混音器层级视图、快照、预定义效果等。为了模拟位置对声音的影响，Unity 要求由来自附加对象作为声音源发出声音，然后由附加到另一个对象上的音频监听器拾取，通常是主摄像机或第一人称的声音监听器。

Unity 可以模拟音频源与监听物体之间的距离和位置关系，根据远近关系调节音量大小。此外还可以使用源对象和监听器对象的相对速度来模拟多普勒效应以增加真实感。Unity 无法根据场景几何体来计算回声，但可以通过添加音频滤波器来模拟回声。如，对象在具有猛烈回声的地方来回移动，可在场景中添加混响区（Reverb Zone），这样假设游戏中车子驶过隧道，在隧道内放置一个混响，那么汽车发动机声音会在驶入隧道时开始回响，当汽车从另一侧驶出时，回声消失。关于音频文件的播放、可监听区域、声像和音效都可在 Inspector 中的音频文件属性面板中进行调节，如图 4-42 所示。

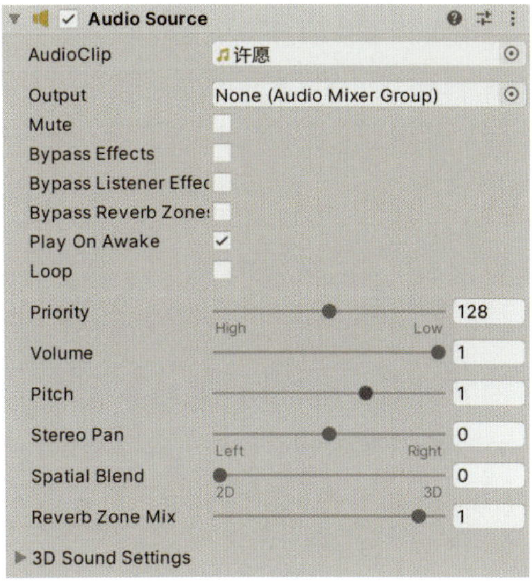

图 4-42　音频文件属性面板

【应用案例】

动画及音频导入和设置　　渲染及色彩设置　　渲染环境及灯影设置

地形工具与资源的使用　　绘制细节　　地形编辑

4.4 物理引擎和碰撞检测

【学习目标】

通过本节的学习，了解 Unity 物理系统的作用与意义，熟悉物理引擎中各个组件的特性，掌握物理系统组件的用法。读者应掌握本节知识要点，结合应用案例掌握物理引擎的原理和特性。

【知识要点】

物理引擎是虚拟现实内容中必不可少的部分。虚拟现实引擎中的物理引擎赋予虚拟场景中的物体的物理属性，可以让场景中的物体符合现实世界中的物理定律，使得虚拟场景更加真实和生动。在虚拟现实逐渐兴起的今天，用户对于内容的真实感、操作感以及体验感要求越来越高，国外厂商的游戏和虚拟现实作品会在物理引擎上下功夫，令虚拟世界中的物体运动符合真实世界的物理定律，使游戏更接近现实。

早期用三维技术制作的游戏没有物理系统的概念，三维模型之间的物理效果只有碰撞、阻挡而不存在碰撞反应，比如玩家控制的角色接触到行进路线上的障碍物时只会被其阻碍，不会发生将其撞倒或碰开等真实的物理反应。随着游戏引擎技术的发展，物理引擎的概念被逐渐引入到三维游戏制作和虚拟现实内容生产当中，物理引擎可以让虚拟世界中的物体运动符合真实世界的物理定律，增加游戏和内容的真实感、体验感和沉浸感。PhysX、Havok 和 Bllete 被称为当今世界的三大物理运算引擎，一般成熟的游戏引擎都会内置物理引擎，但这些物理引擎不是游戏引擎生产商自主研发的，而是被授权添加内置使用。其中 PhysX 被 Unity 3D 内置使用，虚拟引擎的物理部分也来源于 PhysX；Havok 曾是三大物理引擎之首，被授权于 3ds Max 之中；Bllete 物理引擎被广泛应用于好莱坞的影视制作领域。

Unity 3D 游戏引擎内置引用的 PhysX 物理仿真引擎是由英伟达（NVDIA）出品的，具有低耗、高效、仿真度极高的特征。物理引擎通过为刚性物体赋予真实物理属性的方式来计算它们的运动、旋转和碰撞反位。在 Unity 中开发人员只需要简单的操作便可完成对真实世界中的物理属性的模拟。

Unity 中实际上有两个独立的物理引擎：一个用于 3D 物理系统，一个用于 2D 物理系统。除了 3D 中多了一个维度，两个引擎的主要概念是相同的。3D 物理引擎使用刚体组件（Rigedbody）实现，2D 物理引擎使用类似 2D 的刚体组件（Rigedbody 2D）来实现。

4.4.1 刚体

Unity 引擎中为游戏对象添加 Rigidbody（刚体）组件可实现该对象在场景中的物理交互。当游戏对象添加了刚体组件后，游戏对象便可以接受外力和扭矩力，受到重力影响。

刚体是指三维空间中的物理模拟物体，被赋予刚体属性的模型物体可以收到场景中各种力的影响，并产生真实的物理碰撞反应，是物体对象具有物理行为的主要组件。刚体组件接管它所附加到的物体对象的运动，添加刚体组件后，对象将立即产生重力效果。如果还添加了一个或多个碰撞体组件，则游戏对象会因发生碰撞而移动。所以，要改变物体对象的位置和旋转不应该是更改其 Transform 的属性，而应该是为物体添加刚体组件或碰撞组件，通过脚本给物体对象添加一定的力（Add Force）来让物理引擎计算物体对象的位置或旋转值。添加方法：在需要添加刚体的物体对象 Inspector 窗口最下方单击 Add Component 按钮，搜索 Rigidbody 组件，将其添加即可（所有组件皆可用此方法进行添加）。刚体组件属性面板如图 4-43 所示，在此面板中可以设置刚体的相关参数，包括重力、阻力、角阻力、差值、碰撞检测和约束等。

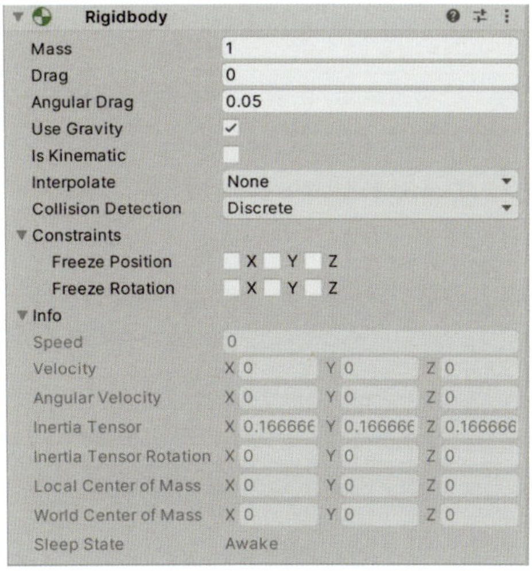

图 4-43　刚体组件属性面板

刚体组件属性参数介绍见表 4-9。

表 4-9　刚体组件属性参数解析

名称	属性
Mass	质量
Drag	阻力
Angular Drag	角阻力
Use Gravity	是否启用重力
Is Kinematic	是否开启力学
Interpolate	插值。None：无插值；Interpolate：内插值；Extrapolate：外插值
Collision Detection	碰撞检测。Discrete：默认选项；Continuous：连续碰撞检测；Continuous Dynamic：连续动态检测模式
Constraints	约束。Freeze Position：冻结位置或某个轴；Freeze Rotation：冻结向某个方向旋转的轴

在有些情况下，需要物体对象具有刚体属性，但刚体的运动不能受物理引擎控制，如，

想直接从脚本代码控制角色，但仍允许触发器检测角色。脚本产生的这种非物理运动称为运动学。如果勾选面板中的 is Kinematic 复选框，物体就不会受到碰撞、力或物理系统任何其他部分的影响，这就意味着，它只受 transform 组件的影响，不会与其他模型物体发生物理反应，但可以通过脚本来控制其以运动学方式来移动。

4.4.2 碰撞体

碰撞体（Collider）是一种必须与刚体一起添加才会实现碰撞的组件，它可以定义物体对象的物理碰撞形状。碰撞形状在编辑时可见，在程序运行时不可见，故可以用它来创建玻璃阻挡的效果。其形状网格不需要与游戏对象的网格完全重叠，粗略近似即可。

3D 环境下，处理器压力最小的碰撞体是盒型碰撞体（Box Collider）、球形碰撞体（Sphere Collider）和胶囊碰撞体（Capsule Collider），这 3 种碰撞体被称为“原始碰撞体”。2D 环境下，一般使用 2D 盒型碰撞体（Box Collider 2D）和 2D 圆形碰撞体（Sphere Collider 2D）。正常情况下，真实物理环境下没有单一的碰撞效果。开发者在开发内容时需将多个上述任意碰撞体添加到单个游戏对象以创建复合碰撞效果，使游戏或内容更加接近真实物理世界的效果。

Unity 中默认的 3D Object，如 Cube 和 Sphere，都带有默认的 Collider。如遇到物体对象没有碰撞组件的，添加方法与刚体一致：在需要添加刚体的物体对象 Inspector 窗口最下方单击 Add Component 按钮，搜索 Collider 组件将其添加即可。有 2D 后缀的为在 2D 环境下使用，没 2D 后缀的即默认为在 3D 环境下使用，如图 4-44 所示。碰撞组件对应的属性面板如图 4-45 所示，Scene 窗口中绿色框即为碰撞器的外形。单击 Edit Collider 后的链接按钮，再单击外框中心的小点，即可随意编辑碰撞器的外形。

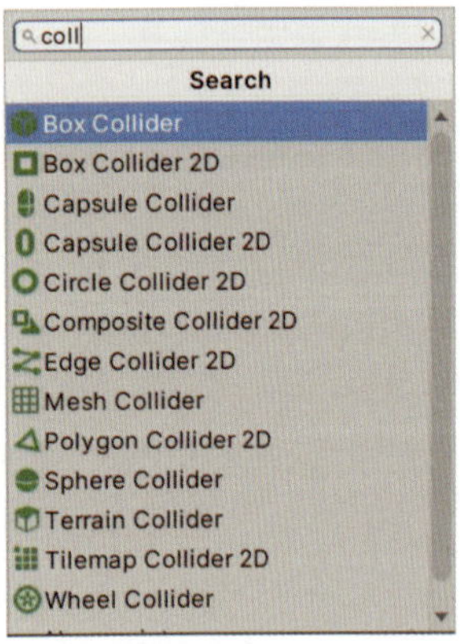

图 4-44　添加碰撞组件

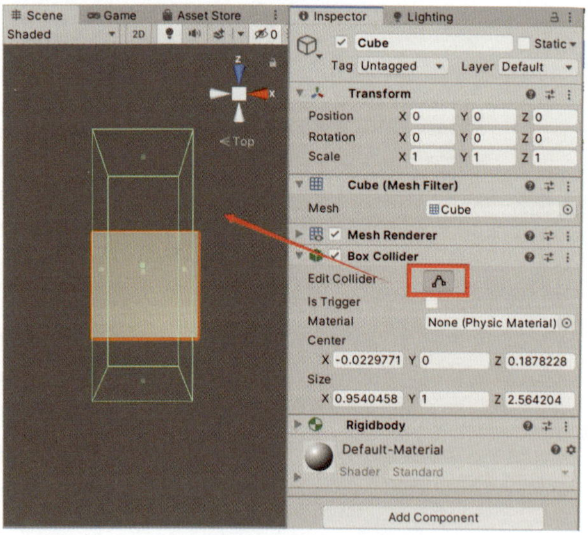

图 4-45　碰撞组件属性面板

但在特殊应用下，即使添加了复合碰撞器也无法进行精准匹配。这时若在 3D 环境中，需要使用网格碰撞器（Mesh colliders）精确匹配物体对象网格的形状。如果在 2D 环境下，2D 多边形碰撞体无法完美匹配精灵图形的形状，那么可以将形状细化到所需的任何细节级别。

网格碰撞器比原始碰撞器对处理器的消耗更大，因此为了保持良好的性能需谨慎使用。此外需要特别注意，网格碰撞器遇到另一个网格碰撞器碰撞不会发生任何碰撞反应，但可以通过在 Inspector 窗口中将网格碰撞体标记为 Convex 来解决此问题。

4.4.3 关节

关节组件属于物理系统中的一部分，用于模拟物体与物体之间的一种连接关系，即将刚体连接到另一个刚体或空间中的固定点。关节必须依赖于刚体组件才能实现它的功能，刚体通过向关节施加力使其移动。反之，关节的限制功能又可以限制刚体的移动。

Unity 引擎中的关节一共分为 5 类：Hinge Joint（链条关节），Fixed Joint（固定关节），Spring Joint（弹簧关节），Character Joint（角色关节）和 Configurable Joint（可配置关节）。通过菜单命令 Component → Physics 选择任意一种关节组件，即可完成关节组件的添加。不同的关节对刚体组件施加不同的力和限制，从而使这些刚体具有不同的运动。关节功能解析见表 4-10。

表 4-10 关节功能解析

属性	功能
Character Joint	角色关节，可以模拟角色的骨骼关节，可实现所有角度自由，即连接到该模块的刚体可从共享原点围绕每个轴进行定向转动
Configurable Joint	可配置关节，可以模拟任意关节的效果。配置此关节可以任何自由度驱动和限制刚体的移动
Fixed Joint	固定关节，将两个物体永远以相对的位置固定在一起，即使发生物理改变，它们之间的相对位置也不变
Hinge Joint	链条关节，将两个物体以链条的形式绑在一起，当力量大于链条的固定力矩时，两个物体就会产生相互的拉力
Spring Joint	弹簧关节，将两个物体以弹簧的形式绑定在一起，挤压它们会得到向外的力，拉伸它们将得到向内的力

4.4.4 物理材质

当碰撞体相互作用时，物体的表面需要模拟所代表的材质的属性。如：一块冰应是光滑的，而橡胶球则应该有较大的摩擦力并且弹性很好。唯一的缺陷是，碰撞时碰撞体的形态不会变形。使用 Physics Materials（物理材质）配置碰撞体的摩擦力和弹力，可以模拟其材质的物理特征，但可能需要进行多次试验和纠错后才能获得正确参数。如冰材质的摩擦力几乎为零（或非常低的），橡胶材质则具有高的摩擦力和近乎完美的弹性。

4.4.5 触发器

在 Unity 中，可以使用脚本系统中的 OnCollisionEnter 函数来检测碰撞并启动触发后的操作。但使用触发器的 Is Trigger 属性可以将碰撞体表现为非实体对象，当检测到碰撞体进入另一个对象的空间时，触发器调用该对象脚本上的 OnTriggerEnter 函数允许其穿过，不发生碰撞。

可以在脚本中添加特定名称的函数，并可以在这些函数上放置任何代码，当发生碰撞时，物理引擎会调用附加在相关对象上的所有脚本来响应碰撞事件。如，当玩家看见兵刃相见时，可以播放刀剑相击的音效。

调用脚本碰撞函数的顺序：当检测到物理更新中的第一个碰撞时，调用 OnCollisionEnter() 函数；在碰撞正在发生时，调用 OnCollisionStay() 函数；当最后调用 OnCollisionExit() 函数时，碰撞将终止。触发碰撞体会调用模拟的 OnTriggerEnter、OnTriggerStay 和 OnTriggerExit 函数，以上是在 3D 环境。当在 2D 环境时，在对应的函数名称后加上 2D 后缀的等效函数即可，如：OnCollisionEnter2D()。

当需要制作非触发碰撞时，必须要设置其中至少有一个对象具有非运动刚体属性（取消勾选 Is Kinematic 复选框）。如果两个对象都是运动刚体，则不会调用 OnCollisionEnter() 函数。如果是触发碰撞，那么此限制就不适用，运动和非运动刚体都会在进入触发碰撞体时提示调用 OnTriggerEnter() 函数。

碰撞体彼此之间的相互作用也会因为刚体组件的配置不同而不同。有三个非常重要的配置，分别是 Static Collider（静态碰撞体）、Rigidbody Collider（刚体碰撞体）和 Kinematic Rigidbody Collider（运动刚体碰撞体）。

（1）静态碰撞体，指具有碰撞体但没有刚体的游戏对象，其始终停留在同一个地方，不可移动。静态碰撞体常用于表示不可移动的关卡、房屋、地面等几何体，当其他刚体对象靠近时，将与静态碰撞体发生碰撞，但不会移动静态碰撞体。在游戏运行过程中不可启停、移动或缩放静态碰撞体。如果更改静态碰撞体，物理引擎会进行额外的内部重新计算，从而导致设备性能大幅下降。

（2）刚体碰撞体，指同时附加了碰撞体和普通非运动刚体的游戏对象，可通过脚本的函数或变量控制的碰撞和力来模拟物理效果。刚体碰撞体是使用物理组件的游戏或内容中最常用的碰撞体配置，可与包括静态碰撞体在内的其他对象发生碰撞。

（3）运动刚体碰撞体，指同时附加了碰撞体和运动刚体（勾选 Is Kinematic 复选框）的物体对象。可通过脚本改变对象的变换组件来移动运动刚体对象，但它不会响应碰撞和力的作用。运动刚体碰撞体不适用偶尔被移动或启停的对象，如移门，这时对象近似静态碰撞体。运动刚体碰撞体与静态碰撞体有些不同，就是移动中的运动刚体会与其他对象产生摩擦力，并在双方接触时激活其他刚体。即使在不动的状态下，运动刚体碰撞体也会对静态碰撞体产生影响。通过设置 Is Kinematic 属性，可使刚体组件在正常和运动行为之间切换。

如，角色四肢通常在动画下是按规律运动的，但在发生爆炸或猛烈碰撞时四肢会被抛出。它的实现方法很简单，就是给角色的四肢赋予各自的刚体组件，并默认启用 Is Kinematic。在正常情况下，肢体通过动画正常运动，当发生爆炸或受到撞击时，用脚本控制所有肢体全部取消勾选 Is Kinematic，然后它们将立即恢复物理属性，肢体会因为受到不同力的作用而各自“飞”出去，使肢体有符合真实物理效果的抛出感。

4.4.6 触发器和碰撞器的区别

1. 触发器

（1）只需要在监视面板中的碰撞器组件中勾选 Is Trigger 复选框即可启用触发效果，

如图 4-46 所示。

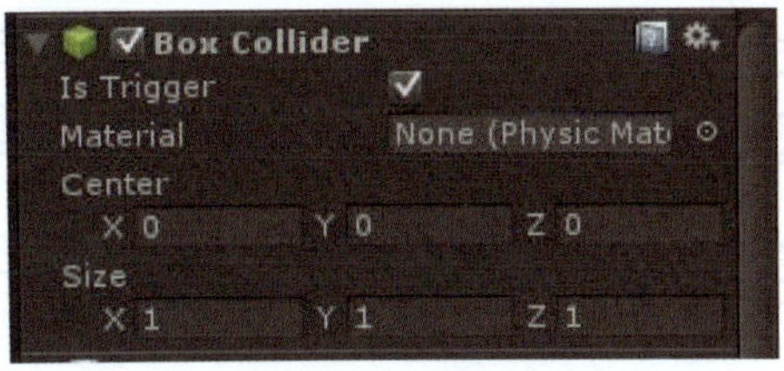

图 4-46　启用触发器效果

（2）触发器碰撞信息检测的 3 种状态如下：

1）MonoBehaviour.OnTriggerEnter(Collider collider)，进入触发器。

2）MonoBehaviour.OnTriggerExit(Collider collider)，退出触发。

3）MonoBehaviour.OnTriggerStay(Collider collider)，逗留触发器。

（3）碰撞器是触发器的载体，触发器只是碰撞器身上的一个属性。当两个物体的 Is Trigger=false（没有勾选 is Trigger 复选框）时，两个物体碰到一起会产生碰撞效果；如果其中一个物体的 Is Trigger=true（勾选 is Trigger 复选框）时，碰撞器会被物理引擎忽略（即穿过那个物体），不会产生碰撞效果。可以使用 C# 脚本调用 OnTriggerEnter/Stay/Exit 函数来实现对应的状态。

（4）如果既要检测到物体的接触，又不想让碰撞检测影响物体的活动状态，或者要检测一个物体是否经过某个区域（穿过某个物体）时，可以使用触发器来实现。

2. 碰撞器

（1）碰撞器包含很多种类，如：Box Collider（盒碰撞体），Mesh Collider（网格碰撞体）等。这些碰撞器应用的场合不同，但都必须加到 GameObjecet 上才能执行。

（2）碰撞触发信息检测一般有以下 3 种状态：

1）MonoBehaviour.OnCollisionEnter(Collision collision)，进入碰撞器。

2）MonoBehaviour.OnCollisionExit(Collision collision)，退出碰撞器。

3）MonoBehaviour.OnCollisionStay(Collision collision)，逗留碰撞器。

（3）当 Is Trigger=false 时，碰撞器会根据物理引擎引发碰撞，并产生碰撞的效果，可以用 C# 脚本调用 OnCollisionEnter/Stay/Exit 函数来实现对应的状态。

3. 发生碰撞的条件

碰撞体是物理组件的一类，在 Unity 3D 中，它要与刚体一起添加到游戏对象上才能触发碰撞。即两个物体相互撞在一起，只有当两个对象身上都有 Collider 组件时，物理引擎才会计算碰撞。物体发生碰撞需要一定的条件：首先，两个物体都必须带有碰撞器（Collider 组件）；其次，其中一个物体还必须带有刚体属性（Rigidbody 组件）。

4. 检测碰撞发生的方式

检测碰撞发生的方式有两种：一种是利用碰撞器，一种则是利用触发器。两个物体相接触执行 OnTriggerEnter 和 OnCollisionEnter 命令的区别如下所述。

（1）触发器执行命令通过以下代码完成：

```
void OnTriggerEnter(Collider collider)
{
   // 进入触发器执行的代码
}
```

（2）碰撞器执行命令通过以下代码完成：

```
void OnCollisionEnter(Collision collision)
{
   // 进入碰撞器执行的代码
}
```

4.4.7 角色控制器

在游戏或其他行业应用的虚拟现实内容中，人物角色是必不可少的。人物角色通常需要一些碰撞的物理效果，这样角色就不会踏穿地板或穿过物体。在 3D 环境下，通常使用角色控制器来创建和控制角色的行为。角色正常需要一直保持直立状态，所以一般使用简单胶囊碰撞体来进行模拟，然后用脚本来控制角色对象的速度和方向。与真正的碰撞体不同，它不添加刚体、不会被碰撞加速，可以在移动时将刚体对象推动或推倒，但无法穿过场景中的静态碰撞体。不太真实的是加速、移动以及扭转方向会在瞬间完成。

基于碰撞器的特征和功能，开发者可以使用标准 3D 碰撞体来创建角色控制器，通过脚本控制其在场景中漫游。

【应用案例】

刚体　　碰撞体

4.5 UI 交互界面

【学习目标】

通过本小节的学习，了解 Unity 中图形用户界面系统及各控件的功能，熟悉 UGUI 的布局与管理，掌握各控件的使用方法，能熟练应用图形用户界面的各控件制作各种用户交互界面。

【知识要点】

无论是游戏还是应用于各行业行的虚拟现实内容，交互功能不可或缺。可通过按钮、复选框、图片、滚动条以及文字的有效搭配，配合适当的代码，实现精美且便于操作的图形用户界面。较好的交互设计一般要基于用户体验来进行开发，它可以让用户在使用时更舒适、操作更明了并更自由，也可以让开发的内容更富有个性，形成特有的风格，更适合对应的目标群体。

实现交互一般有以下几种方式：界面交互、按键交互、声音交互和体式交互等。对于任何内容，界面交互是必不可少的。如：登录、退出等是最基本的交互。UI 即 User Interface（用户界面）的简称，泛指用户的操作界面。UI 设计主要指界面的样式及美观程度，而 UI 交互开发可能需要用代码来辅助实现一些功能。

在 Unity 中，界面交互分为 GUI 和 UGUI 两种。UGUI 图形用户界面系统是官方 4.6 版本以后新增的图形用户界面系统，较之前的 GUI 系统有了很大的提升。可视化操作，基本的交互功能均可以直接完成，无需编程，更便捷、更省心。一些个性化的交互功能也可以通过代码的形式来进行自定义开发。而较早版本里用的 GUI 图形用户界面系统，操作界面较少，很多时候需要开发人员通过代码来实现控件的摆放以及功能的修改。

Unity 自带 UI（用户界面）工具包用于创建 UI，具体如下：

（1）UIElements（用户界面元素），即 UI 工具包，用于在 Unity Editor 中开发用户界面。UIElements 基于 Web 技术，支持样式表、动态和上下文事件处理及数据持久性。但是当前 UIElements 仍处于开发阶段，在未来的版本里，它有望成为游戏开发和 Unity Editor UI 开发的推荐 UI 工具包。

（2）Unity UI（Unity 用户界面）。Unity UI 是 Unity 内的 UI 系统，用于快速、直观地创建游戏内用户界面。它可以使用组件和 Game 视图对用户界面进行可视化排列、定位和样式设置，通过使用包括面板和按钮在内的几个组件就可以为应用程序创建一个基本的主菜单，非常方便。

（3）IMGUI（“即时模式” GUI 系统）。IMGUI 是一个代码驱动的 UI 工具包，是一个完全独立的功能系统，不同于 Unity 基于游戏对象的主 UI 系统，它主要使用函数来绘制和管理其用户界面，需要调用 OnGUI() 函数。即时模式 GUI 系统常用于创建游戏内调试显示和工具、为脚本组件创建自定义监视面板、创建新的编辑器窗口和工具以扩展 Unity 本身。由于不可视化、不便捷且需要写代码，代码生成的按钮也非常普通，所以不是构建游戏或应用程序 UI 的最佳选择。

本小节以介绍 Unity UI 为主。

4.5.1 画布

对于 Unity 而言，画布（Canvas）也是一种游戏对象，只是它用于承载所有的 UI 元素，所有的 UI 元素（UI 组件）都必须是画布的子项。图 4-47 所示为 UI 界面。

UI 组件可使用菜单命令或通过 Hierarchy 窗口左上角的 + 图标下拉菜单里的 UI 展开项来创建。无论你创建的是什么组件，系统都会自动为你添加画布组件，并把你新创建的组件放在画布组件的下面作为子物体。如当您单击菜单项 GameObject → UI → Image 时，系统会自动创建画布，也可以主动创建一张画布，再创建其他组件。一般情况下，所有的 UI 组件用一个画布就足够了，但场景中可以同时有多个画布，有些时候为了实现项目需求和优化，还可以使用嵌套的画布，使一个画布作为另一个画布的子项存在，嵌套的画布使用与其父项相同的渲染模式。

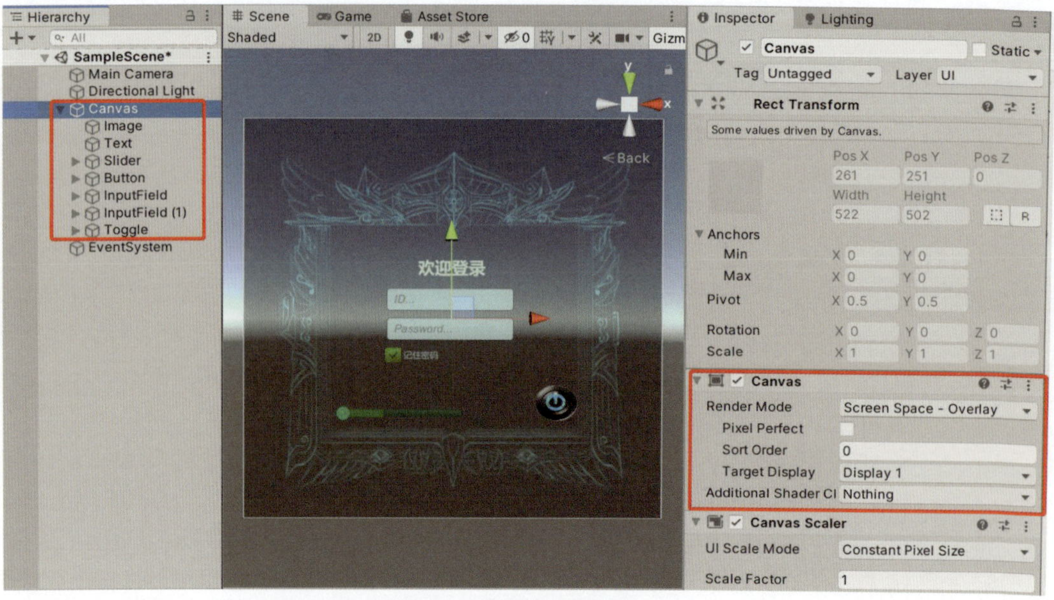

图 4-47　UI 界面

画布区域始终以二维矩形显示在 Scene 视图中，下面的 UI 子元素按其在 Hierarchy 窗口中的上下顺序在程序运行时显示，第一个子项显示在最底层，最下面的子项显示在最顶层，但此顺序也可以调整。如要更改画布的样式或底色，可在第一个子项添加 Image（图像），也可以在添加完后拖至第一个子项处，将其显示为底层，然后在 Inspector 窗口的 Source Image 选项选择您需要更换的图片即可。此外，还可以通过脚本 SetAsFirstSibling() 函数、SetAsLastSibling() 函数 和 SetSiblingIndex() 函数来控制显示顺序。

画布虽是 2D 的，但其仍具有渲染（Render Mode）功能，可在屏幕空间或世界空间中进行渲染，不同的渲染模式有不同的应用，具体如下（详见表 4-11）：

（1）在 Inspector 窗口下设置 Canvas 的 Render Mode 为 Screen Space - Overlay 模式，即将所有 UI 控件放在整个场景之上的屏幕上进行渲染，如果调整屏幕大小或更改分辨率，则画布将自动更改大小来适应此情况；

（2）在 Inspector 窗口下设置 Canvas 的 Render Mode 为 Screen Space - Camera 模式，其与 Screen Space - Overlay 模式非常类似，画布放置在制定摄像机的最前面，从视觉上来看也就是在整个场景的最上面，如果调整屏幕大小、更改分辨率或摄像机视锥体发生改变，画布也会自适应来调整其大小。但不一样的是，此渲染模式下的 UI 元素是由摄像机来渲染，即摄像机的设置会影响 UI 的外观，如果摄像机设置为正交视图，则 UI 元素将以透视图模式渲染，摄像机的视野决定了透视失真量。

（3）在 Inspector 窗口下设置 Canvas 的 Render Mode 为 World Space 模式，画布将与场景中的其他对象具有相同的属性，类似于 Plan（面片），成为了场景中的一部分。其大小可通过 Scale Tool（比例调整工具）进行手动调整或通过 Hierarchy 窗口中的 Rect

Transform 参数进行设置。UI 元素也可以在场景中进行 3D 位置调整和渲染。此模式可用于游戏或内容中的事件触发的实时提示面板。

表 4-11　Canvas 对应的属性解析

属性	功能
Render Mode	UI 在屏幕上或作为 3D 空间对象进行渲染的方式，可供选择的有 3 种：Screen Space - Overlay、Screen Space - Camera 和 World Space
Pixel Perfect	是否无锯齿精确渲染 UI（仅限 Screen Space 模式）
Render Camera	将 UI 渲染到哪个摄像机（仅限 Screen Space - Camera 模式）
Plane Distance	UI 平面在摄像机前方的距离（仅限 Screen Space - Camera 模式）
Event Camera	用于处理 UI 事件的摄像机（仅限 World Space 模式）
Receives Events	此画布是否处理 UI 事件

4.5.2　可视组件

1. Text（文本）

文本组件也称为标签（Label），添加后可以在文本区域输入需要显示的文本，并有选择字体、样式、大小、对齐方式、水平和垂直溢出设置，以及是否支持富文本等功能。

2. Image（图像）

图像具有 Rect Transfor（矩形变换组件）和 Image（图像组件）。可在图像组件的 Source Image 选项框中选择其他 2D 精灵应用于图像组件，并可在 Color 选项中设置不同的颜色。此外，还可以为图像添加材质应用于图像组件。Image Type 选项可以定义所选精灵的显示方式，提供的选项包括：

（1）Simple：均匀缩放整个精灵。

（2）Sliced：使用 3×3 精灵分区，调整大小时仅从中心进行拉伸，不会扭曲角点。

（3）Tiled：类似于 Sliced（切片），当对图像进行拉伸时，会对中心部分进行复制平铺，而不是直接拉伸；对于没有边框的精灵，拉大时整个精灵是连续平铺的。

（4）Filled：与 Simple 模式有相同的显示方式，但不同之处是它定义的方向、方法和数量从原点开始填充精灵。

在 Simple 和 Filled 模式下单击 Set Native Size 选项会将图像重置为原始精灵大小。新的 Unity 版本里新增了精灵编辑功能，可以调整精灵的大小、边界等。执行 Window → Package Manager 命令，搜索 Sprite，选择检索出的精灵插件安装即可。编辑窗口如图 4-48 所示。

3. Raw Image（原始图像）

Image 组件要求其纹理为必须为精灵形式，Raw Image 可以接受任何纹理，它显示为非交互式图像，一般在必要时才使用原始图像，比如装饰、图标、小地图或使用 WWW 类显示从 URL 下载的图像等。此外，还可以通过脚本来更改图像以便反映其他控件的更改，但大多数情况都适合使用 Image。Raw Image 属性面板如图 4-49 所示。Raw Image 属性解析见表 4-12。

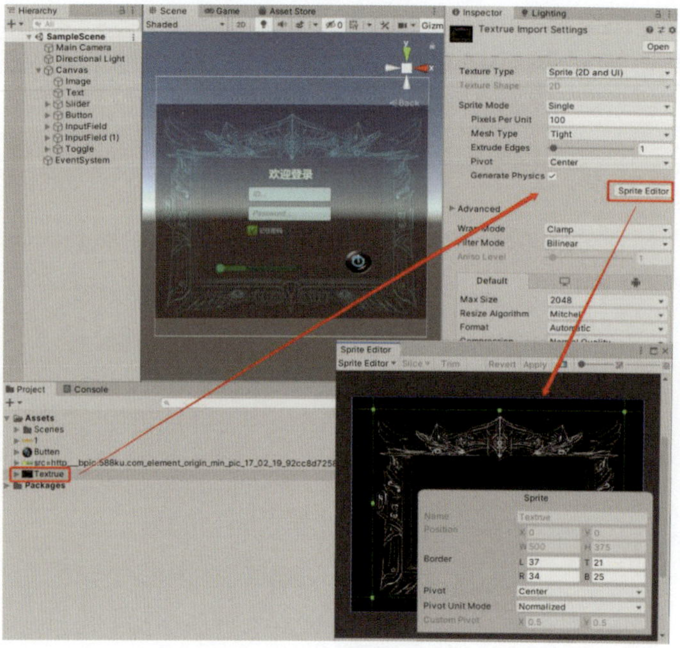

图 4-48　精灵编辑器

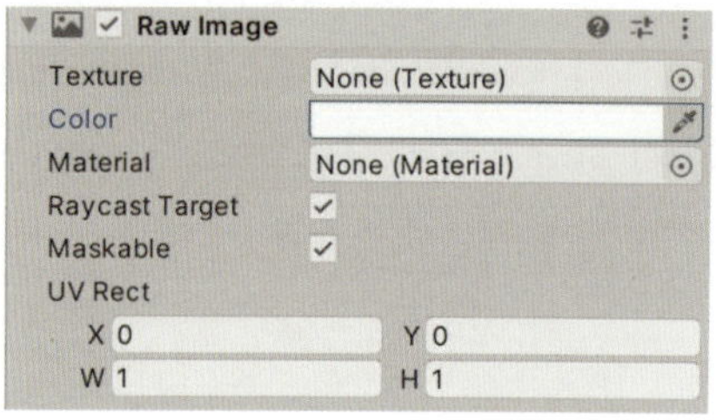

图 4-49　Raw Image 属性面板

表 4-12　Raw Image 属性解析

属性	功能
Texture	表示要显示的图像的纹理
Color	应用于图像的颜色
Material	用于渲染图像的材质
Raycast Target	如果要将图像视为射线投射的目标，必须启用此属性
UV Rectangle	图像在控件矩形内的偏移和大小，用标准化坐标（范围为 0.0 ～ 1.0）来表示。图像边缘将拉伸以填充 UV 矩形周围的空间

4. Mask（遮罩）

Mask 不是可见的 UI 控件，而是一种可以修改控件子元素外观的方法。遮罩即将子元素的外形限制（即“掩盖”）为父元素的形状，如果子项比父项大，则子项仅包含在父项以内的部分才可见。其常见的用法：通过 GameObject → Create UI → Panel 命令创建面板对象作为“框架”，将图像设置为面板对象的子项，调整图像需要显示的区域，将其放置在面板区域的后面，然后将遮罩组件添加到面板，这样面板外面的子图像区域将变得不可见，因为这些区域被面板的形状所掩盖。

4.5.3 交互组件

UI 系统中的交互组件可用于人机交互，如：鼠标单击、触碰事件、按键或控制器等进行的交互。交互组件本身不可见，必须与一个或多个可视组件组合才能正常工作，它们具有共享的内置功能，可用于对状态（正常、突出显示、按下、禁用）之间的过渡进行可视化，也可用于通过键盘或控制器导航到其他可选择的组件。

交互组件必须要有一个 UnityEvent（Unity 事件），UI 系统会捕获并记录组件从附加到 UnityEvent 的代码发出的任何变动信息，用户通过调用该事件才能与该组件进行交互。

1. Button（按钮）

Button 是典型的交互式按钮。按钮控件可用于启动或确认操作，以响应用户的交互需求。每个按钮至少要挂起一个 OnClick UnityEvent，用于定义单击按钮时执行的指令，如图 4-50 所示，无论按下鼠标键多久，事件均只响应一次。单击后，按键事件会立即响应。按钮属性解析见表 4-13。

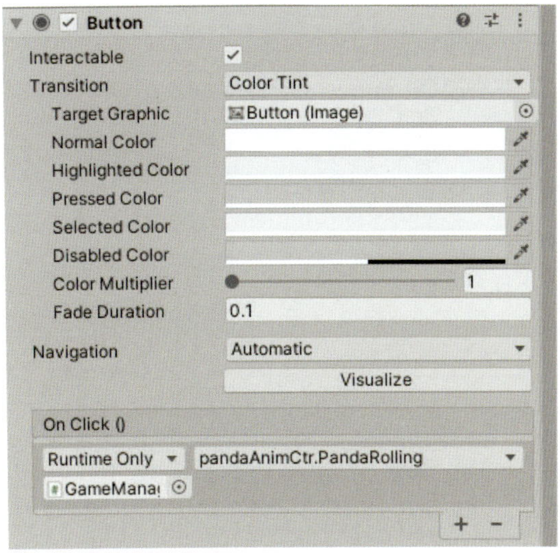

图 4-50 按钮属性面板

表 4-13 按钮属性解析

属性	功能
Interactable	勾选 Interactable 复选框，此按钮可接受输入
Transition	设置对用户操作进行可视化响应的方式
Navigation	确定控件顺序
On Click	用户单击按钮（松开鼠标按键）后 Unity 调用的 UnityEvent

按钮事件的典型功能：确认某项决定、调转到 UI 中的子菜单中、结束正在进行的操作等。

2. Toggle（开关）

Toggle 控件可以创建具有持久开 / 关状态的复选框。开关属性面板如图 4-51 所示。勾选相应复选框可通过更改 true/false 的布尔值状态以打开或关闭某个选项的功能，一般结合脚本使用。简单的示例如下：

```
using UnityEngine;
using System.Collections;
public class GUITest : MonoBehaviour
{
    private bool toggleBool = true;

    void OnGUI ()
    {
        toggleBool = GUI.Toggle (new Rect (25, 25, 100, 30), toggleBool, "Toggle");
    }
}
```

示例解析：为了捕获复选框的交互性，必须指定布尔值来接受 Toggle 函数的返回值。

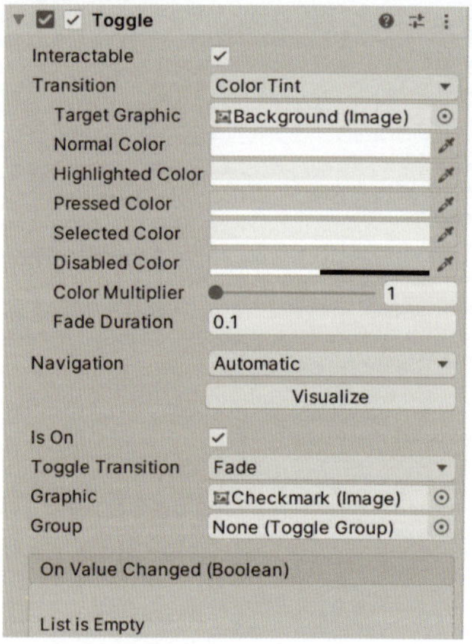

图 4-51　开关属性面板

3. Slider（滑动条）

滑动条控件是以拖动来更改目标值的控件。它附有十进制数值，用户通过拖动鼠标从预定范围中的最小值和最大值之间进行数值选择。滑动条默认是从左向右滑动以增加数值，也可以将滑动条设置为垂直增加，可以使用属性面板中的 Direction 属性来改变其设置，可将其设置为 Left To Right 或 Top To Bottom。图 4-52 所示为 Slider 属性面板。Slider 属性解析见表 4-14。

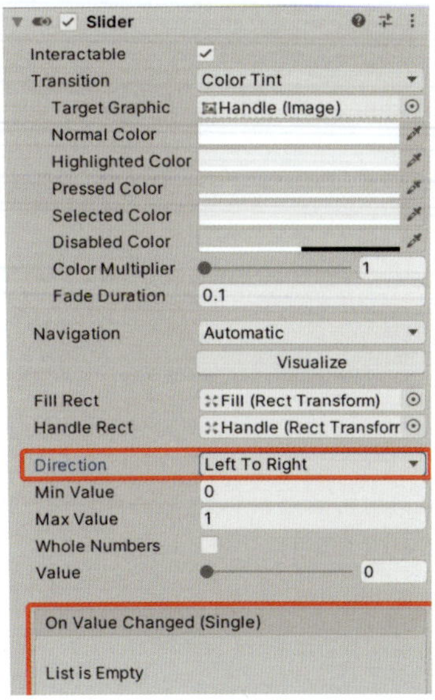

图 4-52　Slider 属性面板

表 4-14　Slider 属性解析

属性	功能
Interactable	确定此控件是否接受输入
Transition	确定控件以何种方式对用户操作进行可视化响应
Navigation	确定控件顺序
Fill Rect	用于控件填充区域的图形
Handle Rect	用于控件滑动“控制柄”部分的图形
Direction	拖动控制柄时滑动条值增加的方向。选项包括 Left To Right、Right To Left、Bottom To Top 和 Top To Bottom
Min Value	控制柄处于极下端（由 Direction 属性确定）时的滑动条值
Max Value	控制柄处于极上端（由 Direction 属性确定）时的滑动条值
Whole Numbers	是否应该将滑动条约束为整数值
Value	滑动条的当前数值。如果在 Inspector 中设置了该值，则该值将用作初始值，但是当该值变化时，运行时的值也将变化
On Value Changed	滑动条的当前值变化时调用 UnityEvent。该事件可将当前值作为 float 类型进行动态参数发送。无论是否已启用 Whole Numbers 属性，该值都将作为 float 类型传递

跟 Button 一样，Slider 有一个 OnValueChanged UnityEven（交互事件），当用户拖动控制柄时，当前数值会作为 float 参数传递给函数然后响应。其主要应用于：选择游戏难度，设置光源亮度，设置距离，设置大小、时间或角度等。

4. Scrollbar（滚动条）

Scrollbar 是 Unity 中另一种滚动条控件，它不是用来选择数值的，而是用于滚动以改变目标比例的控件，如游戏中的难度设置和图像编辑器中的亮度设置等。它具有一个介于 0 和 1 之间的 Size（值），用来表示控制柄所对应的比例值。它通常与滚动矩形（Scroll Rect）和遮罩（Mask）一起使用，当用户拖动滚动条时，该值将相应变化，以滚动视图中可见的内容比例。Scrollbar 属性解析见表 4-15。

表 4-15　Scrollbar 属性解析

属性	功能
Interactable	确定此控件是否接受输入
Transition	确定控件以何种方式对用户操作进行可视化响应
Navigation	确定控件顺序
Handle Rect	用于控件滑动“控制柄”部分的图形
Direction	拖动控制柄时滚动条值增加的方向。选项包括 Left To Right、Right To Left、Bottom To Top 和 Top To Bottom
Value	滚动条的初始位置值，范围为 0.0 ～ 1.0
Size	控制柄在滚动条内的比例大小，范围为 0.0 ～ 1.0
Number Of Steps	滚动条允许的不同滚动位置的数量
On Value Changed	滚动条的当前值发生变化时调用 UnityEvent，该事件可将值作为 float 类型动态发送

滚动条的值由控制柄所在位置决定，默认从左到右滚动条的最左端值为 0，最右端值为 1，中间点为 1/2（即值为 0.5）。控制柄在滑动条上所在的位置表示为两个端点之间的分数值。和 Slider 一样，通过将 Direction 属性设置为 Left To Right 或 Top To Bottom，即可调整水平方向或垂直方向。Scrollbar 属性面板如图 4-53 所示。

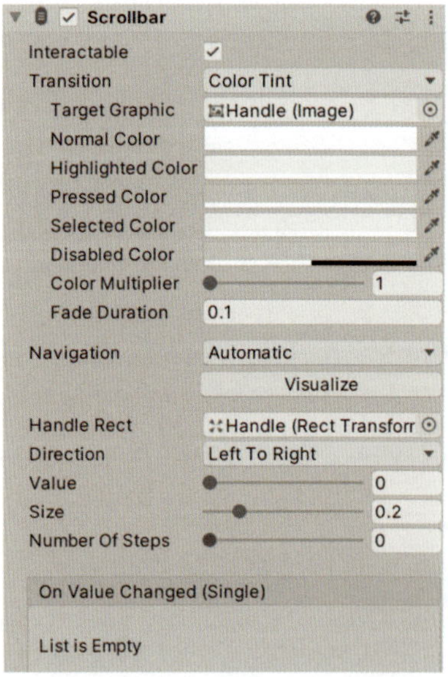

图 4-53　Scrollbar 属性面板

Scrollbar 有一个和 Slider 一样的 OnValueChanged UnityEvent（交互事件），当用户拖动控制柄时，控制柄所对应的 float 值会传递给事件函数，以执行相应的操作指令。Scrollbar 和类似的 Slider 控件之间的最主要的区别是，Scrollbar 可以随意调整控制柄的长短以适应界面的大小，即界面大小决定了滚动条的滑动距离，如在小用户界面里，Scrollbar 只能在很短的距离内滚动，控制柄将占用大部分滚动条的比例。

Scrollbar 的主要功能：垂直滚动一段文字、水平滚动时间轴，或成对使用在水平和垂直方向用于滚动大型图像以查看缩放的部分。

5. Dropdown（下拉选单）

下拉选单是一个可供选择的选项列表，每个选项均可在 Inspector 中进行文本和图像样式的修改和指定，也可从代码中进行动态设置。它的选项索引以整数值形式传递，0 代表第一个选项，1 代表第二个，依次类推。用户通过单击下拉键以选择列表中所需的选项。Dropdown 属性面板如图 4-54 所示。Dropdown 属性解析见表 4-16。

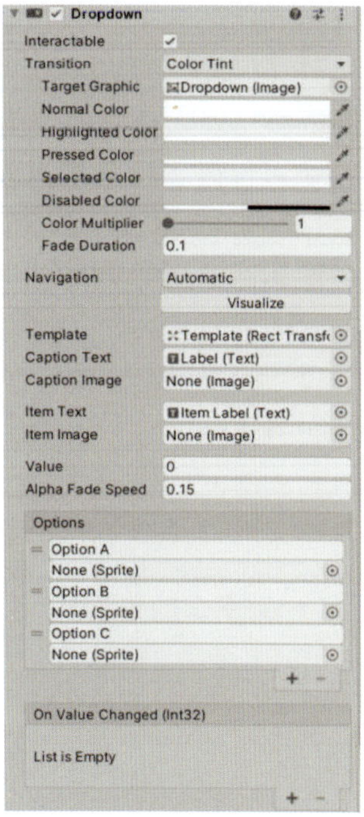

图 4-54　Dropdown 属性面板

表 4-16 Dropdown 属性解析

属性	功能
Interactable	确定此控件是否接受输入
Transition	确定控件以何种方式对用户操作进行可视化响应
Navigation	确定控件顺序
Template	下拉列表的模板的矩形变换
Caption Text	用于保存当前所选选项的文本的文本（Text）组件（可选）
Caption Image	用于保存当前所选选项的图像的图像（Image）组件（可选）
Item Text	用于保存列表项的文本的文本组件（可选）
Item Image	用于保存列表项的图像的图像组件（可选）
Value	当前所选选项的索引。0 代表第一个选项，1 代表第二个，依次类推
Options	可能选项的列表。可为每个选项指定一个文本字符串和一个图像
On Value Changed	用户单击了下拉列表中一个选项时调用对应的 UnityEvent

下拉选单有一个 OnValueChanged UnityEvent（交互事件）用于定义所选选项应执行的操作指令，即当用户选中列表中的某个选项时立刻响应。

在 Dropdown 下有一个子游戏对象，用于显示下拉列表的模板。此模板游戏对象在默认情况下处于非活动状态，但可以在编辑模板时将其激活，从而方便查看正在进行的状态，在下拉选单组件的 Template 属性中指定模板对象的引用。如果选项太多不能一次性显示，可通过 GameObject → UI → Dropdown 菜单命令设置一个滚动视图，用户可以通过滚动来显示其他选项。

6. Input Field（输入字段）

输入字段是文本输入控件，用于用户输入账号和密码等，常与脚本匹配使用。输入字段有一个 UnityEvent 用于定义当文本内容更改时将执行的操作指令。Input Field 属性面板如图 4-55 所示。Input Field 属性解析见表 4-17。

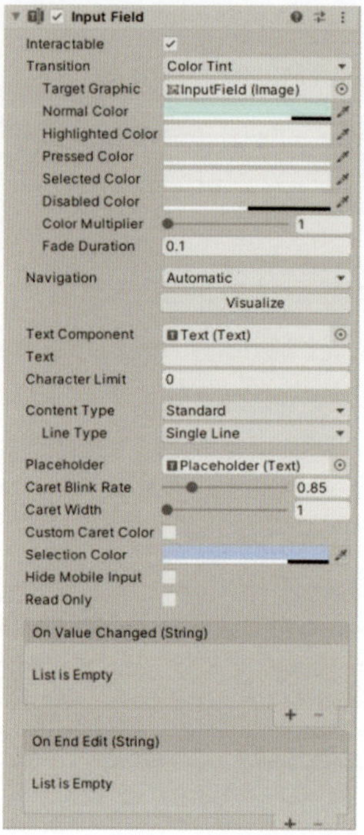

图 4-55　Input Field 属性面板

表 4-17　Input Field 属性解析

属性	功能
Interactable	一个用于确定输入字段是否可交互的布尔值
Transition	用于设置输入字段在正常、突出显示、按下或禁用时的转换方式
Navigation	决定控件的顺序
TextComponent	对用作输入字段内容的文本元素的引用
Text	起始值。开始编辑前置于字段中的初始文本
Character Limit	可在输入字段中输入的字符数的最大值
Content Type	定义输入字段接受的字符类型
Line Type	定义如何在文本字段中格式化文本
Placeholder	这是一个可选的“空”图形，用于表明输入字段不包含文本。请注意，即使选择了输入字段（即获得焦点），仍会显示此“空”图形，如“Enter text…”

续表

属性	功能
Caret Blink Rate	定义该行上的标记的闪烁速率（用于指示建议插入文本）
Selection Color	所选文本部分的背景颜色
Hide Mobile Input (iOS only)	隐藏连接到移动设备屏幕上键盘的本机输入字段。注意，这只适用于 iOS 设备
On Value Change	输入字段的文本内容发生变化时调用的 UnityEvent。该事件可将当前文本内容作为 string 类型动态参数发送
On End Edit	用户完成文本内容的编辑（通过提交操作或单击某个位置以将焦点移出输入字段）时调用的 UnityEvent。该事件可将当前文本内容作为 string 类型动态参数发送

7. Scroll Rect（滚动矩形）

Scroll Rect 也叫滚动视图，由视窗、滚动内容以及可选的一个或两个滚动条等主要元素组成。创建滚动矩形后，系统会在其根目录的子项上默认配置水平或垂直的 Scrollbar 组合控件，以实现翻页功能。Scroll Rect 组件下有遮罩组件，可以是根游戏对象，也可以是作为根的子项的单独游戏对象，如果使用自动隐藏的滚动条，则视窗必须是子项，这样就可以将大面积的内容控制在其区域内显示，实现滚动显示遮蔽的部分。一般在内容较多，无法一次性完全显示的时候使用该控件。Scroll Rect 属性面板如图 4-56 所示。

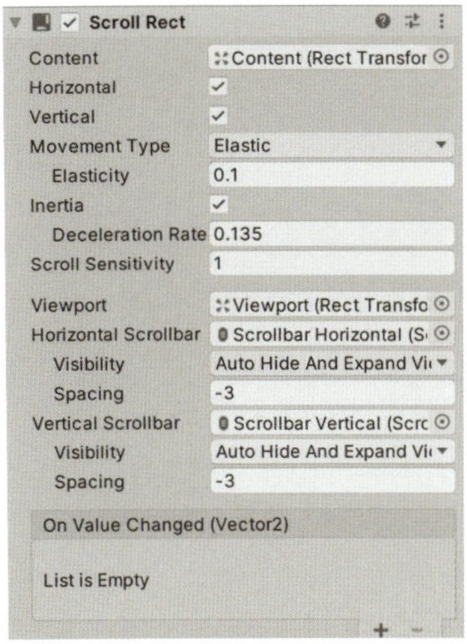

图 4-56　Scroll Rect 属性面板

Scroll Rect 属性解析见表 4-18。

表 4-18　Scroll Rect 属性解析

属性	功能
Content	对需要滚动的 UI 元素（例如大型图像）的矩形变换的引用
Horizontal	启用水平滚动

续表

属性	功能
Vertical	启用垂直滚动
Movement Type	可为 Unrestricted、Elastic 或 Clamped。使用 Elastic 或 Clamped 可强制内容保持在滚动矩形的边界内。Elastic 模式在内容到达滚动矩形边缘时弹回内容
Elasticity	弹性模式中使用的反弹量
Inertia	如果设置 Inertia，则拖动指针再松开时内容将继续移动。如果未设置 Inertia，则只有进行拖动时内容才移动
Deceleration Rate	设置 Inertia 的情况下，减速率（Deceleration Rate）决定了内容停止移动的速度。值为 0 将立即停止移动；值为 1 表示移动永不减速
Scroll Sensitivity	对滚轮和触控板滚动事件的敏感性
Viewport	对作为内容矩形变换父项的视窗矩形变换的引用
Horizontal Scrollbar	对水平滚动条元素的引用（可选）
Visibility	滚动条是否应在不需要时自动隐藏以及（可选）是否还展开视窗
Spacing	滚动条与视窗之间的空间
Vertical Scrollbar	对垂直滚动条元素的引用（可选）
Visibility	滚动条是否应在不需要时自动隐藏以及是否还展开视窗（可选）
Spacing	滚动条与视窗之间的空间
On Value Changed	滚动矩形的滚动位置发生变化时调用的 UnityEvent。该事件可将当前滚动位置作为 Vector2 类型动态参数发送

4.5.4 UI 界面自适应

在虚拟现实项目中不存在屏幕自适应的问题，但在移动端或不同电脑端，会因显示器分辨率不同而出现 UI 界面显示比例不合适的问题，表现为不同分辨率下，UI 会出现缺失或位置移动等现象。其解决方案有两个：一是当分辨率改变时，让画布进行特定的缩放，而不是死板地只让画布的宽、高与分辨率相同；二是让两个按钮维持原大小，且仍旧固定在屏幕相对的位置上。具体方法如下所述。

（1）为了在不同分辨率的显示器中正常显示 UI 界面，需要对 Canvas 进行设置：在 Canvas Scaler(Script) 面板的 UI Scale Mode 选项卡中选择 Scale With Screen Size（默认为 Constant Pixel Size），即根据实际屏幕的尺寸来自动调节画布缩放（Scale Factor），选择后设置一个参考尺寸，在下面的 Match 选项选择以高度还是宽度形成比例作为参考。

（2）UI 图像通过设置锚点位置形成局部 UI 的自适应。对左下角的按钮，设置锚点在左下角；对右上角按钮，设置锚点在右上角。物体的锚点设置如图 4-57 所示。

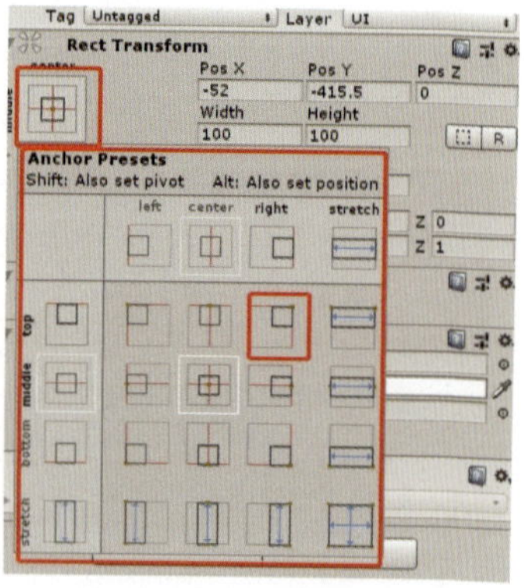

图 4-57 物体的锚点设置

还有一种办法是通过代码获取当前界面分辨率，将 UI 图像通过公式转化为单元格大小，然后通过九宫格扩展方式扩展至界面。

【应用案例】

界面美化　　UI 交互游戏开发　　UI 交互应用开发

4.6 动画系统

【学习目标】

通过本小节的学习，了解 Unity 动画系统的功能及特点、了解动画类型、熟悉动画工作流程，掌握如何正确导入和使用模型动画的方法，能熟练使用动画窗口和动画控制器，能独立创建、剪辑或编辑动画，熟悉动画创建、嫁接和状态机使用的方法，掌握重定向人形动画的方法，为后续的内容开发打好基础。

【知识要点】

4.6.1　动画系统的功能及特色

无论是游戏还是虚拟仿真内容，动画是必不可少的。Unity 具有一个丰富而复杂的动画系统，称为 Mecanim，主要承担模型动画剪辑、编辑、衔接和管理的任务。其功能和特色如下：

- 对所有元素提供动画创建、动画设置和动画控制功能。
- 对导入的模型进行动画剪辑、预览以及过渡。
- 人形动画重定向，即将动画从一个角色模型应用到另一角色模型上。
- 对齐动画剪辑，添加动画事件。
- 可视化编程，编辑和管理动画交互。
- 可进行分层和遮罩。

4.6.2　动画类型

Unity 里包括两种动画：一种是场景动画，即在 Unity 里制作的动画；另一种是骨骼动画，Unity 不具备骨骼动画制作功能，需要从 Maya 或者 3DMax 中制作并导入。

1. 场景动画

（1）在 Unity 场景中，任何可变的元素都可以通过关键帧来制作动画，如大小、位置、比例、旋转、颜色、形状等。

（2）场景中除了地形，其他物体均可作为动画对象。

（3）场景动画在 Unity 里通过 Animation 窗口创建关键帧制作而得。它有一定的缺陷，由于它由许多网格组成，所以需要保存更多的数据，和游戏环境交互较少，难于控制。

2. 骨骼动画

骨骼动画也叫角色动画，所谓角色动画，顾名思义就是设计角色、编辑动画，这个角色可以是人、动物和物体。骨骼动画也叫隐式动画，其动画数据和模型网格数据是分离的，动画文件保存的是每一帧骨骼的姿态，而非网格信息。运行时，通过骨骼结构以及每帧的骨架信息可以得到角色的姿态，利用骨骼和网格顶点的关系可以将模型按照这种姿态绘制出来。

相比场景动画，角色动画有一定的优势：它利用骨骼的特殊结构来保存角色姿态，只需要很少的数据量就可以表示角色的动画；它控制灵活、容易和环境交互；它可通过骨骼的动画来控制角色皮肤的表情，得到实时计算的姿态。

Unity 的动画系统具有处理人形角色的特殊功能，因为人形角色在游戏中非常常见，所以 Unity 为人形动画提供了专门的工作流程及扩展工具集。Unity 使用 Avatar 系统来识别特定动画模型是否为人形，以及模型的哪些部分对应于腿、手臂、头和躯干。由于不同人形角色之间骨骼结构的相似性，所以可将动画从一个人形角色映射到另一个角色，允许重定位和反向运动学（IK）。

4.6.3 动画工作流程

1. Meanim 系统的工作流程

Meanim 系统的工作流程主要分为以下 3 个阶段。

（1）资源准备和导入工作。游戏动画师利用 3DMax 或 Maya 等三维制作软件制作动画的细节，然后将模型和动画文件导出。

（2）在 Unity 3D 引擎编辑器中对角色模型进行配置。Mecanim 提供专门的工具对模型本身进行相关设置，为下一步动画的指定做准备。

（3）为模型角色指定动画，让其实现运动，包括设定动画剪辑和它们之间的交互，动画状态机和混合树的设定，利用代码控制动画等。

2. 导入模型动画

模型动画一般分为两种，一种是人形动画，另一种是非人形动画。

（1）人形动画。人形（Humanoid）模型是一种非常特别的结构，至少包含 15 种骨骼，这些骨骼的组织方式与实际人体骨架大致相符。当 Unity 导入包含人形骨架动画的模型文件时，需要将模型的骨骼结构与其动画进行协调，系统会将文件中的每个骨骼映射到人形 Avatar（动画）上（图 4-58）。在 Project 窗口选中导入的模型，然后在 Inspector 窗口的 Rig 选项卡中将 Animation Type 设置为 Humanoid，Avatar Definition 属性会默认设置为 Create From This Model，并勾选 Animation 选项卡中的 Import Animation 复选框，这样游戏角色动画才能正常播放。

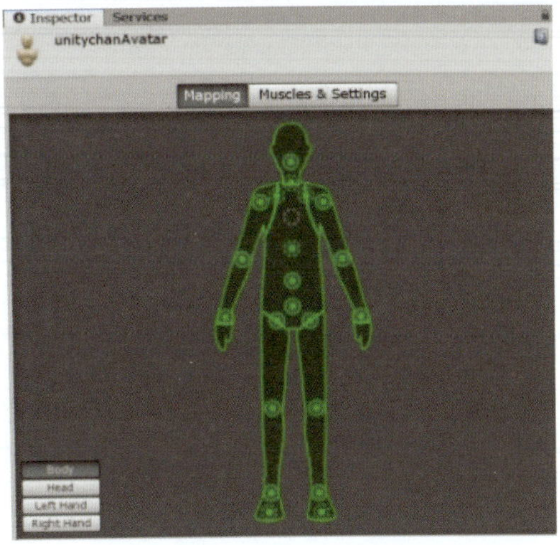

图 4-58 人形 Avatar

（2）非人形动画。除人形模型以外的模型则属于非人形或通用（Generic）模型，这些非人形骨架可能拥有大量各式各样复杂的骨骼结构。在导入非人形动画模型时，将 Inspector 窗口的 Rig 选项卡中的 Avatar（动画）类型设置为 Generic，并将 Avatar Definition 属性设置为 Create From This Model，将 Root node 选项设置为 None 便可使用。在 3DMax 和 Maya 里制作的刚体动画也能使用此类型，同时 Unity 在 PC 端的新功能可直接添加 ABC 动画，直接运行顶点缓存动画。

3. 剪辑动画

一般模型动画会在 Maya 或其他模型软件里做好并捆绑打包导入 Unity 中，但有些时候开发者并不想全套搬来使用，而想切割开来组合使用，这个时候就需要用到动画裁剪，Unity 提供了比较方便的动画剪辑功能。方法很简单，只需在 Project 窗口选中需要剪辑动画的模型，然后在 Inspector 窗口的 Animation 选项卡中选中整体动画 Clips（片段），单击 + 图标，在 Start 或 End 后面的文本框中输入时间值，或直接在上面的时间卡上拖动动画时间，最后更改动画片段名称，单击 Apply（应用）按钮即可完成剪辑（图 4-59）。如果需裁剪多个片段，只需重复上面操作即可。

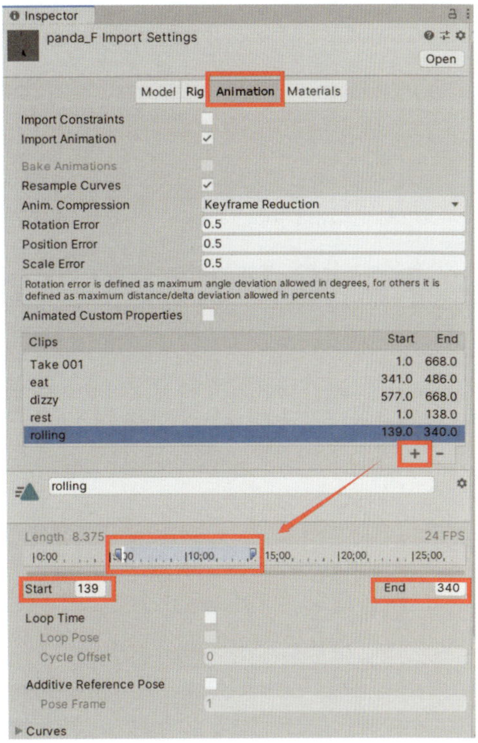

图 4-59 动画剪辑流程图

4.6.4 动画窗口

Unity 的动画（Animation）窗口可以直接创建和修改动画剪辑，还可以对材质和组件的变量进行动画化，并在时间轴上的指定点调用动画事件函数来充实动画剪辑。

1. 创建新动画剪辑

（1）在场景中选择一个游戏对象，然后按 Ctrl+6 组合键或选择菜单命令 Window → Animation → Animation 打开 Animation 窗口。

（2）如果当前游戏对象尚未分配任何动画剪辑，则会在 Animation 窗口时间轴区域的中心位置显示一个 Create 按钮，如图 4-60 所示。

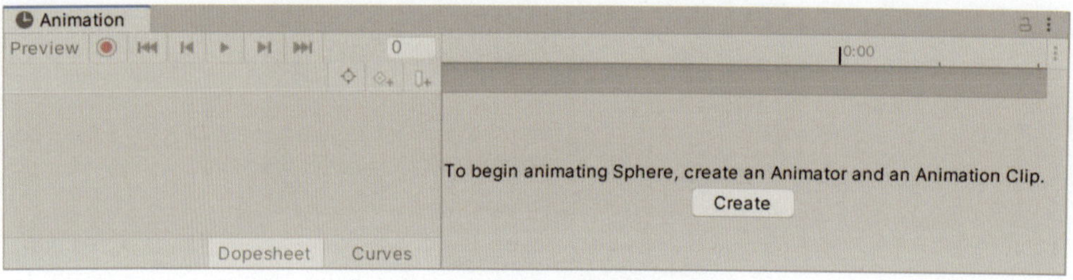

图 4-60　Animation 动画创建窗口

（3）单击 Create 按钮，Unity 会提示您将新的空动画剪辑保存在 Assets 文件夹中，此时 Animation 窗口的左上角会出现一个白色的回放头线，表明系统已准备好录制新的关键帧，此时便可以开始创建新的动画了。

（4）单击 Add Property 按钮，再单击红色录制按钮，即可从游戏对象的 Transform、Mesh Renderer 和 Box Collider 三个方面进行动画帧的设置。

（5）关键帧录制完成，重新单击红色按钮停止录制，动画会自动保存在 Assets 目录下。

2. 回放和帧导航的控制

使用 Animation 视图左上方的回放控制键可控制动画剪辑的播放，从左到右的功能依次是，预览模式（切换开 / 关）、录制模式（切换开 / 关）、回放指针跳转到剪辑开头、回放指针跳转到上一帧、播放动画、回放指针跳转到下一帧、回放指针跳转到剪辑结尾。对应的快捷键分别是，按 < 键跳到上一帧、按 \ 键跳到下一帧、按住 Alt 键和 < 键跳到上一关键帧、按住 Alt 键和 \ 键跳到下一关键帧。

4.6.5 动画控制器

人物角色和游戏对象通常都由若干动画片段组成，这些动画在游戏中可通过控制、调整和组合执行不同的动作。不同的游戏对象有不同的动作类型，常用的动作有空闲、行走、跑步、跳跃等。角色的每一个动作被称为在一种“状态”中，因此动画控制器（Animator Controllers）又被称为“动画状态机”。

一般情况下，角色从一个状态切换到另一个状态需要满足一定的条件，Mecanim 使用可视化流程图的方式来管理各种动画状态和它们之间的过渡关系，并对角色或对象的动画剪辑进行组合和排序。

动画状态机包括动画状态、动画过渡和动画事件，复杂的状态机还包含子状态机。随着仿真需求的不断提升，游戏角色需要完成更多复杂的动作。为了简化和清晰化流程图，Mecanim 将一组状态折叠为一个细长的六边形单项以区别于其他正常状态，而这些被折叠的状态组称为子状态机。动画状态机相当于调用动画集的窗口，通过状态机能控制一大段动画，动画与动画之间也能进行融合，程序也能对状态机进行调用。比如四个动作对应四个技能放到一个状态机中，程序设计员可以通过调用状态机的某个动画进行对应功能的开发。在 Animator Controller 窗口的空白处右击，选择 Create Sub-State Machine 菜单命令即可创建子状态机。图 4-61 为动画状态机，图 4-62 为融合树子动画控制器。

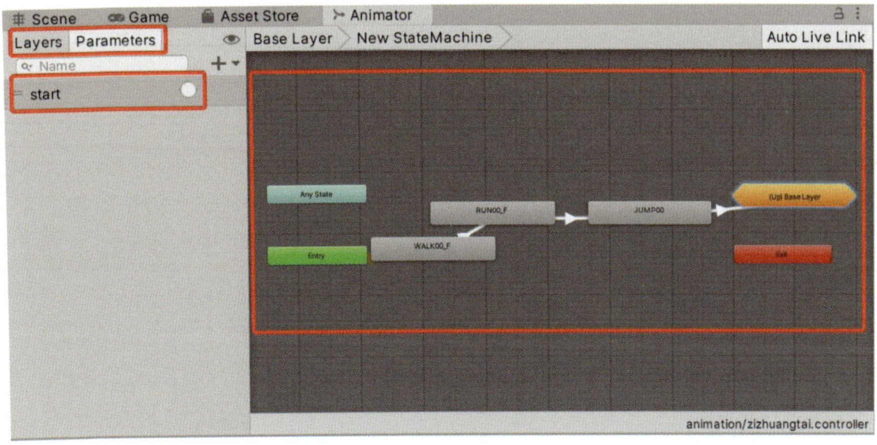

图 4-61　动画状态机

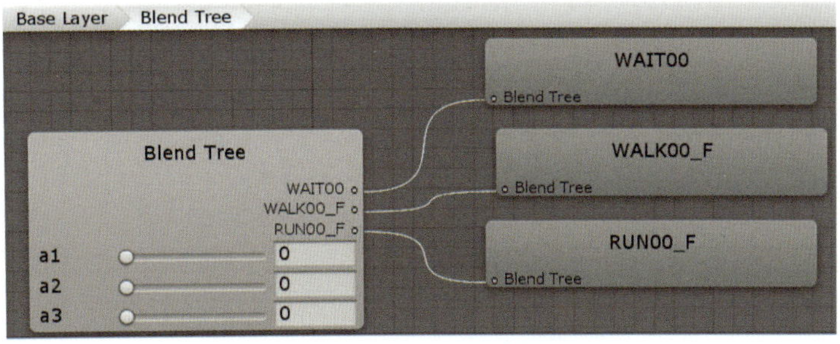

图 4-62　融合树子动画控制器

Animator 窗口主要有两个组成部分：主要网格化布局区域和左侧的 Layers 及 Parameters 面板。带有深灰色网格的主要部分是布局区域，使用此区域可在 Animator Controller 中创建、排列和连接状态。在网格中右击可以创建新的状态节点；按住鼠标中键或 Alt/Option 键拖拽可平移视图；单击状态节点可以进行动画状态编辑；单击并拖动状态节点可重新排列状态机的布局。

左侧面板可在 Layers 和 Parameters 视图之间切换，单击“眼睛”开关图标即可显示或隐藏 Parameters 和 Layers 侧面板，从而为您提供更多空间来查看和编辑状态机。

在 Layers 视图下，可在 Animator Controller 窗口中创建、查看和编辑层。单击 + 号可添加层，按 Delete 键可删除层。单个动画控制器可同时运行多个动画层，每个动画层由一个单独状态机控制。此情况的常见用途是在控制角色一般运动动画的基础层之上设置一个单独层来播放其他部位的动画，以产生动作叠加的效果。

当左侧面板切换到 Parameters 视图时，可以创建、查看和编辑 Animator Controller 自定义参数，充当状态机的输入（图 4-61）。要添加参数，单击 + 图标，然后从弹出的菜单中选择参数类型。要删除参数，则在列表中选择参数，按 Delete 键即可。

4.6.6 重定向人形动画

Mecanim 的最强大功能之一是重定向人形动画。所谓重定向人形动画就是将一组人形动画应用到其他角色模型上。此模型可以是人，也可以是配置了 Avatar 的仿人形动物模型，只要有 Avatar 就可以在模型的骨骼结构之间建立对应关系。

1. 场景元素配置

在操作前先进行场景元素配置，最好进行如下准备：

（1）导入具有 Avatar 的角色模型。

（2）引用 Animator Controller 资源的 Animator 组件。

（3）引用 Animator Controller 的一组动画剪辑。

（4）被引用角色的脚本。

（5）被引用角色的相关组件，特别是 Character Controller。

（6）具有有效的 Avatar 的另一个角色模型。

2. 具体操作

（1）在 Hierarchy 视图中创建一个包含角色相关组件的 GameObject。

（2）将角色模型和 Animator 组件拖拽到 GameObject 中，使其变成为 GameOject 的子物体。

（3）使用 GetComponentInChildren<Animator>() 确保引用 Animator 的脚本在子代中查找到 Animator。

（4）因为需要在另一个模型上重复使用相同的动画，所以必须先禁用原始模型，再将所需要的模型拖拽到 GameObject 中成为其另外一个子物体。

（5）确保新模型上的 animator Controller 属性与原始模型引用了相同的动画控制器。

（6）运行并调整 GameObject 上的 Character Controller、Tranform 及相关属性，确保原模型上的动画与新模型自然融合。

4.6.7 动画事件帧

开发者在做项目时经常会碰到这样的情况，在 RPG（角色扮演）游戏中，特效和动画播放不同步。因为动画有一定的时长，在主角攻击 NPC（非玩家角色）时，等到动画播放攻击挥刀的那一瞬间，特效可能早就播放完了，于是就需要在动画播放到某一帧的时刻才实例化特效，这样就解决了动画与特效不同步的问题。具体操作如下所述。

1. 模型事件帧操作设置

（1）将自己创建的 C# 代码放置在拥有 Animator 组件的模型上。

（2）在 Project 视图下找到对应的模型资源，选中模型并在 Hierarchy 视图中单击 Animation 找到 Events，单击添加符号添加事件帧，如图 4-63 所示。

（3）将代码里编写的方法名字填写在 Events 属性下的 Function 中。

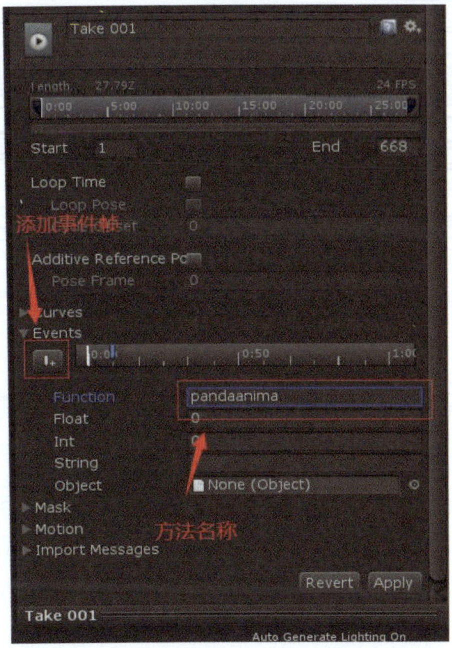

图 4-63　模型事件帧操作设置

2. Animation 动画帧设置

（1）选中物体，创建 Animation，单击添加事件帧，如图 4-64 所示。

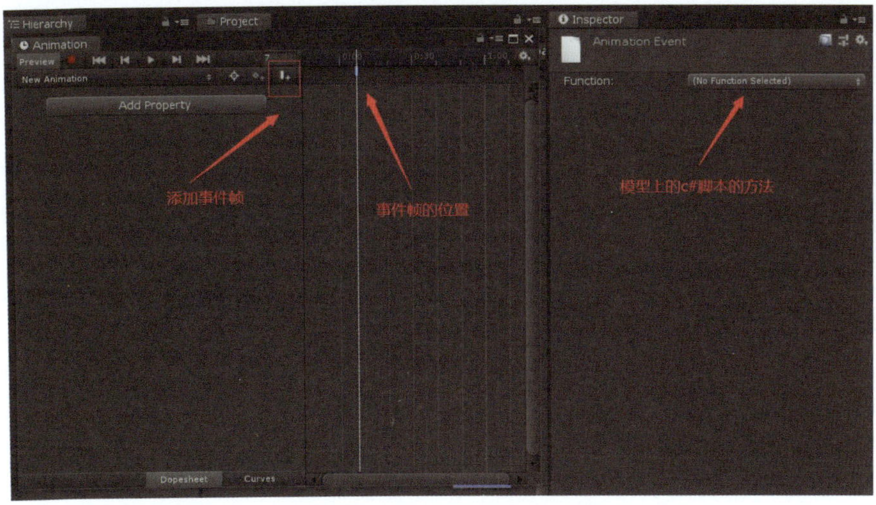

图 4-64　Animation 动画帧设置

（2）在 Animation 窗口中将事件帧摆放在合适的位置。

（3）在 Inspector 面板中，将 Function 的内容填写为 C# 代码里的方法名。

通过以上设置便可以使模型动画来触发相应的方法，即帧事件（类似碰撞器、触发器的触发方法），从而实现动画播放到某一帧来触发执行某个设定的方法，以实现相应的效果。

【应用案例】

动画及音频导入和设置

4.7 粒子系统

【学习目标】

通过本节的学习，了解 Unity 粒子系统的功能，了解粒子系统各模块的属性与含义，掌握粒子系统的简单使用。

【知识要点】

粒子系统是三维计算机图形学中模拟特定现象和效果的技术。云、雾、雪、雨等各种天气现象，以及火、爆炸、烟、水流、火花、落叶、尘、流星尾迹等抽象视觉效果很难用网格（3D）或精灵（2D）来描述，这个时候需要用粒子系统来进行描述。

一个粒子系统由粒子发射器、粒子动画器和粒子渲染器三个独立的部分组成。Unity 自带一些粒子特效，如 Dust（沙尘）、Fire（火焰）、Water（水）、Smoke（烟雾）、Sparkles（闪光），单击 Assets \ ImportPackage \ Particles 即可将 Prticles.UnityPackage（粒子资源）导入到项目中。

4.7.1 粒子界面及创建

1. 新建粒子系统

选择菜单中的 GameObject → Effects → Particle System 命令创建一个粒子系统。

2. 组件粒子系统

粒子系统在 Unity 中还能以组件（Component）的方式附加在其他对象上。先导入一个模型，选中模型对象，选择菜单中的 Component → Effects → Particle System 命令给模型对象添加粒子系统组件。

4.7.2 粒子系统的特性

1. 系统动态性

每个粒子都有生命周期，其生命周期可以根据需要进行设置。系统开始发射的时间即为粒子生命周期的开始时间，生命周期结束后粒子便被系统移出不再显示。Unity 的粒子系统可在球体、半球体、圆锥体、盒体或任意网格空间区域内随机发射。每秒发射的粒子数由发射速率决定，而达到目标效果的粒子数及状态所需的时长由发射速率和平均生命周期共同决定。

2. 粒子动态性

上面讲了，发射和生命周期会影响系统的整体行为。每个粒子本身也有速度矢量，该矢量决定了粒子在每一帧移动的方向和距离，系统自身的作用力和重力，以及地形（Terrain）上的风区都会改变该速度。每个粒子的颜色、大小和旋转也可以在生命周期内发生变化，或与其当前的移动速度成比例。粒子的颜色包括 Alpha（透明度）分量，因此粒子可逐渐淡入和淡出，而非突然出现和消失。

多种粒子动态性混合运用时，可以将多种流体效果模拟得栩栩如生。例如，利用稀薄的发射形状，使水粒子单纯受重力下落并逐渐加速，即可模拟瀑布；火堆冒出的烟雾往往会上升、扩散并最终消失，所以系统应为烟雾粒子设置升力，并随时间的推移增大其体积和透明度。

4.7.3 粒子系统组件及参数

粒子系统组件由多个模块组成，并分为主模块、Emission 模块、Shape 模块、Velocity over Lifetime 模块和 Inherit Velocity 模块等 23 个模块，如图 4-65 所示。

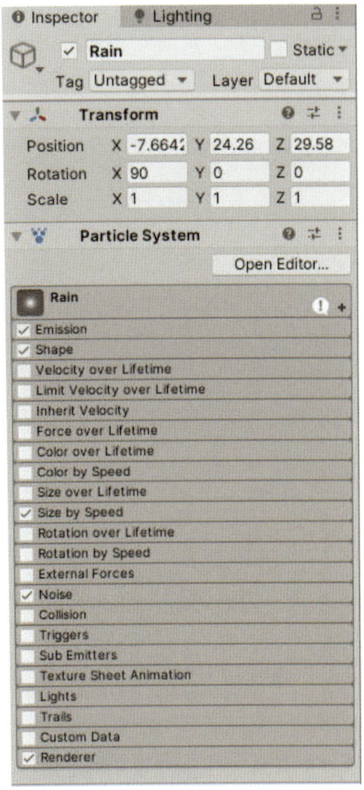

图 4-65　粒子系统组件

1. Particle System

Particle System 模块（默认模块）包含影响整个系统的全局属性，这些属性用于控制新创建粒子的初始状态。单击 Inspector 窗口中的 Particle System 栏可展开和折叠该模块，Particle System 属性解析见表 4-19。

表 4-19　Particle System 属性解析

属性	功能
Duration	发射粒子的时长，时间到了以后这个点就不再发射粒子
Looping	在 Duration（持续时间）到达时，粒子系统是否循环运行
Prewarm	如果启用此属性，系统会初始化，就像已经完成一个完整周期一样（仅启用 Looping 时才有效），俗称预热，如制作下雨的效果，一开始就需要场景中显示下雨，而不是从落下的第一秒开始，勾选此项即可显示这样的效果
Start Delay	启用此属性后，系统开始发射前将延迟一段时间（以秒为单位），如粒子时长总体为 5s，设置为 2s 后，则粒子将从第 2s 开始发射
Start Lifetime	当粒子系统启动后，粒子不会立即发射，而是会经过一段时间（即 Start Delay）再开始发射
Start Speed	每个粒子在适当方向的初始速度
3D Start Size	如果要分别控制每个轴的大小，必须启用此属性
Start Size	每个粒子的初始大小
3D Start Rotation	模型本身有 X、Y、Z 轴，启用此属性，Start Rotation 才可以调用三个轴向
Start Rotation	每个粒子的初始旋转角度
Randomize Rotation Direction	粒子的载体本质是模型，此数值用于控制模型旋转
Start Color	每个粒子的初始颜色
Gravity Modifier	缩放 Physics 窗口中设置的重力值，值为零会关闭重力，一般用于世界中向下的重力模拟
Simulation Space	控制粒子的运动位置是在父对象的局部空间中（因此与父对象一起移动）、在世界空间中还是相对于自定义对象（与您选择的自定义对象一起移动）
Simulation Speed	调整整个系统更新的速度，如调为 0.5，那整个粒子效果会以 0.5 倍速度播放
Delta Time	在 Scaled 和 Unscaled 之间进行选择，其中的 Scaled 使用 Time 窗口中的 Time Scale 值，而 Unscaled 将忽略该值。此属性对于出现在暂停菜单（Pause Menu）上的粒子系统非常有用
Scaling Mode	选择如何使用变换中的缩放，设置为 Hierarchy、Local 或 Shape。Local 仅应用粒子系统变换缩放，忽略任何父级；Shape 模式将缩放应用于粒子起始位置，但不影响粒子大小
Play on Awake	如果启用此属性，则粒子系统会在创建对象时自动启动
Emitter Velocity	选择粒子系统如何计算 Inherit Velocity 和 Emission 模块使用的速度。系统可使用刚体组件（如果存在）或通过跟踪变换组件的移动情况来计算速度
Max Particles	系统中同时允许的最多粒子数。如果达到限制，新粒子不再生成，直到旧粒子消失
Auto Random Seed	如果启用此属性，则每次播放时粒子系统看起来都会不同。设置为 false 时，每次播放时系统都完全相同。（启用后每次发射粒子位置不相同）

续表

属性	功能
Random Seed	禁用自动随机种子时，此值用于创建唯一的可重复效果
Stop Action	当所有粒子都已完成时，可使系统执行某种操作。当一个系统的所有粒子都已死亡，并且系统存活时间已超过 Duration 设定的值时，判定该系统已停止。对于循环系统，只有在通过脚本停止系统时才会发生这种情况
Disable	禁用游戏对象
Destroy	销毁游戏对象
Callback	将 OnParticleSystemStopped 回调发送给附加到游戏对象的任何脚本
Culling Mode	选择粒子在屏幕外时是否暂停粒子系统模拟。在屏幕外时进行剔除具有最高效率，但您可能希望继续进行非一次性 (off-one) 效果的模拟
Automatic	循环系统使用 Pause，而所有其他系统使用 Always Simulate。Pause And Catch-up 系统在屏幕外时停止模拟。当重新进入视图时，模拟会执行一大步以到达在不暂停的情况下可实现的程度。在复杂系统中，此选项可能会导致性能尖峰。Pause 系统在屏幕外时停止模拟。Always Simulate 无论是否在屏幕上，系统始终处理每个帧的模拟，这对于烟花等一次性效果（在模拟过程中这些效果很明显）非常有用
Disabled	禁用 Ring Buffer Mode，以便系统在粒子生命周期终结时删除粒子。Pause Until Replaced 表示在粒子生命周期结束时暂停旧粒子，直至达到 Max Particle 限制，此时系统会进行粒子再循环，因此旧粒子会重新显示为新粒子
Loop Until Replaced	在粒子生命周期结束时，粒子将倒回到其生命周期的指定比例，直至达到 Max Particle 限制，此时系统会进行粒子再循环，因此旧粒子会重新显示为新粒子

2. Emission（喷射）

此模块中的属性是控制粒子的发射速率和时间，具体参数见表 4-20。

表 4-20　Emission 属性解析

属性	功能
Rate over Time	每个时间单位发射的粒子数，即每秒发射多少个粒子
Rate over Distance	每个移动距离单位发射的粒子数。拖拽时粒子系统会根据位移生成粒子
Bursts	爆发，指生成粒子的事件。通过这些设置可允许在指定时间发射粒子，即根据设置，可在设定的时间发射设定的粒子数量
Time	设置发射爆发粒子的时间（粒子系统开始播放后的秒数）
Count	设置可能发射的粒子数的值
Cycles	设置播放爆发次数的值
Interval	设置触发每个爆发周期的间隔时间（以秒为单位）
Probability	控制每个爆发事件生成粒子的可能性。较高的值使系统产生更多的粒子，而值为 1 将保证系统产生粒子

3. Shape（形态）

此模块用于定义粒子的形状（体积或表面），以及起始速度的方向，打开 Shape 后，粒子会显示 Shape 形状，其他模块的属性会随着 Shape 值的变化而变化。Shape 属性解析见表 4-21。

表 4-21　Shape 属性解析

属性	功能
Shape	此部分可以选择发射粒子的体积形状：Sphere（球形，向所有方向均匀发射粒子）、Hemisphere（半球体，在半球体的所有方向均匀发射粒子）、Cone（锥体，从锥体底部或主体，根据粒子与锥体中心线的距离按比例发射粒子）、Box（盒体，从盒体形状的边、表面或主体发射粒子，粒子在发射器对象的前向 (Z) 方向上移动）、Mesh（网格，从 Inspector 中提供的任意网格形状发射粒子）、Sprite（精灵，从 Inspector 中提供的精灵形状发射粒子）、Circle（从圆形的中心或边缘均匀发射粒子，粒子仅在圆形的平面内移动）、Edge（从线段发射粒子，粒子在发射器对象的向上 (Y) 方向上移动）、Donut（环面，从环面发射粒子，粒子从环面的环向外移动）、Rectangle（矩形，从矩形发射粒子，粒子从矩形向上移动），调整后下属对应的参数也会改变，如球体半径，长方体长宽高
Radius	形状的圆形半径
Radius Thickness	发射粒子的体积比例。值为 0 表示从形状的外表面发射粒子；值为 1 表示从整个体积发射粒子；介于两者之间的值将使用体积的一定比例
Texture	用于为粒子着色和丢弃粒子的纹理
Clip Channel	纹理中用于丢弃粒子的通道
Clip Threshold	将粒子映射到纹理上的位置时，丢弃像素颜色低于此阈值的所有粒子
Color affects Particles	粒子颜色受纹理颜色影响
Alpha affects Particles	粒子 Alpha 受纹理 Alpha 影响
Bilinear Filtering	在读取纹理时，无论纹理尺寸如何，均组合 4 个相邻样本以获得更平滑的粒子颜色变化
Position	将一个偏移应用于生成粒子的发射器形状
Rotation	旋转生成粒子的发射器形状
Scale	更改生成粒子的发射器形状的大小
Align to Direction	根据粒子的初始行进方向定向粒子。如果想要模拟大块的汽车油漆在碰撞过程中飞出车身，此设置将非常有用。如果对该方向不太满意，也可通过在主模块中应用 Start Rotation 值来覆盖该设置
Randomize Direction	将粒子方向朝随机方向混合。设置为 0 时，此设置不起作用；设置为 1 时，粒子方向完全随机
Spherize Direction	将粒子方向朝球面方向混合，从它们的变换中心向外行进。设置为 0 时，此设置不起作用；设置为 1 时，粒子方向从中心向外（与 Shape 设置为 Sphere 时的行为相同）
Randomize Position	以随机量移动粒子，直至达到指定值。此属性设置为 0 时，此设置不起作用；任何其他值都会对粒子的生成位置应用一些随机性

4. Velocity over Lifetime（生命周期内的速度偏移）

本模块用于控制生命周期内粒子的速度变化。速度随着粒子生命而变化，在一个生命周期内，可以通过曲线的方式进行速度变化，或者通过双数值给予不同速度。具体参数见表 4-22。

表 4-22　Velocity over Lifetime 属性解析

属性	功能
Linear X, Y, Z	粒子在 X、Y 和 Z 轴上的线性速度
Space	指定 Linear X、Y、Z 轴是参照本地空间还是世界空间
Orbital X, Y, Z	粒子围绕 X、Y 和 Z 轴的轨道速度
Offset X, Y, Z	轨道中心的位置，适用于轨道运行粒子
Radial	粒子远离 / 朝向中心位置的径向速度
Speed Modifier	在当前行进方向上 / 周围向粒子的速度应用一个乘数

5. Noise

此模块用于为粒子添加动态的流动形态。粒子随着噪波图进行扭曲，数值对应扭曲的大小及强度，同时该参数还能控制是否自己随时间生成噪波图。具体参数见表 4-23。

表 4-23　Noise 属性解析

属性	功能
Separate Axes	在每个轴上独立控制强度和重新映射
Strength	通过一条曲线定义噪声在粒子的生命周期内对粒子的影响有多强。值越高，粒子移动越快和越远
Frequency	此属性可控制粒子改变行进方向的频率以及方向变化的突然程度。低值会产生柔和、平滑的噪声，而高值会产生快速变化的噪声
Scroll Speed	随着时间的推移而移动噪声场可产生更不可预测和不稳定的粒子移动
Damping	启用此属性后，强度与频率成正比。将这些值绑在一起意味着，可在保持相同行为但具有不同大小的同时缩放噪声场
Octaves	指定组合多少层重叠噪声来产生最终噪声值。使用更多层可提供更丰富、更有趣的噪声，但会显著增加性能成本
Octave Multiplier	对于每个附加的噪声层，按此比例降低强度
Octave Scale	对于每个附加的噪声层，按此乘数调整频率
Quality	较低的质量设置可显著降低性能成本，但也会影响噪声的有趣程度。请使用能为您提供所需行为的最低质量以获得最佳性能
Remap	将最终噪声值重新映射到不同的范围
Remap Curve	描述最终噪声值如何变换的曲线。例如，可使用此选项来创建从高点开始并以零结束的曲线，从而选择噪声场的较低范围并忽略较高范围
Position Amount	用于控制噪声对粒子位置影响程度的乘数
Rotation Amount	用于控制噪声对粒子旋转速率（以度 / 秒为单位）影响程度的乘数
Size Amount	用于控制噪声对粒子大小影响程度的乘数

6. Limit Velocity over Lifetime（生命周期内的限制速度）

此模块可用曲线动态控制粒子在其生命周期内的速度变化，具体参数见表 4-24。

表 4-24　Limit Velocity over Lifetime 属性解析

属性	功能
Separate Axes	将轴拆分为单独的 X、Y 和 Z 分量
Speed	设置粒子的速度限制
Space	选择速度限制是适用局部空间还是世界空间。仅当启用了 Separate Axes 时，此选项才可用
Dampen	当粒子速度超过速度限制时，粒子速度降低的比例
Drag	对粒子速度施加线性阻力
Multiply by Size	启用此属性后，较大的粒子会更大程度受到阻力系数的影响
Multiply by Velocity	启用此属性后，较快的粒子会更大程度受到阻力系数的影响

7. Inherit Velocity（继承速度）

此模块粒子会受粒子自身运动的力的影响，粒子系统运动后，子粒子会继承父粒子运动带来的力，通过曲线可控制其随父物体和时间变化而产生的跟随效果，如汽车的尾气、火箭的烟雾、蒸汽火车的蒸汽等。具体参数见表 4-25。

表 4-25　Inherit Velocity 属性解析

属性	功能
Mode	指定如何将发射器速度应用于粒子
Current	发射器的当前速度将应用于每一帧上的所有粒子。例如，如果发射器减速，所有粒子也将减速
Initial	每个粒子出生时将施加一次发射器的速度。粒子出生后对发射器速度的任何改变都不会影响该粒子
Multiplier	粒子应该继承的发射器速度的比例

8. Force over Lifetime（生命周期内的受力偏移）

此模块可以模拟受力之后粒子的变化，流体在移动时会受到力的影响。本模块可使用曲线在粒子生命周期内进行力的控制，以实现微妙的效果，具体参数见表 4-26。

表 4-26　Force over Lifetime 属性解析

属性	功能
X, Y, Z	在 X、Y 和 Z 轴上施加到每个粒子的力
Space	选择是在局部空间还是在世界空间中施力
Randomize	使用 Two Constants 或 Two Curves 模式时，此属性会导致在每个帧上定义的范围内选择新的作用力方向。因此会产生更动荡、更不稳定的运动

9. Color over Lifetime \ Color by Speed（生命周期内的颜色 \ 颜色随速度变化）

物理世界的火、烟花、烟雾和灰尘等都有其弱化的过程，Unity 里也可通过粒子系统里的 Color over Lifetime 模块，设置粒子在生命周期终点时耗尽、褪色或消散，在粒子生命的不同时期设置不同的颜色和透明度即可模拟这种效果。本部分主要讲解粒子在生命不同周期颜色的差异设置，和在不同速度下颜色的变化设置。具体参数解析见表 4-27。

火花在空气中移动，当接触到更多氧气时会更明亮地燃烧，但随着它们减速时会略微变暗，这种效果可在 Color by Speed 模块中通过设置粒子颜色随着速度的变化而变化来实现。使用 Color by Speed 模块将较快的粒子显示为白色，将较慢的粒子为红色，可实现火花示例。具体参数解析见表 4-27。

表 4-27　Color over Lifetime \ Color by Speed 属性解析

属性	功能
Color	粒子在其生命周期(速度范围)内的颜色渐变。渐变条的左侧点表示粒子寿命的开始，而渐变条的右侧表示粒子寿命的结束。例如，粒子从橙色开始，随着时间的推移逐渐变淡，并在其寿命结束时不可见
Speed Range	颜色渐变映射到的速度范围的下限和上限（超出范围的速度将映射到渐变的端点）

10. Size over Lifetime \ Size by Speed（生命周期内大小变化 \ 大小随速度变化）

在真实世界里，气体、火焰或烟雾都会随着时间的推移消散到更大的空间，通过本模块调整 X（宽度）、Y（高度）和 Z（深度）的曲线，改变粒子大小，可实现粒子随着存活时间而蔓延或淡化的效果，具体参数见表 4-28。

表 4-28　Size over Lifetime \ Size by Speed 属性解析

属性	功能
Separate Axes	在每个轴上独立控制粒子大小
Size	通过曲线定义粒子的大小在其生命周期内如何变化
Speed Range	大小曲线映射到的速度范围的下限和上限（超出范围的速度将映射到曲线的端点）

11. Rotation over Lifetime\Rotation by Speed（生命周期内的转速 \ 角速度随速度变化）

Rotation over Lifetime 模块可在粒子移动时为其分配随机的旋转值使其更加真实，随机旋转也有助于打破粒子形状相似的规律性。

Rotation by Speed 模块可设置粒子根据粒子速度（每秒的距离单位）的变化而旋转。具体参数解析见表 4-29。

表 4-29　Rotation over Lifetime \ Rotation by Speed 属性解析

属性	功能
Separate Axes	允许根据每个轴指定旋转。启用此选项后，即可为 X、Y 和 Z 轴中的每个轴设置旋转
Angular Velocity	旋转速度（以度 / 秒为单位）
Speed Range	大小曲线映射到的速度范围的下限和上限（超出范围的速度将映射到曲线的端点）
Constant	粒子旋转的速度（以度 / 秒为单位）

续表

属性	功能
Curve	角速度可设定为在粒子的生命周期内变化。Inspector 底部的曲线编辑器可用于控制粒子在整个生命周期内的速度变化情况。如果勾选了 Separate Axes 复选框，则可为 X、Y 和 Z 轴赋予曲线速度值
Random Between Two Constants	角速度属性具有两个角度，允许在它们之间旋转
Random Between Two Curves	角速度可设定为在粒子的生命周期（由曲线指定）内变化。在此模式下，两条曲线均为可编辑状态，每个粒子将在您定义的这两条曲线的范围之间选择一条随机曲线

12. External Forces（外部作用力）

地形系统经常需要添加风区来影响树在景观中的真实感。通过调整本模块的 Multiplier 值可调整外力对粒子的影响，此外还可修改粒子系统力场对粒子发射的影响。具体参数见表 4-30。

表 4-30　External Forces 属性解析

属性	功能
Multiplier	应用于风区外力的比例值。数值越大，受风强度值越厉害
Influence Filter	选择是否基于层遮罩（Layer Mask）或通过显式列表（List）包含力场
List	定义可影响此粒子系统的力场的显式列表。当 Influence Filter 设置为 List 时，将显示此属性
Influence Mask	使用层遮罩来确定哪些力场影响此粒子系统。当 Influence Filter 设置为 Layer Mask 时，将显示此属性。此属性在默认情况下设置为 Everything，但可以单独启用或禁用以下选项：Nothing（自动取消勾选所有其他选项，将它们关闭）、Everything（自动勾选所有其他选项，将它们打开）、Default（系统默认值）、Transparent FX（隐形层，系统不会渲染贴图和模型，但是碰撞信息保留）、Ignore Raycast（忽略射线）、Water（水）、UI（用户界面）、PostProcessing（后处理）

13. Collision（碰撞）

在真实的物理场景里，水会被山体或田埂阻挡然后回流，为了保证开发内容的真实的物理特性，Unity 粒子系统开发了粒子与物体对象相互作用的功能。启用 Collision 模块后，粒子可与场景中的物体对象发生碰撞，产生反作用力（Bounce 值可调整反弹力度）的效果，但需要在 Type 中选择粒子以何种形式与场景中的游戏对象发生碰撞，是应用于 Planes 还是应用于 World。如果选择 World，需在 Collision Mode 选项下选择是应用于 2D 环境还是 3D 世界。碰撞耗能较大，程度与精度及数量成正比。具体参数解析见表 4-31 和表 4-32。

表 4-31　Planes 模块属性解析

属性	功能
Planes 弹出菜单	当选择指定平面（Planes）碰撞时，开发者可以指定一个或者多个物体与粒子系统发生碰撞，指定的物体可以是任意对象
Planes	碰撞平面，用于定义碰撞平面的变换的可扩展列表

续表

属性	功能
Visualization	显示方式，包含立体显示方式（Solid）和网格显示方式（Grid）
Scale Plane	显示平面大小比例，决定可视化平面的大小尺寸，参数是与粒子系统范围的比值
Dampen	决定粒子经过一次碰撞后的速度损失比例，取值范围为 0 ~ 1
Bounce	决定粒子经过一次碰撞后再次弹起时的速度比例，取值范围为 0 ~ 2
Lifetime Loss	决定粒子经过碰撞后生命周期的损失比例，取值范围为 0 ~ 1
Min Kill Speed	当粒子的速度减小为此速度或者小于此速度时将此粒子清除，取值越大粒子消失得越快
Max Kill Speed	碰撞后运动速度高于此速度的粒子将从系统中予以移除
Radius Scale	粒子系统与碰撞平面发生碰撞后的有效距离，主要是为了避免粒子系统与碰撞平面的剪裁问题
Send Collision Messages	当勾选此选项时，粒子系统与碰撞平面发生的碰撞检测可以被脚本中的 OnParticleCollision 方法检测到
Visualize Bounds	在 Scene 视图中将每个粒子的碰撞边界渲染为线框形状

表 4-32　World 模块属性解析

属性		功能
World 弹出菜单		当选择世界范围（World）碰撞时，不需要开发者指定与粒子系统发生碰撞的物体，粒子会与场景中所有的游戏对象发生碰撞
Mode		3D 或 2D
Dampen		粒子碰撞后损失的速度比例
Bounce		粒子碰撞后从表面反弹的速度比例
Lifetime Loss		粒子碰撞后损失的总生命周期比例
Min Kill Speed		碰撞后运动速度低于此速度的粒子将从系统中予以移除
Max Kill Speed		碰撞后运动速度高于此速度的粒子将从系统中予以移除
Radius Scale		2D 或 3D 的设置
Collision Quality		决定物体与粒子系统发生碰撞的概率大小，在可展开列表中包括高质量（High）、中等质量（Medium）和低质量（Low）。质量越高则发生碰撞的概率越大
	High	当 Collision Quality 设置为 High 时，碰撞始终使用物理系统来检测碰撞结果，此设置是最耗费资源但也是最准确的选项
	Medium (Static Colliders)	当 Collision Quality 设置为 Medium (Static Colliders) 时，碰撞使用一组体素来缓存先前的碰撞，从而在以后的帧中更快地重用。请参阅世界碰撞以了解与此缓存相关的更多信息 Medium 与 Low 之间的唯一区别是粒子系统在每帧查询物理系统的次数。Medium 每帧的查询次数多于 Low。注意，此设置仅适用于不移动的静态碰撞体

续表

属性		功能
	Low (Static Colliders)	当 Collision Quality 设置为 Low (Static Colliders) 时，碰撞使用一组体素来缓存先前的碰撞，从而在以后的帧中更快地重用。请参阅世界碰撞以了解与此缓存相关的更多信息 Medium 与 Low 之间的唯一区别是粒子系统在每帧查询物理系统的次数。Medium 每帧的查询次数多于 Low。请注意，此设置仅适用于不移动的静态碰撞体
Collides With		决定可以与粒子系统发生碰撞的层，在可展开列表中选择需要与粒子系统发生碰撞的层，即粒子只会与所选层上的对象发生碰撞
Max Collision Shapes		粒子碰撞可包括的碰撞形状个数。多余的形状将被忽略，且地形优先
Enable Dynamic Colliders		允许粒子也与动态对象碰撞（否则仅使用静态对象）
Enable Dynamic Colliders		动态碰撞体是未配置为 Kinematic 的任何碰撞体（请参阅碰撞体相关文档了解有关碰撞体类型的更多信息）。选中此选项可将这些碰撞体类型包含在粒子发生碰撞时响应的对象组内。如果取消选中此选项，粒子仅响应与静态碰撞体的碰撞
Voxel Size		指碰撞检测中立体像素的大小，只有当碰撞检测质量（Collision Quality）为中等质量（Medium）和低质量（Low）时可用
Collider Force		在粒子碰撞后对物理碰撞体施力。这对于用粒子推动碰撞体很有用
Multiply by Collision Angle		向碰撞体施力时，根据粒子与碰撞体之间的碰撞角度来缩放力的强度。掠射角将比正面碰撞产生更小的力
Multiply by Particle Speed		向碰撞体施力时，根据粒子的速度缩放力的强度。快速移动的粒子会比移动速度较慢的粒子产生更大的力
Multiply by Particle Size		向碰撞体施力时，根据粒子的大小来缩放力的强度。较大的粒子会比较小的粒子产生更大的力
15.Send Collision Messages		如果选中此复选框，则允许从脚本中通过 OnParticleCollision 函数检测粒子碰撞
Visualize Bounds		在 Scene 视图中预览每个粒子的碰撞球体

14. Triggers（触发）

在现实世界中，雨滴是不能穿过屋顶或雨伞的。Unity 的粒子系统能够在与场景中设置一个或多个碰撞体进行交互触发，当粒子进入碰撞体时销毁，或与 Collision 模块合用，当粒子离开碰撞体时会回弹或以规定的力进行反弹。Inside 选项包括 Kill（自动销毁粒子）、Ignore（忽略碰撞事件）或 Callback（回调）。在回调时，应使用 ParticlePhysicsExtensions.GetTriggerParticles() 连同要指定的 ParticleSystemTriggerEventType 一起，以确定哪些粒子符合哪个标准。具体属性解析见表 4-33。

表 4-33 Triggers 属性解析

属性	功能
Inside	如果希望粒子位于碰撞体内时触发事件，请选择 Callback；如果希望粒子位于碰撞体内时不触发事件，请选择 Ignore；选择 Kill 可销毁碰撞体内的粒子

续表

属性	功能
Outside	如果希望粒子位于碰撞体外时触发事件，请选择 Callback；如果希望粒子位于碰撞体外时不触发事件，请选择 Ignore；选择 Kill 可销毁碰撞体外的粒子
Enter	如果希望粒子进入碰撞体时触发事件，请选择 Callback；如果希望粒子进入碰撞体时不触发事件，请选择 Ignore；选择 Kill 可在粒子进入碰撞体时销毁粒子
Exit	如果希望粒子离开碰撞体时触发事件，请选择 Callback；如果希望粒子离开碰撞体时不触发事件，请选择 Ignore；选择 Kill 可在粒子离开碰撞体时销毁粒子
Radius Scale	此参数用于设置粒子的碰撞体边界，让事件在粒子接触碰撞体之前或之后出现。例如，您可能希望粒子在弹回之前看起来稍微穿透碰撞体对象的表面，在这种情况下便可将 Radius Scale 设置为略小于 1。请注意，当事件实际触发时，此设置不会更改，但可以延迟或提前触发器的视觉效果。 • 输入 1 表示事件在粒子接触碰撞体时出现。 • 输入小于 1 的值表示触发器在粒子穿透碰撞体之前出现。 • 输入大于 1 的值表示触发器在粒子穿透碰撞体之后出现
Visualize Bounds	此设置可在 Editor 窗口中显示粒子的碰撞体边界

15. Sub Emitters（子发射系统）

在现实世界，一些自然现象并非单独存在，而是多种现象并列而生。Sub Emitters 模块中可设置粒子子发射器，在父级粒子生命周期的某阶段可创建附加粒子发射器，即在某些事件中为当前系统的每个粒子再生一个新的粒子系统。每当创建粒子或者粒子死亡或发生碰撞时，都可以创建一个新的粒子系统，可用于生成复杂的、难以理解的效果，如模拟火焰燃烧伴随着的黑烟及烟花伴随着其他烟花效果等。图 4-66 所示为 Sub Emitters 属性面板。

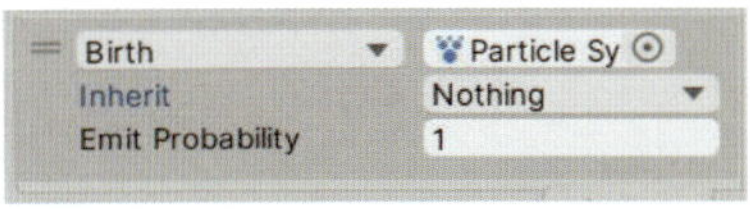

图 4-66　Sub Emitters 属性面板

子发射器有自己的发射器，其实就是普通粒子系统对象发射器，虽然其可以制作复制的视觉效果，但非常耗费资源。触发子发射器还可以进行相应的条件设置，具体包括：Birth（粒子诞生时间）、Collision（粒子与对象发生碰撞的时间）、Death（粒子的消亡时间）、Trigger（粒子与触发碰撞体相互作用的时间）、Manual（通过脚本请求触发）。

小贴士： Collision、Trigger、Death 和 Manual 事件只能使用 Emission 模块中的爆发控制发射。

使用 Inherit 选项可以将父粒子的大小、旋转、颜色和生命周期等属性转移到新创建的粒子上。若子粒子要继承父粒子的速度方式，需在子发射器系统上配置 Inherit Velocity 模块进行设置。配置子发射器事件的触发率需通过 Emit Probability 的属性设置来完成，默认值和最大值为 1，1 即为保证事件触发，越小的值触发率越低。

16. Texture Sheet Animation（纹理层动画）

通常情况下，完全没有外力作用的自然现象几乎不存在，如火焰的跳动、烟雾的飘散及海浪的汹涌起伏等现象，都会受一些因素的影响而影响最初的形态。在虚拟现实内容中若要实现此类效果需要用到粒子系统的 Texture Sheet Animation 模块。此模块将纹理作为子图像进行帧动画播放，粒子形成单个连续实体时有助于增添能量感和运动效果，可以模拟云卷云舒的效果。具体属性解析见表 4-34。

表 4-34　Texture Sheet Animation 属性解析（常用播放序列帧）

属性	功能
Mode 弹出菜单	有 Grid（网格）和 Sprites（精灵）两种模式可供选择
Tiles	纹理在 X（水平）和 Y（垂直）方向上划分的区块数量。[根据图片为多少（M）乘多少（N）的，相应地就输入长几个（M）、宽几个（N）]
动画（Animation）	Animation 模式可设置为 Whole Sheet（整个网格）或 Single Row（单行，即精灵图集的每一行代表一个单独的动画序列）。Time Mode 选择粒子系统如何在动画中对帧进行采样。Lifetime 在粒子的生命周期内使用动画曲线对帧进行采样。Speed 根据粒子的速度对帧进行采样。速度范围指定选择帧的最小和最大速度范围。FPS 根据指定的每秒帧数值对帧进行采样。Row Mode 使粒子系统从纹理帧中选择一行以生成动画。仅当 Animation 模式设置为 Single Row 时，此属性才可用
Custom	将纹理帧的特定行用于动画
Random	为每个粒子随机选择一行来生成动画
Mesh Index	根据分配给粒子的网格索引（Mesh Index）选择一行。需要确保使用特定网格的粒子也要使用相同的纹理时，此功能很有用
Random Row	随机从精灵图集选择一行以生成动画。仅当 Animation 模式设置为 Single Row 时，此选项才可用
Row	从精灵图集选择特定行以生成动画。仅当选择 Single Row 模式且禁用 Random Row 时，此选项才可用
Frame over Time	通过一条曲线指定动画帧随着时间的推移如何增加
Start Frame	允许指定粒子动画应从哪个帧开始（对于在每个粒子上随机定相动画非常有用）。制定两个数值，指定从第几帧到第几帧
Cycles	动画序列在粒子生命周期内重复的次数。用于制定动画的速度，决定动画的播放周期，周期越小速度越快。注意：循环的序列才能使用，不循环的序列会跳帧
Affected UV Channels	允许具体指定粒子系统影响的 UV 流

选择 Sprites 模式可定义每个粒子显示的精灵列表，使用 Multiple Mode Sprite（多模式精灵）、Sprite Packer（精灵打包器）、自定义轴心和每个精灵帧的不同大小等功能可实现材质共享。

小贴士：Grid 粒子不支持自定义轴心以及精灵大小的变化；Sprites 模式仅支持简单的精灵，而不支持 9 切片精灵；如果为每个精灵自定义了轴心点，那么每个帧之间的几何都会有所不同，所以一定不能在它们的帧之间进行混合。

17. Lights（实时光照）

Lights 模块是一种为粒子添加实时光照，并依据粒子属性而产生逼真光照效果的方法。如火、烟花和闪电等，随周围环境光的不同而共享其颜色并淡出影响周围环境的效果。具体属性解析见表 4-35。

表 4-35 Lights 属性解析

属性	功能
Light	分配一个光照预制件来描述粒子光照外观
Ratio	一个介于 0 和 1 之间的值，表示将接受光照的粒子的比例
Random Distribution	选择是随机分配还是定期分配光照。设置为 true 时，每个粒子都有根据 Ratio 值随机接受光照的机会，较高的值可增加粒子接受光照的概率。设置为 false 时，由 Ratio 控制新创建的粒子接受光照的频率（例如，每第 N 个粒子将接受光照）
Use Particle Color	设置为 true 时，光照的最终颜色将通过其附加到的粒子的颜色进行调制。如果设置为 false，则使用光照颜色而不进行任何修改
Size Affects Range	启用此属性后，在光照中指定的范围（Range）将受到粒子大小的影响
Alpha Affects Intensity	启用此属性后，光照的强度（Intensity）将受到粒子 Alpha 值的影响
Range Multiplier	使用此曲线在粒子的生命周期内将一个自定义乘数应用于光照范围
Intensity Multiplier	使用此曲线在粒子的生命周期内将一个自定义乘数应用于光照强度
Maximum Lights	使用此设置可避免意外创建大量光照，大量光照可能会使 Editor 无响应或使应用程序的运行速度非常慢

若在前向渲染模式下进行实时光照加投射阴影的话，会增加系统性能成本，此时应使用 Maximum Lights 属性，数值越小对周围环境影响就越小，系统压力也会越小。

小贴士：创建的光照数量若超过目标硬件的管理能力，可能会导致粒子速度降低和无响应的现象。

18. Trails（拖尾）

使用此模块可为粒子添加轨迹，其很多属性与 Trail Renderer（轨迹渲染器）组件共享。它可以将粒子的各种属性附加轨迹，从而实现如子弹、烟雾和魔法等视觉效果。具体属性解析见表 4-36。

表 4-36 Trails 属性解析

属性	功能
Mode	选择如何为粒子系统生成轨迹。 • Particle 模式可创建每个粒子在自身路径中留下固定轨迹的效果。 • Ribbon 模式可创建根据存活时间连接每个粒子的轨迹带
Ratio	是介于 0 和 1 之间的值，由 Unity 随机分配，因此该值表示概率，表示已分配轨迹的粒子的比例。假设有 500 个粒子，如果数值为 0.5，那么有 250 个粒子会产生拖尾
Lifetime	轨迹中每个顶点的生命周期，表示为所属粒子的生命周期的乘数。当每个新顶点添加到轨迹时，该顶点将在其存在时间超过其总生命周期后消失
Minimum Vertex Distance	定义粒子在其轨迹接收新顶点之前必须经过的距离

续表

属性	功能
World Space	启用此属性后，即便使用 Local Simulation Space，轨迹顶点也不会相对于粒子系统的游戏对象移动。相反，轨迹顶点将被置于世界空间中，并忽略粒子系统的任何移动。如果选中 Die With Particles 框，轨迹会在粒子死亡时立即消失；如果未选中此框，则剩余的轨迹将根据自身的剩余生命周期自然到期。Ribbon Count 选择要在整个粒子系统中渲染的轨迹带数量。值为 1 将创建连接每个粒子的单个轨迹带，但是，大于 1 的值将创建连接每第 N 个粒子的轨迹带。例如，使用值 2 时，将有一条轨迹带连接粒子 1、3、5，另一条轨迹带连接粒子 2、4、6，依次类推。粒子的排序取决于它们的存活时间。Split Sub Emitter Ribbons 在用作子发射器的系统上启用此属性时，从同一父系统粒子生成的粒子将共享一个轨迹带。Texture Mode 选择应用于轨迹的纹理是沿其整个长度拉伸还是重复每 N 个距离单位，重复率是基于 Material 中的 Tiling 参数进行控制的
Size affects Width	启用此属性（选中复选框），则轨迹宽度受粒子大小影响
Size affects Lifetime	启用此属性（选中复选框），则轨迹生命周期受粒子大小影响
Inherit Particle Color	启用此属性（选中复选框），则轨迹颜色由粒子颜色调制
Color over Lifetime	通过一条曲线控制整个轨迹在其附着粒子的整个生命周期内的颜色
Width over Trail	通过一条曲线控制轨迹沿其长度的宽度
Color over Trail	通过一条曲线控制轨迹沿其长度的颜色
Generate Lighting Data	通过启用此属性（选中复选框），可在构建轨迹几何体时包含法线和切线，这样允许它们使用具有场景光照的材质，例如通过标准着色器，或通过使用自定义着色器

19. Custom Data（自定义数据）

Custom Data 模块可以在 Editor 中自定义粒子数据格式，也可以将在脚本中设置的自定义数据发送到着色器，使用此数据可在脚本和着色器中驱动自定义逻辑。常见于 Shader、脚本的颜色及顶点调用，但 Shader 使用中需给出参数方可调用。定义的数据可以是 Vector（矢量）形式和 Color（颜色）形式。其中，Vector 形式包含 4 个 MinMaxCurve（最小最大曲线）组件；Color 形式支持调整 HDR（高动态范围）的 Min Max Gradient（最小最大梯度）。Color 高动态范围如图 4-67 所示。

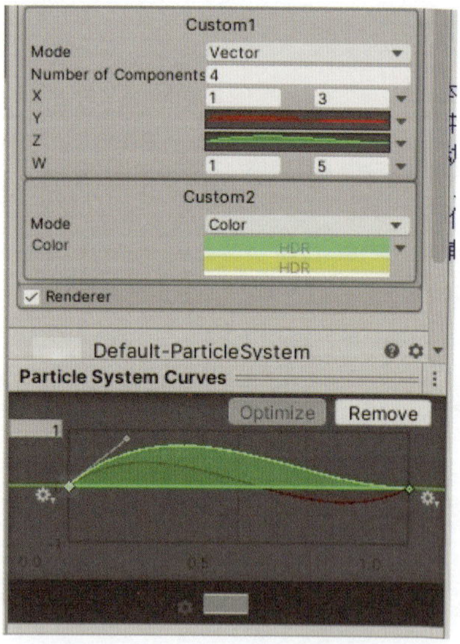

图 4-67　Color 高动态范围

20. Renderer（渲染器）

Renderer 模块的设置可定义如何绘制粒子的变换、着色和过度，可在多个 2D 图形模式 Billboard（公告牌）和 3D 模式 Mesh（网格）之间进行选择。具体属性解析见表 4-37。

表 4-37　Renderer 属性解析

属性	功能
Render Mode	选择以二维图形或三维网格生成渲染图像
Billboard	面板渲染，粒子始终面向摄像机
Stretched Billboard	拉伸面板渲染，粒子面向摄像机，但会应用各种缩放
Camera Scale	根据摄像机运动拉伸粒子。将此值设置为 0 可禁用摄像机运动拉伸
Velocity Scale	根据粒子速度按比例拉伸粒子，一般用于做雨滴长条形状效果。将此值设置为 0 可禁用基于速度的拉伸
Length Scale	沿着粒子的速度方向根据粒子当前大小按比例拉伸粒子。将此值设置为 0 会使粒子消失，相当于长度为 0
Horizontal Billboard	水平面板渲染，粒子平面与 X、Z“地板”平面平行
Vertical Billboard	垂直面板渲染，粒子在世界 Y 轴上直立，但转为面向摄像机
Mesh	网格渲染，即基于模型网格发射粒子
None	使用 Trails 模块时，如果只想渲染轨迹并隐藏默认渲染，则可使用此属性
Normal Direction	用于粒子图形的光照法线的偏差。值为 1.0 表示法线指向摄像机，而值为 0.0 表示法线指向屏幕中心（仅限公告牌模式）
Material	用于渲染粒子的材质
Trail Material	用于渲染粒子轨迹的材质。仅当启用了 Trails 模块时，此选项才可用。拖尾材质，除纹理外，颜色和属性都在 Trail 进行调整
Sort Mode	绘制粒子（因此覆盖粒子）的顺序，包括空（None）、依照距离（By Distance）、生成时间最久置首（Oldest in Front）和最新生置首（Youngest in Front）4 种方式。系统中的每个粒子都将根据此设置进行排序
Sorting Fudge	粒子系统排序偏差。较低的值会增加粒子系统在其他透明游戏对象（包括其他粒子系统）上绘制的相对几率。此设置仅影响粒子系统在场景中的显示位置，不会对系统中的单个粒子执行排序
Min Particle Size	最小粒子大小（无论其他设置如何），表示为视窗大小的一个比例。请注意，仅当 Rendering Mode 设置为 Billboard 时才应用此设置
Max Particle Size	最大粒子大小（无论其他设置如何），摄像机贴近如果粒子自动缩小，那么这个数值就要放大。需注意的是，仅当 Rendering Mode 设置为 Billboard 时才应用此设置
Render Alignment	使用下拉选单选择粒子公告牌面向的方向
View	粒子面向摄像机平面
World	粒子与世界轴对齐
Local	粒子与游戏对象的变换组件对齐
Facing	粒子面向摄像机游戏对象的直接位置
Enable GPU Instancing	控制是否要使用 GPU 实例化来渲染粒子系统，但需要使用网格渲染模式并使用兼容的着色器。GPU 粒子在移动端需要能支持的硬件，大多机型现在不推荐使用
Flip	在指定轴上镜像一定比例的粒子。较高的值会翻转更多的粒子

续表

属性	功能
Allow Roll	控制面向摄像机的粒子是否可以围绕摄像机的 Z 轴旋转。禁用此属性对于 VR 应用特别有用，因为在此应用中 HMD 滚动可能会给粒子系统带来不良后果
Pivot	修改旋转粒子的中心轴心点。此值是粒子大小的乘数
Visualize Pivot	在 Scene 视图中预览粒子轴心点
Masking	设置粒子系统渲染的粒子在与精灵遮罩交互时的行为方式
No Masking	粒子系统不与场景中的任何精灵遮罩交互，这是默认选项
Visible Inside Mask	粒子在由精灵遮罩覆盖的地方是可见的，而在遮罩外部不可见
Visible Outside Mask	粒子在精灵遮罩外部是可见的，而在遮罩内部不可见。精灵遮罩会隐藏其覆盖的粒子部分
Apply Active Color Space	在线性颜色空间中渲染时，系统会在将粒子颜色上传到 GPU 之前从伽马空间转换粒子颜色
Custom Vertex Streams	配置材质的顶点着色器中可用的粒子属性
Cast Shadows	如果启用此属性，阴影投射光源照在粒子系统上时将产生阴影
On	选择 On 启用阴影
Off	选择 Off 禁用阴影
Two-Sided	选择 Two Sided 允许从网格的任一侧投射阴影（这意味着不考虑背面剔除），但双面显示会增加更多耗能
Shadows Only	选择 Shadows Only 使阴影可见，但网格本身不可见。常用来模拟多数量阴影，粒子本身不可见，一般制作云朵阴影较多
Shadow Bias	沿着光照方向移动阴影以消除因使用公告牌来模拟体积而导致的阴影瑕疵
Receive Shadows	决定阴影是否可投射到粒子上。只有不透明材质才能接受阴影
Sorting Layer	渲染器排序图层的名称
Order in Layer	此渲染器在排序图层中的顺序，在粒子重叠闪烁的时候需要进行调整
Light Probes	粒子受光照探针的影响
Reflection Probes	如果启用此属性，并且场景中存在反射探针，则会为此游戏对象拾取反射纹理，并将此纹理设置为内置的着色器 uniform 变量
Anchor Override	使用光照探针或反射探针系统时用变换来确定插值位置

【应用案例】

粒子系统介绍　　制作雪花飘落效果　　粒子系统

拓展实训

请同学们用本章所学的知识创建一个有山、有水、有植被、有木屋，可交互的第一人称漫游场景，要求替换天空盒，加光影、加地形和粒子特效，并打包发布，范例如图4-68所示。

图 4-68　范例图

第 5 章

虚拟现实开发交互语言基础

本章导读

面向对象的程序设计方法是在对真实系统建模的基础之上提出的一种软件开发方法。C# 是由 Microsoft 公司推出的面向对象的程序语言。它通过类、对象、继承、多态等形成了一个完善的面向对象的编程体系。

本章详细介绍面向对象程序设计的基本概念，如类、对象、方法、属性等，使读者初步建立起面向对象编程思路。通过学习本章，读者能用面向对象的编程思路编写一般程序。

教学目标

★ 掌握类的定义和使用。
★ 掌握对象的使用。
★ 掌握方法的重载。
★ 掌握属性的使用。
★ 熟悉构造函数的使用和重载。
★ 熟悉析构函数的使用。
★ 掌握静态类和静态成员的使用。
★ 掌握继承的概念与设计。
★ 掌握多态的设计方法。
★ 熟悉域和属性的使用。
★ 熟悉命名的基本含义与用法。

5.1 面向对象程序设计概念

【学习目标】

了解面向对象程序设计的基本概念。基本理解面向对象程序设计的思想和一些术语。

【知识要点】

5.1.1 对象

对象是面向对象程序设计中涉及的核心概念。它代表着真实世界中一个实体或概念。例如，职工、汽车或公司等都可以建模成对象。

对象具有状态、行为和身份。对象的状态用一组属性和属性对应的值表示；对象的行为表示对象可以具有的动作或操作；对象的身份即对象的标识，用于区别于另一个对象。例如，如果将一辆汽车作为一个对象，静止或正在移动表示汽车当前的状态，加速或减速表示汽车的行为，唯一的车牌号码用于标识这辆汽车的身份。两个或多个对象可以有相同的行为和状态，但身份各不相同。

5.1.2 类的概述

在现实世界中充满了具有各种形状、大小、颜色和行为的对象。根据对象的特征，我们需要给对象进行分类。例如，狗、马、猫、孔雀、麻雀和翠鸟本质上都是对象，但按照物种分类，狗、马和猫属于哺乳动物，而孔雀、麻雀和翠鸟属于卵生动物。在鸟类中，孔雀、麻雀和翠鸟共享鸟类家族的公共特征，它们都产蛋、都覆盖羽毛、都能够飞翔，所以把刚才提到的各个种类的鸟统称为“鸟”的类。

从上述陈述中可以得出类的概念，类是对对象进行分类的声明，是人们对客观对象不断认识而抽象出来的概念。例如，人们在现实生活中接触了大量的汽车、摩托车等实体，从而产生了交通工具的概念，交通工具就是一个类，现实生活中一辆具体的汽车则是该类的对象。类和对象具有不同的概念。类定义对象的类型，是基于对象的抽象，但它不是对象本身。对象是基于类的具体实体，有时又称类的实例。

在 C# 中，根据类的来源可分为系统类和自定义类。系统类是由系统预先定义在 .NET 框架类库中，程序员能直接使用。如多次用到的 Console 类就是系统类，对于程序员来说无需自行定义该类，只需要熟悉 Console 类提供的功能即可。自定义类则是由程序员根据系统开发的需要而创建的类。类在本质上是一种数据类型，所以类的用法和基本数据类型的用法基本相同。

5.1.3 消息和行为

在面向对象的程序设计中，对象不是独立存在的。对象之间要进行交互，交互通过消息发生。在面向对象的程序设计中，行为又称“方法”，根据 Grady Booch 的定义：行为是对象根据其状态的更改和消息的传递进行的作用和反作用。

例如，一个电脑游戏中有两个游戏者（对象）张三和李四，他们互相射击，当张三攻击李四时，李四接收消息并对该消息进行响应，在响应时可采取特定的行为，如奔跑、躲藏、闪避或回击。

5.1.4 类的封装性

封装就是将用来描述客观事物的一组数据和操作封装在一起，形成一个类。但封装不同于包装，包装是把东西包起来，使其不能被外界直接接触到。封装是把东西封住，可以与外界适当接触，但又不能被“完全”接触。现实生活中封装的实例很多，如电视机、手机，有一个外壳将它们的内部细节封装起来，但它们的按钮暴露在外面，所以，我们按按钮可以获得它们相应的功能。如果它们的内部细节不被封装，那么对用户使用而言是不方便的，实际上它们内部的细节用户没有必要知道。

同理，在面向对象的程序设计中，“封装”就是隐藏了类的实现细节，程序员在使用类时，只要知道该类公有成员的功能并执行相关的操作，而不需要知道该类公有成员是如何实现的。如同日常生活中，我们只要知道手机、电视机的功能，而不需要知道这些功能是如何实现是一样的道理。

【应用案例】

VR 室内交互开发——物体边缘外发光

5.2 类

【学习目标】

从计算机语言角度来说，类是一种数据类型，而对象是具有这种类型的变量。在面向对象程序设计中，类的设计非常重要，是软件开发中关键的一步，如果设计合理，既有利于扩充程序，又可以提高代码的可重用性。因此我们应熟悉面向对象程序设计中的类和对象、成员字段和方法的创建及使用方法。

【知识要点】

5.2.1 类的声明

在 C# 中，定义类需要使用关键字 class。类定义的格式如下：

```
[类的访问修饰符] class 类名
{
  //类成员
}
```

小贴士：类名必须是合法的 C# 标识符。

“类成员”包括类中所有的数据以及对数据的操作，如字段、属性、方法和构造函数等。

通常类名应该命名一个有意义的名称。例如，要处理学生的基本信息，可以定义一个学生类，并为该类取名为 Student。类名的首字母一般用大写字母。

C# 中提供了许多访问修饰符，它们确定了是否允许其他代码对类的某个特定成员进行访问。通过访问修饰符，C# 能实现封装性。C# 中常用的访问修饰符及其含义见表 5-1。

表 5-1　C# 中常用的访问修饰符及其含义

声明的可访问性	含 义
public	访问不受限制
protected	访问仅限于包含类或从包含类派生的类型
internal	访问仅限于当前程序集
protected internal	访问仅限于从包含类派生的当前程序集或类型
private	访问仅限于包含类型

在类定义中，将数据成员声明为 private 或 protected，就能实现数据隐藏，防止在类定义外非法访问类中的数据成员；当数据成员被声明为 public 时，类外也能实现对类的数据成员的访问。

例如，以下声明了一个 Person 类：

```
public class Person                              // 声明 Person 类
{
   public int pno;                               // 编号字段
   string pname;                                 // 姓名字段
   public void Setdata(int no,string name）      // 定义 Setdata 方法
   {pno=no;   pname=name;}
   public void Dispdata()                        // 定义 Dispdata 方法
   {Console.WriteLine("{0}   {1}", pno, pname);}
}
```

5.2.2　类的成员字段

字段是类的成员之一。定义字段的方法和其他高级语言定义变量的方法类似。通常默认使用 private 修饰（可以省略）。例如，前面声明的 Person 类有两个字段，其中 pno 为 int 类型，是公有的，而 pname 为 string 类型，是私有的。

5.2.3　类的成员方法

方法也是类的成员之一，其实质就是在类中声明函数，为类的对象提供行为。类中的方法通常用来表示对字段进行的操作，即对类中的数据进行操作，以实现特定的功能。例如，前面声明的 Person 类中定义了两个方法，分别是 Setdata() 方法和 Dispdata() 方法。

方法遵循先定义后使用的规则。在 C# 中方法必须放在类定义中声明，即方法必须是某一个类的类成员，具体声明和调用方法在后续内容中进行详细描述。

5.2.4　创建对象并访问成员

1. 创建对象

在完成类的定义后，接下来就可以创建对象。在面向对象的程序设计中，通常要通

过对象才能访问类的成员。“创建对象”又称“对象实例化”，是向系统申请存储空间的过程。对象实例化时申请的存储空间主要是数据成员需要的内存空间。创建对象要使用关键字new。常用的创建对象的格式有两种：

格式一：

```
<类名><对象名>;                    //先声明对象
对象名=new 类名;                   //再创建对象
```

格式二：

```
<类名><对象名>= new <类名>;        //声明的同时创建对象
```

例如，对前述案例中定义的类Person，要创建该类的对象p，可采用以下两种方法：

方法一：

```
Person p;                          //先声明对象
p=new Person();                    //再创建对象
```

方法二：

```
Person p=new Person();             //声明的同时创建对象
```

2. 访问对象成员

创建对象的目的是要通过对象来访问类的成员。访问对象的成员需要使用成员运算符“·”。例如，前面定义的p对象的pno字段表示为p.pno，调用前面定义的p对象的成员方法Setdata表示为p.Setdata(101,"helen")。

3. 访问对象成员的限制

对于类的私有成员，只能从声明它的类的内部访问，其他类不能看见或访问它们，也不能从类的外部（该类的对象）访问。例如，前面定义并实例化的Person类对象p，使用p.pname访问是错误的，因为Person类中pname字段是私有字段。

对于类的公有成员，可以从类的外部访问，所以类的公有成员提供了类的外部接口。至于保护的成员，只有在类继承时能体现出与私有成员的不同。

例 5.1 设计一个控制台应用程序，说明调用对象方法的过程。

```
using System;
namespace proj5_1
{
  class NumberManipulator                  //声明NumberManipulator类
  {
    public int FindMax(int num1, int num2) //定义FindMax方法
    {
      int result;                          //定义局部变量
      if (num1 > num2)
        result = num1;
      else
        result = num2;
      return result;
    }
  }
```

```
    class Program
    {
        static void Main(string[] args)
        {
            int a = 100,b = 200,ret;                  // 定义局部变量
            NumberManipulator n = new NumberManipulator();
            ret = n.FindMax(a, b);                    // 调用 FindMax 方法
            Console.WriteLine(" 最大值是 : {0}", ret);
        }
    }
}
```

按 Ctrl+F5 组合键，程序运行结果如图 5-1 所示。

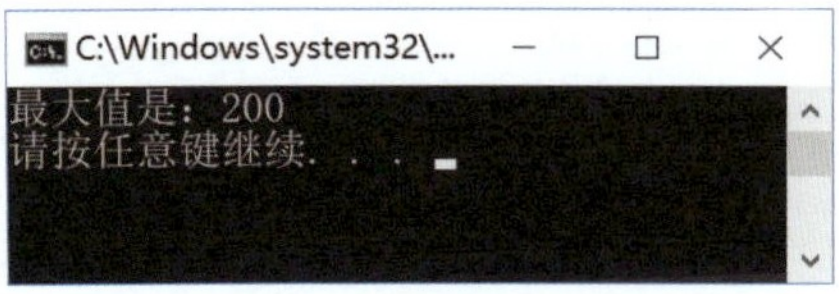

图 5-1　例 5.1 程序运行的结果

【应用案例】

常用类

5.3 方法

【学习目标】

方法是类中最重要的成员之一，例如在 C# 中，Main() 方法就是应用程序的入口点，在启动程序时由公共语言运行库（CLR）调用。本节介绍 C# 类中的方法相关内容。读者应掌握方法的定义，理解方法的各种返回类型以及方法的分类与使用。

【知识要点】

5.3.1　方法的定义

方法类似于 C 语言中的函数。它包含一系列代码块，可以使用方法的名称从其他地方执行代码，也可以把数据传入方法并进行处理。从本质上说，方法就是和类相关联的动作，可以作为类的外部接口，用户可以通过外部接口来操作类的私有字段等。

方法在类或结构中定义。在定义方法时需要指定访问级别、返回值、方法名称以及任何方法参数。方法参数放在括号（英文括号）中用逗号（英文逗号）隔开，方法无参数时也不能省略空括号。定义方法的基本格式如下：

```
[ 方法修饰符 ] 返回类型 方法名 ( 参数列表 )  // 方法头部
{
  // 方法体 ;
}
```

如果省略“方法修饰符”，方法默认为 private。“返回类型”指定该方法返回的数据类型，可以是任何有效的类型；如果方法不需要返回一个值，其返回类型设置为 void。“参数列表”是用逗号分隔的类型和标识符。这里的参数若是形参，则将用来在调用方法时接收实参传给方法的值，如果方法没有参数，那么“参数列表”为空。

5.3.2 方法的返回值

方法可以用 return 语句向调用方返回某个特定类型的值（如果方法不返回值则用 void 标识），同时 return 还会停止方法的继续执行。例如，以下类 SampleClass1 中的 Addnum 方法用 return 语句返回值：

```
class SampleClass1                          // 声明类 SampleClass1
{  int num=10;
   public int Addnum(int num1)              // 定义公共方法 Addnum ()
   {  int sum=num+num1;
      return sum;
   }
}
```

一个方法还可以返回类对象。例如，以下方法 method 返回一个类型为 MyClass 的对象：

```
MyClass method ()
{  MyClass mc=new MyClass();
   …
   return mc;
}
```

5.3.3 方法的参数类型

方法中的参数是保证不同方法间互动的重要“桥梁”，方便用户对数据进行操作。方法头部的“参数列表”中定义的参数称为形式参数（简称“形参”），是本地变量。当调用一个方法时，形参的值必须在方法的代码开始执行之前被初始化，用于初始化形参的表达式或变量称为实际参数（简称“实参”）。每一个实参必须与对应形参的类型相匹配，或是编译器必须能够把实参隐式转换为那个类型。在 C# 中方法的形参有下面 4 种类型。

1. 值参数

使用值参数，通过将实参的值复制到形参的方式把数据传递给方法。调用值参数的方法不会修改内存中对应实参的值，所以在使用值参数时可以保证实参的安全性。

例如，调用前面 SampleClass1 类的 Addnum 方法中的参数就是值参数，见以下的

Main 方法：

```
static void Main()
{  SampleClass1 s=new SampleClass1();
   int n=5;
   Console.WriteLine(s.Addnum(n));    // 输出 15
}
```

2. 引用参数

在方法定义的形参中以 ref 修饰符声明的参数属引用参数。当引用参数为值类型时，形参的参数名将作为实参变量的别名指向相同的内存位置。

在调用方法前，引用形参对应的实参必须被初始化。另外，在调用方法时引用形参对应的实参必须使用 ref 修饰。

例如，声明 SampleClass2 类中有 Addnum 方法的代码如下：

```
public class SampleClass2                           // 声明类 SampleClass2
{
   int num=10;                                      // 私有字段
   // 定义公共方法 Addnum
   public void Addnum(int num1,ref int num2)        // num2 为引用型参数
      {num2=num+num1;}
}
```

见以下的 Main 方法：

```
static void Main（string[] args）
{  int x=0,n=5;
   SampleClass2 s=new SampleClass2();
   s.Addnum(n,ref x);                               // 调用 Addnum 方法
   Console.WriteLine(x);                            // 输出 15
}
```

3. 输出参数

以 out 修饰符声明的参数属输出参数。与引用参数类似，输出型参数也不开辟新的内存区域。同样，在调用时输出参数对应的实参前面要加上 out 修饰符。

4. 参数数组

前面 3 种参数必须严格地一个实参对应一个形参。参数数组不同，它允许零个或多个实参对应一个特殊的形参。

以 params 修饰符声明的参数为参数数组，用于处理相同数据类型但参数个数可变的情况。在方法声明中，params 关键字之后不允许有任何其他参数，并且在方法声明中只允许有一个 params 关键字。参数数组不能再有 ref 和 out 修饰符。

例如，下面声明的 SampleClass3 类中的 Addnum 方法使用了一个数组型参数：

```
public class SampleClass3                                    // 声明类 SampleClass3
{
   public void Addnum(ref int sum,params int[] b){     // 定义公共方法 Addnum()
   {  sum=0;
      foreach(int item in b)
```

```
        sum+=item;
    }
    class Program
    {  static void Main(string[] args)
       {  int x=0;
          Samplec1ass3 s=new SampleClass3();      // 创建对象 s
          s.Addum(ref x,1,2,3,4,5) ;              // 调用 Addnum 方法
          Console.WriteLine(x) ;                  // 输出 15
       }
    }
```

其中，方法头部为 public void Addum(ref int sum,params int[] b)，调用方法的形式可以如下：

```
Addnum(ref  x)                      // 无实参
Adcdnum(ref  x,1)                   //1 个实参
Addnum(ref  x,1,2)                  //2 个实参
Addnum(ref  x,1,2,3,4,5)            //5 个实参
```

也可以直接用数组作为实参。例如，前面的 Main 方法可等效于下述代码：

```
static void Main(string[] args)             //Main 方法
{  int[] a=new int[]{1,2,3,4,5}             // 定义一维数组 a
   int x=0;
   SampleClass3 s=new SampleClass3();       // 创建对象 s
   s.Addnum(ref  x,a) ;                     // 调用 Addnum 方法
}
```

5.3.4 方法的分类

方法分为静态方法和非静态方法。如果一个方法声明中含有 static 修饰符，则称该方法为静态方法；如果方法声明中没有 static 修饰符，则称该方法为非静态方法。下面分别对静态方法和非静态方法进行介绍。

1. 静态方法

静态方法不对特定实例进行操作，在静态方法中引用 this 会导致编译错误。

例 5.2 创建一个控制台应用程序，在其中定义一个静态的方法，返回类型为 int，主要用来实现两个整数相加的功能，然后在主方法 Main 中使用类名直接调用自定义的静态方法。

```
using System;
namespace proj5_2
{
   class MyClass
   {
      public static int Add(int x, int y)   // 定义静态方法
      {
         return x + y;
      }
```

```
    }
    class Program
    {
        static void Main(string[] args)
        {
            Console.WriteLine(" 结果 : " + MyClass.Add(3, 5));   // 调用静态方法
        }
    }
}
```

除了静态方法还有静态字段，合称静态成员。静态成员属于类所有，而非静态成员属于类的对象所有，所以静态成员也称为类成员，非静态成员也称为对象成员。

按 Ctrl+F5 组合键，程序运行结果如图 5-2 所示。

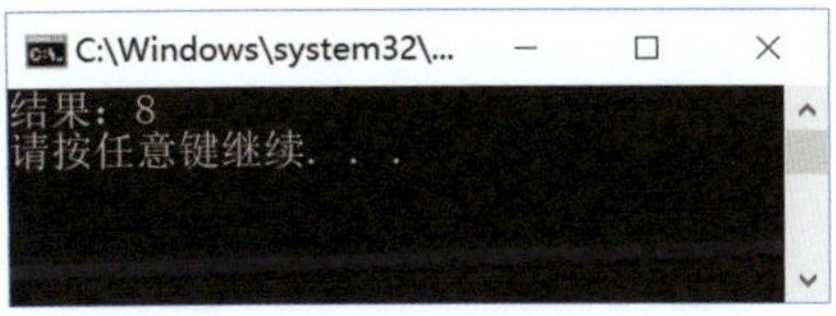

图 5-2　例 5.2 程序运行的结果

例 5.3　创建一个控制台应用程序，说明静态字段的使用。

```
using System;
namespace proj5_3
{
    class MyClass{
        int n;
        public static int s = 0;   // 定义静态字段并初始化
        public MyClass(int x)
        {  n = x;  }
        public void Add()
        {    s = s+ n;  }
    }
    class Program
    {
        static void Main(string[] args)
        {
            MyClass a = new MyClass(3);
            MyClass b = new MyClass(5);
            a.Add();
            Console.WriteLine("s={0}",MyClass.s);   // 输出静态字段的方法
            b.Add();
            Console.WriteLine("s={0}",MyClass.s);
        }
    }
}
```

按 Ctrl+F5 组合键，程序运行结果如图 5-3 所示。

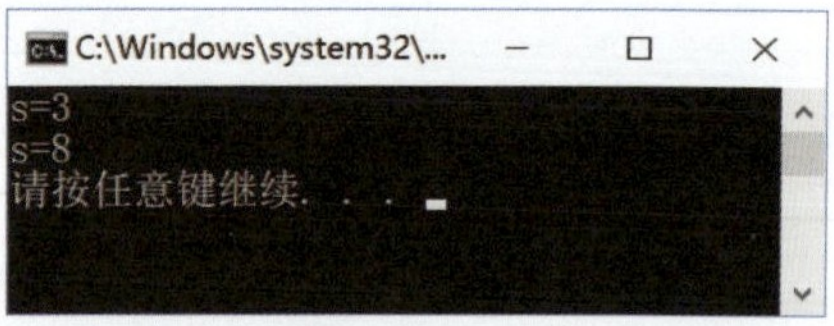

图 5-3　例 5.3 程序运行的结果

2. 非静态方法

非静态方法是对类的某个给定的实例进行操作，而且可以用 this 来访问该方法。

例 5.4　创建一个控制台应用程序，在其中定义一个非静态的方法 Add（该方法中有两个参数，其返回类型为 int），主要用来实现两个整数相加的功能；然后在主方法 Main 中实例化 MyClass 类的一个对象，并使用该对象名调用自定义的非静态方法，并向 Add 方法中传递两个参数。

```
using System;
namespace proj5_4
{
  class MyClass
  {
    public int Add(int x, int y)                         // 定义非静态方法
    {
      return x + y;
    }
  }
  class Program
  {
    static void Main(string[] args)
    {
      MyClass a = new MyClass();                       // 实例化类对象
      Console.WriteLine(" 非静态方法 ：" + a.Add(3, 5));    // 对象调用方法
    }
  }
}
```

按 Ctrl+F5 组合键，程序运行结果如图 5-4 所示。

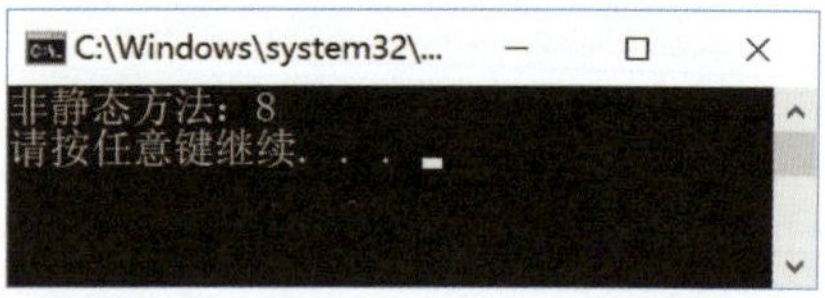

图 5-4　例 5.4 程序运行的结果

5.3.5　this 关键字的用法

this 关键字在类中使用，是对当前实例的引用。在声明一个类后，当创建该类的一个对象时，该对象隐含有一个 this 引用，其作用是引用当前正在操作的对象。this 关键字用在方法、构造函数或属性中，用来区分类的成员和本地变量或参数。

例 5.5 设计一个控制台应用程序，说明 this 关键字的使用。

```
using System;
namespace proj5_5
{
    class Student                                    // 声明 Student 类
    {
        private string name;
        private float score;
        public Student(string name,float score)      // 构造函数
        {
            this.name = name;                        // 使用 this 给同名的字段赋值
            this.score = score;
        }
        public void Display()
        {
            Console.WriteLine(" 姓名 : {0}",name);
            Console.WriteLine(" 等级 : {0}",Degree.getDegree(this));
            //
        }
        public float pscore
        {
            get { return score; }
        }
    }
    class Degree                                     // 声明 Degree 类
    {
        public static string getDegree(Student s)    // 分数换等级的静态方法
        {
            if (s.pscore >= 90) return " 优 ";
            else if(s.pscore >= 80) return " 良 ";
            else if (s.pscore >= 70) return " 中 ";
            else if (s.pscore >= 60) return " 及格 ";
            else  return " 不及格 ";
        }
    }
    class Program
    {
        static void Main(string[] args)
        {
            Student s1 = new Student(" 李萍 ", 99);  // 创建学生对象
            s1.Display();
        }
    }
}
```

该程序中有两个地方使用了 this 关键字，一个是在 Student 类的构造函数中使用 this 给同名的字段赋值（如果不加 this，执行 name=name 时不知哪个是字段哪个是形参，这样在程序执行时会出错；而加上 this 后，this.name 表示字段，name 表示形参）；另一个

是在 Student 类的 Display 方法中用 this 引用当前调用该方法的学生对象，将该学生对象传递给 Degree 类的 getDegree 静态方法，从而返回该学生对象 score 字段对应的等级。

本程序的运行结果如图 5-5 所示。

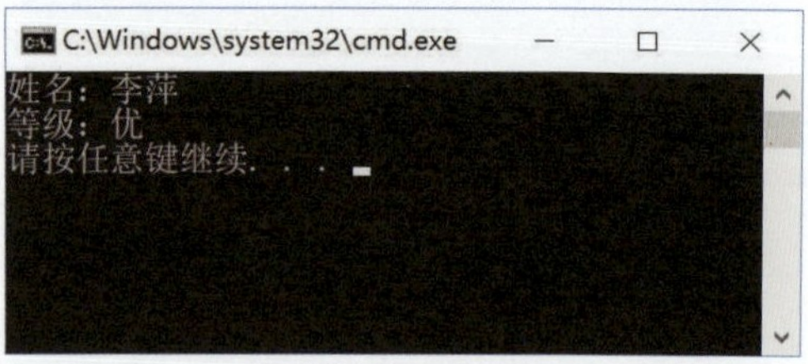

图 5-5　例 5.5 程序运行的结果

5.3.6　方法的重载

方法重载是指调用同一个方法名，但各方法中参数的数据类型、个数或顺序不同。只要类中有两个以上的同名方法，但若使用参数的数据类型、个数或顺序不同，调用时编译器就可以判断在哪种情况下调用哪种方法。

例 5.6　创建一个控制台程序，在其中定义一个重载方法 Add，并在主方法 Main 中分别调用其各种重载形式对传入的参数进行计算。

```
using System;
namespace proj5_6
{
  class MyClass
  {
    // 定义一个静态方法
    public static int Add(int x, int y) { return x + y; }
    // 重新定义方法，返回 double
    public double Add(int x, double y) { return x + y; }
    // 重新定义方法，返回 int 且参数个数不同
    public int Add(int x, int y, int z) { return x + y + z; }
  }
  class Program
  {
    static void Main(string[] args)
    {
      MyClass a = new MyClass();
      int x = 3, y = 5, z = 7;
      double y2 = 5.6;
      Console.WriteLine(x + "+" + y + "=" + MyClass.Add(x, y));   // 调用静态方法
      Console.WriteLine(x + "+" + y2 + "=" + a.Add(x, y2));
      Console.WriteLine(x + "+" + y + "+" + z + "=" + a.Add(x, y, z));
    }
  }
}
```

按 Ctrl+F5 组合键，程序运行结果如图 5-6 所示。

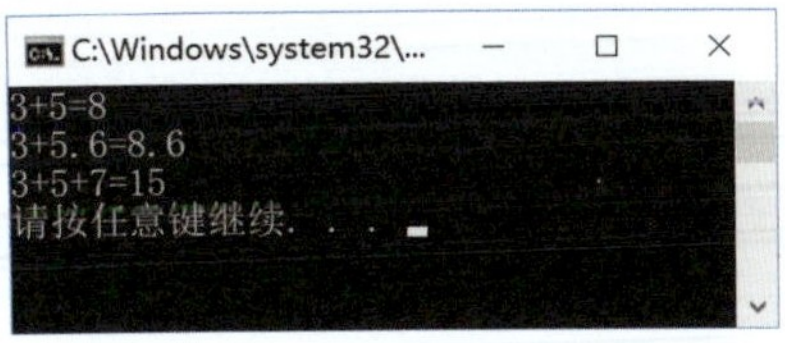

图 5-6　例 5.6 程序运行的结果

【应用案例】

VR 室内交互开发——UI 交互面板加载与交互

5.4 继承和多态

【学习目标】

本节简要介绍继承的基本概念、继承的工作机制，以及使用继承来提高代码的可重用性；重点围绕虚方法、抽象类以及接口三种方法的定义和使用；讲解在 C# 中如何实现类的多态。读者应掌握 C# 中的继承与多态的设计与实现方法。

【知识要点】

在现实世界里，事物之间是相互联系的，它们既具有某些相同的特征，同时也存在着内在的差别。人们通常采用层次结构来描述这些事物之间的相似之处和不同之处。继承是面向对象程序设计最重要的特征之一，它允许创建分等级层次的类。运用继承创建一个通用类，它定义了类的一般特性，该类可以被更具体的类继承，每个具体的类都增加了一些自己特有的成员。在实际生活中，许多事物都存在着这样的层次关系，即它们可能同属于某一大类，但在同一类中又有着各自独立存在的特征。

多态性概念来源于生物学，指多型现象。面向对象的多态性是指在不同的条件下同一个方法的执行可表现出不同的形态，即实际执行的可能是不同的方法，存在着一对多的关系。在面向对象程序设计中，从广义上看，可以将多态性分成两种：静态多态性和动态多态性。

静态多态性是指一个对象同时以不同的物理形式存在。这个概念类似于某个学生同时代表哥哥和班长二个身份。像前面讲的方法重载就属于静态多态，这种多态在程序编译时，系统就能确定类的对应方法而进行调用。所以，静态多态性又称先期联编多态性。

动态多态性是指对象根据环境变化来改变它的形式。这种多态只有在程序运行时，系统才能确定类的对应方法而进行调用。所以，这种多态又称滞后联编多态性。从实现多态的方法上看，动态多态性可分为两种类型：基于继承的多态性和基于接口的多态性。基于继承的多态性是在基类中定义方法并在派生类中重写它们，具体实现时采用的是“虚方法”方式。

5.4.1 继承的概念

在面向对象程序设计中，为了能有效地描述现实生活中的事物关系，引入了类的继承性。继承就是在已有类的基础上创建新类，使新类部分或全部继承已有类的成员。在继承中，通过继承已有的一个或多个类而产生的一个新类称为派生类（或子类），被继承的类称为基类（或父类）。通过继承可以共享特性和操作，从而高效地重用代码。例如，现在有三个类，分别是动物、狗和马。狗和马都是动物，所以狗和马可以看成动物的派生类，动物可以看成是马和狗的基类。我们可以通过一个层次结构图来表示上述关系，如图 5-7 所示。

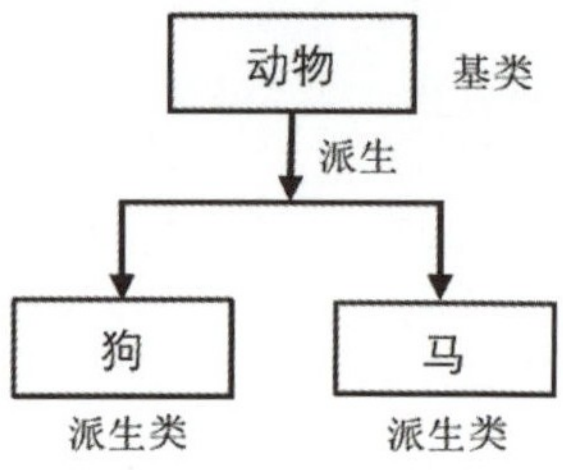

图 5-7　继承层次结构示意图

5.4.2 基类与派生类

从基类派生出一个新类的语法格式如下：

```
[ 类修饰符 ] class 派生类名 : 基类名          // “:” 表示派生的意思
{
  …                                        // 派生类代码
}
```

小贴士：

（1）在 C# 中不允许多重继承，只允许继承自一个基类。

（2）在 C# 中通过继承，子类将拥有父类除构造函数和析构函数以外的所有成员，包括可以从它的基类中继承字段、属性、方法、事件等。

例如，声明一个基类的代码如下：

```
class A
{  private int n;                          // 私有字段
   protected int m;                        // 保护字段
   public void funa()                      // 公有方法
   {
     // 方法的代码
   }
}
```

再声明一个B类继承A类，注意继承是用“:”表示的，代码如下：

```
class B:A
{  private int x;                           // 私有字段
   public void funb()                       // 公有方法
   {
      // 方法的代码
   }
}
```

在主函数中包含以下代码：

```
B  b=new B();                               // 定义对象并实例化
b.funa();                                   // 执行 b 对象的 funa() 方法
```

从上述代码中可以看到，因为B类继承了A类，所以可以通过B类的对象b调用funa()方法。类的继承与派生关系如图5-8所示。

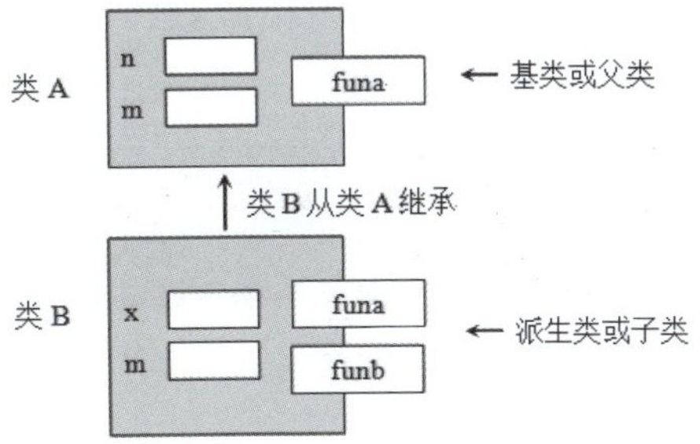

图5-8　类的继承与派生关系

5.4.3　单继承的用法

单继承一般用于类之间的继承。C#中的类只支持单继承。实现单继承时，使用“子类:基类”的格式。

例5.7　创建一个控制台程序，自定义一个MyClass类，在子类中重写基类的虚方法，使用base关键字调用基类的虚方法。

```
using System;
namespace 5_7
{
  class MyClass
  {
    public virtual int Add(int x,int y)         // 定义虚方法 Add
    {
      return x + y;
    }
  }

  class Program:MyClass                         // 类 Program 继承基类 MyClass
  {
    int z = 0;                                  // 定义一个 int 变量，作为第二个被加数
```

```
        public override int Add(int x, int y)
        {
            return base.Add(x, y)+z;                    // 调用基类中的 Add 方法
        }
        static void Main(string[] args)
        {
            Program p1 = new Program();
            p1.z = 9;
            Console.WriteLine(p1.Add(3,5));            // 使用重写的方法计算 3 个数之和
        }
    }
}
```

在上述代码中，自定义的虚方法 Add 用来计算两个整数的和，然后在程序类中重写 MyClass 类中的虚拟方法 Add，用来计算 3 个数之和，最后在 Main 方法中调用重写的方法计算并输出结果。

按 Ctrl+F5 组合键，程序运行结果如图 5-9 所示。

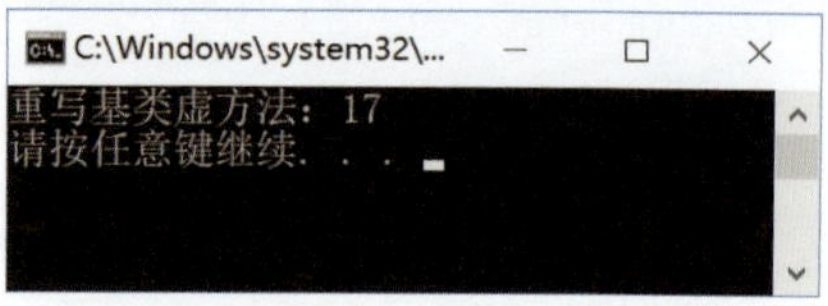

图 5-9　例 5.7 程序运行的结果

5.4.4　多重继承的使用

因为 C# 中的类只支持单继承，而接口支持多重继承，因此要使用多重继承，需要使用接口。实现多重继承时，继承的多个接口间用“,”隔开。

1. 声明接口

一个接口的声明属于一个类型说明。接口定义的语法形式如下：

```
[ 接口修饰符 ] interface 接口名称
{
  // 接口成员体 ;
}
```

2. 接口的继承

接口可以从零个或多个接口中继承。当一个接口从多个接口中继承时，使用“:”后跟被继承的接口名称的形式，多个接口之间用“,”号分隔。被继承的接口应该是可以被访问的，不能从 internal 类型的接口继承。继承一个接口也就继承了该接口的所有成员。

例如，以下代码先声明了接口 Ia 和 Ib，另一个接口 Ic 是从它们派生的。

```
public interface Ia                          // 接口 Ia 的声明
{
  void mymethod1();
}
public interface Ib                          // 接口 Ib 的声明
```

```
{
    int mymethod2(int x);
}
public interface Ic:Ia,Ib                          // 接口 Ic 继承了 Ia 和 Ib
{
    ...
}
```

在上述代码中，接口 Ic 中包含了从 Ia 和 Ib 中继承而来的 mymethod1 和 mymethod2 方法。

3. 接口的实现

接口实现的语法格式如下：

```
class 类名:接口名列表
{
    // 类实体
}
```

小贴士：

- 当一个类实现一个接口时，这个类必须实现整个接口，而不能选择实现接口的一部分。
- 一个接口可以由多个类实现，而在一个类中也可以实现一个或多个接口。
- 一个类可以继承一个基类，并同时实现一个或多个接口。

4. 隐式实现接口

如果类实现了某个接口，它必然隐式地继承该接口成员，只不过增加了该接口成员的具体实现。若要隐式实现接口成员，类中的对应成员必须是公共的、非静态的，并且与接口成员具有相同的名称和签名。

例 5.8 创建一个控制台程序，说明隐式实现接口的使用。

```
using System;
namespace pro5_8
{
    interface Ia                                   // 声明接口 Ia
    {
        float getarea();                           // 接口成员声明
    }
    public class Rectangle:Ia                      // 类 Rectangle 继承接口 Ia
    {
        float x, y;
        public Rectangle(float x1, float y1)       // 构造函数
        { x = x1; y = y1; }
        public float getarea()                     // 隐式接口成员的实现，必须使用 public
        { return x * y; }
    }
    class Program
    {
        static void Main(string[] args)
```

```
        {
            // 定义一个类实例
            Rectangle box1 = new Rectangle(6.5f, 3.8f);
            Console.WriteLine(" 长方形面积 : {0}", box1.getarea());
        }
    }
}
```

上述程序中的类 Rectangle 隐式实现接口 Ia 的成员 getarea()。按 Ctrl+F5 组合键，程序运行结果如图 5-10 所示。

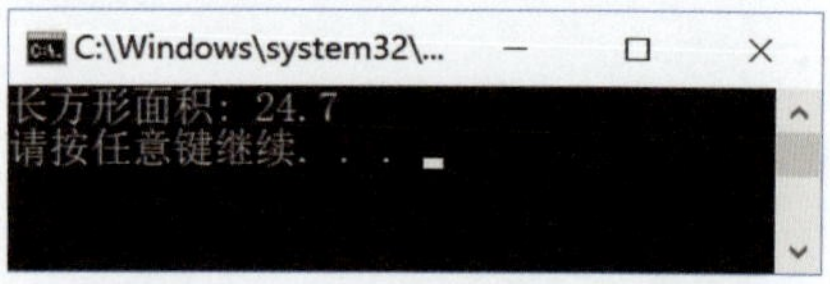

图 5-10　例 5.8 程序运行的结果

5. 显式实现接口

当类实现接口时，如果给出了接口成员的完整名称，则称这样实现的成员为显式接口成员。显式接口成员的实现不能使用任何修饰符。

例 5.9　创建一个控制台程序，说明显式实现接口的使用。

```
using System;
namespace proj5_9
{
    interface Ia                                    // 声明接口 Ia
    { float getarea(); }                            // 接口成员声明
    public class Rectangle:Ia                       // 类 Rectangle 继承接口 Ia
    {
        float x, y;
        public Rectangle(float x1, float y1)        // 构造函数
        { x = x1; y = y1; }
        float Ia.getarea()                          // 显式接口成员实现，带有接口名前缀，不能使用 public
        { return x * y; }
    }
    class Program
    {
        static void Main(string[] args)
        {
            Rectangle box1 = new Rectangle(6.5f, 3.8f);    // 定义一个类实例
            Ia ia = (Ia)box1;                               // 定义一个接口实例
            Console.WriteLine(" 长方形面积 : {0}", ia.getarea());
        }
    }
}
```

上述程序中，类 Rectangle 显式实现接口 Ia 的成员 getarea()。当接口成员由类显式实现时，只能通过对接口的引用来访问该成员。本例主函数中通过 ia.getarea() 调用接口成员。

按 Ctrl+F5 组合键，程序运行结果如图 5-11 所示。

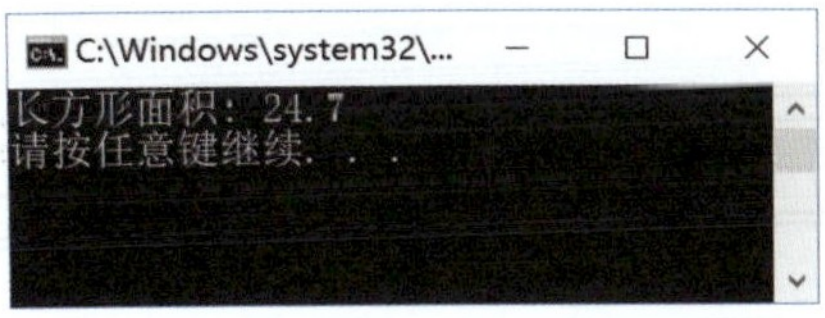

图 5-11　例 5.9 程序运行的结果

5.4.5　多态性

多态是同一个行为具有多个不同表现形式或形态的能力。多态性意味着有多重形式。在面向对象编程范式中，多态性往往表现为“一个接口，多个功能”。多态性可以是静态的或动态的。在静态多态性中，函数的响应是在编译时发生的；在动态多态性中，函数的响应是在运行时发生的。在 C# 中，每个类型都是多态的，因为包括用户定义类型在内的所有类型都继承自 Object。

多态就是同一个接口使用不同的实例而执行不同操作，如图 5-12 所示。

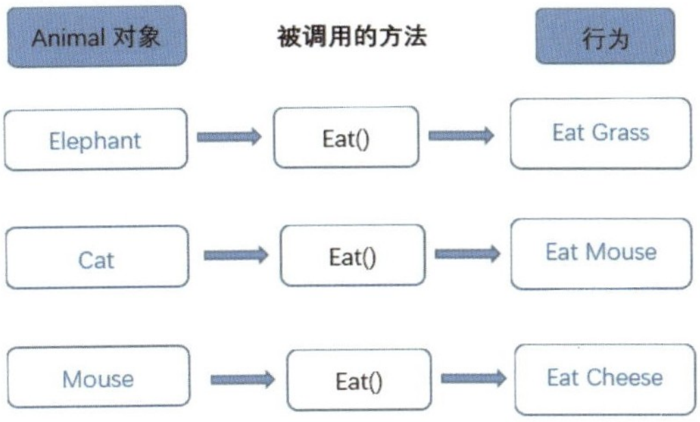

图 5-12　多态示意图

现实中，比如我们按下 F1 键这个动作，可能有如下结果：

- 如果当前在 Flash 界面下，弹出的就是 Flash 帮助文档。
- 如果当前在 Word 系统内，弹出的就是 Word 帮助文档。
- 如果在 Windows 系统内，弹出的就是 Windows 帮助和支持。

即同一个事件发生在不同的对象上会产生不同的结果。

下面将围绕虚方法、抽象类以及接口三种方法的定义和使用，讲解在 C# 中如何实现类的多态。

5.4.6　虚方法实现多态

C# 可以在派生类中实现对基类某个方法的重新定义，并且要求方法名和参数都相同，这种特性称为虚方法重载，又称重写方法。实现虚方法重载要求在定义类时，在基类中对要重载的方法添加 virtual 关键字；然后，在派生类中对同名的方法使用 override 关键字。

基类中声明虚方法的格式如下：

```
public virtual 方法名 ([ 参数列表 ])
{
  // 方法体
}
```

派生类中重载虚方法的格式如下：

```
public override 方法名 ([ 参数列表 ])
{
  // 重写方法
}
```

例 5.10 创建一个控制台程序，说明虚方法实现多态的使用。

```
using System;
namespace proj5_10
{
  public class Animal
  {
    public virtual void Eat()
    {
      Console.WriteLine("Eat something!");
    }
  }
    public class Cat:Animal
  {
    public override void Eat()
    {
      Console.WriteLine("Eat fishes!");          // 重写父类的 Eat 方法，完全取代基类方法
    }
  }
  public class Dog:Animal
  {
    public override void Eat()
    {
      Console.WriteLine("Eat bones!");          // 完全取代基类方法
    }
  }
  class Program
  {
    static void Main(string[] args)
    {
      Animal mycat = new Cat();
      Animal mydog = new Dog();
      mycat.Eat();
      mydog.Eat();
    }
  }
}
```

以上程序体现了开放封闭原则。如果后面需要扩展这个程序，还想再添加一个猫头鹰（Owl），只需要添加一个 Owl 类文件，继承 Animal 类，重写 Eat() 方法，添加给父类

对象就可以了。程序的扩展性得到了提升，而又不需要查看源代码是如何实现的就可以扩展新功能。这就是多态带来的好处。

按 Ctrl+F5 组合键，程序运行结果如图 5-13 所示。

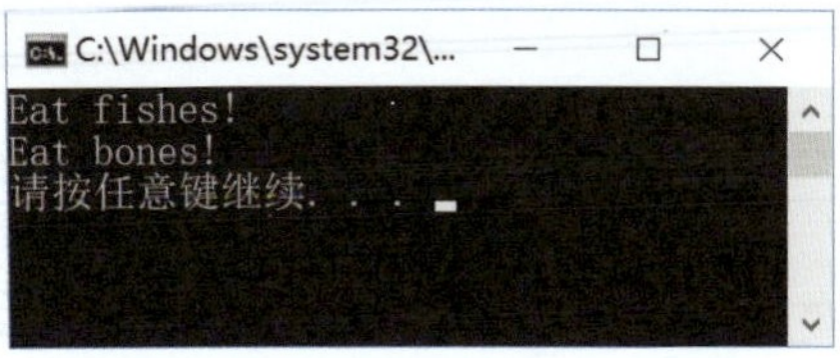

图 5-13　例 5.10 程序运行的结果

5.4.7　抽象类实现多态

1. 定义抽象类

使用虚方法实现的多态可以在基类的虚方法中实现部分派生类所要求的功能。但有时可能会碰到这样的情况：在基类中声明的虚方法无法事先确定要实现的具体功能。

在 C# 中，在类前加关键字 abstract 就可以定义一个抽象类。抽象类的定义格式如下：

```
abstract class 类名
{
    // 抽象类成员的定义
}
```

2. 定义抽象方法

抽象方法的定义格式与抽象类相同，需要在方法名前加 abstract 关键字。抽象方法的定义格式如下：

```
public abstract void 方法名 ( 方法参数 );
```

小贴士：抽象方法没有可执行代码，所以在定义语句最后必须有一个分号“;”。

抽象类和抽象方法的关系是抽象类中可以没有抽象方法，只需用 abstract 修饰类即可，类中如果有抽象方法，类也必须修饰成抽象类。

抽象方法的声明中不能包含 static、virtual、override 修饰符。

3. 实现抽象方法

由于抽象类是不能实例化的，因此，抽象方法的功能需要在派生类中用重写同名方法的方式实现。重写的方法与抽象类中的方法的参数及其类型、方法名都应相同。重写抽象方法要在方法前面加 override 关键字。

例 5.11　创建一个控制台程序，说明抽象方法实现多态的使用。

```
using System;
namespace proj5_11
{
    abstract class Shape                                // 定义抽象类 Shape
    {
        public abstract double Area();
    }
```

```
    class Circle:Shape                                    // 定义派生类 Circle
    {
        private double r;
        private double PI = 3.14;
        public Circle(double r)
        {
            this.r = r;
        }
        public override double Area()                     // 重写基类方法 Area()
        {
            return PI * r * r;
        }
    }
    class Rectangle:Shape                                 // 定义派生类 Rectangle
    {
        private double w;
        private double h;
        public Rectangle(double w, double h)
        {
            this.w = w;
            this.h = h;
        }
        public override double Area()                     // 重写基类方法 Area()
        {
            return w * h;
        }
    }
    class Program
    {
        static void Main(string[] args)
        {
            Shape obj;
            double area;
            Circle c1 = new Circle(5.0);                  // 实例化派生类 Circle
            obj = c1;
            area = obj.Area();                            // 调用各自写的 Area() 方法
            Console.WriteLine(" 圆的面积是 ：" + area);
            Rectangle r1 = new Rectangle(5.0, 6.0);
            obj = r1;
            area = obj.Area();
            Console.WriteLine(" 矩形的面积是 ：" + area);
        }
    }
}
```

以上程序用来计算平面图形面积，先定义一个没有具体实现的抽象方法，只有针对具体的平面图形，如圆形、矩形才能计算出实际的面积值。如果把平面图形看成是圆形和矩形的基类，那么在基类中就不能实现计算平面图形的面积。可以把平面图形定义成抽象类，并将该类的计算面积功能定义为抽象方法，以解决这个问题。

按 Ctrl+F5 组合键，程序运行结果如图 5-14 所示。

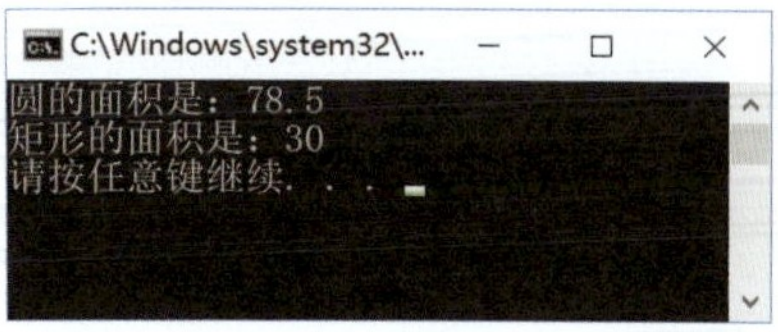

图 5-14　例 5.11 程序运行的结果

5.4.8　接口实现多态

接口是面向对象程序设计思想中的一个重要概念，接口的工作原理很好地体现了面向对象程序设计的优点。例如，如果想将两个水池用一根管子进行连接，就需要定义一个“接口”。通过这个接口，可以使两个水池之间遵守同一种标准来实现对接。例如，这两个水池都必须遵守工厂排水的接口标准，才能实现连接，若其中一个水池采用的是民用自来水接口标准，显然就无法连接。对于水池之间遵守的这种公共标准，读者可以理解为是“接口”的作用。接口的发布要有权威性，自己定义的接口在自己编程的范围内使用；合作开发需要互相商量，事先设计好接口。

接口只负责对方法进行声明，不包括具体的方法体。对于功能的实现，是由实现接口的类来完成。类要实现接口定义的功能，其方法就是让类继承该接口，并实现接口中声明的所有方法，这就是所谓的实现接口。

例 5.12　创建一个控制台程序，说明接口实现多态的使用。

```
using System;
namespace proj5_12
{
    interface IShape                              // 定义接口 IShape
    {
        double Area();
    }
    class Circle:IShape                           // 定义类 Circle 并使其负责实现接口 IShape
    {
        private double r;
        private double PI = 3.14;
        public Circle(double r)
        {
            this.r = r;
        }
        public double Area()
        {
            return PI * r * r;
        }
    }
    class Rectangle:IShape                        // 定义类 Rectangle 并使其负责实现接口 IShape
    {
        private double w;
        private double h;
        public Rectangle(double w, double h)
```

```
        {
            this.w = w;
            this.h = h;
        }
        public double Area()
        {
            return w * h;
        }
    }
    class Program
    {
        static void Main(string[] args)
        {
            double area;
            IShape c1 = new Circle(5.0);               // 创建接口对象 c1，用类 Circle 实例化对象
            area = c1.Area();                          // 调用类 Circle 的 Area 方法。
            Console.WriteLine(" 圆的面积是：" + area);
            IShape r1 = new Rectangle(5.0, 6.0);
            area = r1.Area();
            Console.WriteLine(" 矩形的面积是：" + area);
        }
    }
}
```

在以上程序中定义一个接口代表平面图形，并在该接口中声明一个计算面积的方法成员 Area()，在接口中只需给出方法的声明，具体功能的实现由接口的实现类圆（Circle）和矩形（Rectangle）完成。

按 Ctrl+F5 组合键，程序运行结果如图 5-15 所示。

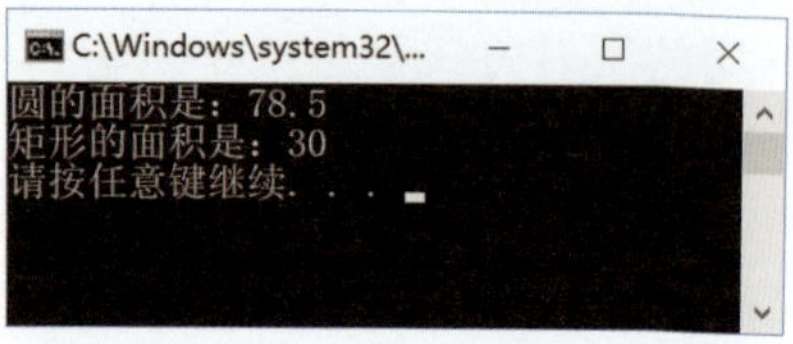

图 5-15　例 5.12 程序运行的结果

【应用案例】

VR 室内交互开发——灯光窗帘动画控制

5.5 域和属性

【学习目标】

类的数据成员变量可以有两种方式：域（Field）和属性（Property）。域作为数据成员变量可以被直接访问，而属性不能直接进行访问，必须通过访问器进行访问。读者应熟练掌握域和属性在类中的定义与使用。

【知识要点】

5.5.1 域的概述及其使用

域修饰符包括 public、protected、internal、private、static 及 readonly 等。域的定义中如果加上了 readonly 修饰符，表明该域为只读域。对于只读域只能在域的定义中和它所属类的构造函数中进行赋值。可以将其认为是存储要满足设计所需要的数据，也称为数据成员，可理解为与字段一致。

域分为实例域和静态域。实例域属于具体的对象，为特定的对象所专有；静态域属于类，为所有对象所共用。C# 严格规定实例域只能通过对象来获取，静态域通过类来获取。

例 5.13 创建一个控制台应用程序，说明域（字段）的使用。

```
using System;
namespace proj5_13
{
  class MyClass
  {
    public static int x = 2, j;                    // 静态域
    public int num = 200;                          // 实例域
  }
  class Program
  {
    static void Main(string[] args)
    {
      Console.WriteLine(MyClass.j);                // 访问静态域
      MyClass mc = new MyClass();                  // 访问实例域
      Console.WriteLine(mc.num);
    }
  }
}
```

按 Ctrl+F5 组合键，程序运行结果如图 5-16 所示。

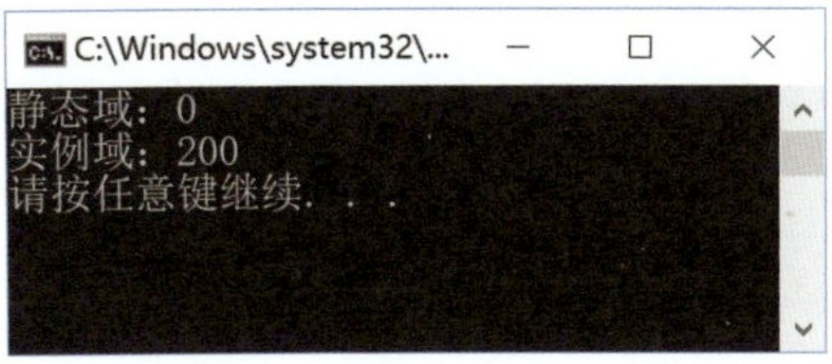

图 5-16 例 5.13 程序运行的结果

5.5.2 属性概述

属性概念可以说是 C# 语言的一个创新，它充分体现了对象的封装性。把要访问的域设为 private，不直接操作类的域，而是通过访问器进行访问，即借助于 get 和 set 访问器对属性的值进行设置或访问（即读写）。get 方法没有参数；set 方法有一个隐含的参数

value。属性的 get 访问器通过 return 来读取属性的值；set 访问器都通过 value 来设置属性的值。

5.5.3 属性的定义及其使用

属性是在一个类里采用以下方式定义的类成员：指定属性的访问级别，后面是属性的类型、属性名称以及声明 get 访问器和 set 访问器的代码块。语法格式如下：

```
public 数据类型 属性名称
{
  get 访问器
  set 访问器
}
```

示例代码如下：

```
public class Date
// 自定义一个 Date 类，类中有一个属性 day，因为提供了 get 和 set 访问器，所以是可读可写属性
{
  private int Day=7;
  public int day                                    // 属性 day 的定义
  {
     get{return Day;}
       set{
          if((value>0) && (value<8))
            Day=value;
          }
  }
}
```

小贴士：get 访问器与方法体类似，必须返回属性类型的值；而 set 访问器类似于返回类型为 void 的方法，使用称为 value 的隐式参数，此参数的类型是属性的类型。

程序中调用属性的语法格式如下：

```
对象名.属性名
```

例 5.14 创建一个控制台应用程序，说明属性的使用。

```
using System;
namespace proj5_8
{
  class MyClass
  {
    private string id = "";
    private string name = "";
    public string ID                          // 定义用户编号属性
    {
      get { return id; }
      set { id = value; }
    }
    public string Name                        // 定义用户姓名属性
    {
      get { return name; }
```

```
            set { name = value; }
        }
    }
    class Program
    {
        static void Main(string[] args)
        {
            MyClass m1 = new MyClass();              // 实例化 MyClass 类对象
            m1.ID = "DB001";                         // 为用户编号属性赋值
            m1.Name = "helen";                       // 为用户姓名属性赋值
            Console.WriteLine(m1.ID + " " + m1.Name); // 输出用户编号和姓名属性值
            m1.ID = "DB002";
            m1.Name = "jack";
            Console.WriteLine(m1.ID + " " + m1.Name);
        }
    }
}
```

在上述代码中定义了一个 MyClass 类，并在类中定义二个 string 类型的变量，分别记录用户的编号和姓名；然后在该类中自定义两个属性，用来表示用户编号和姓名；定义完成后，在 Program 主程序类中实例化自定义类 MyClass 的一个对象，并分别给其中定义的用户编号和姓名属性赋值；最后调用 Console 类的 WriteLine 方法将赋值后的值输出。

本程序运行结果如图 5-17 所示。

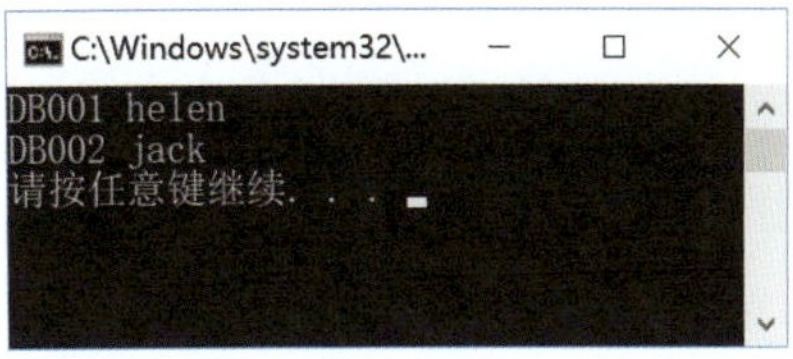

图 5-17　例 5.14 程序运行的结果

【应用案例】

图片窗体脚本逻辑

5.6 命名空间

【学习目标】

C# 程序是利用命名空间组织起来的。命名空间既用作程序的“内部”组织系统，也用作向“外部”公开的组织系统（即一种向其他程序公开自己拥有的程序元素的方法）。如果要调用某个命名空间中的类或者方法，首先需要使用 using 指令引入命名空间。using 指令将命名空间名所标识的命名空间内的类型成员导入当前编译单元中，从而可以直接使用每个被导入的类型的标识符，而不必加上它们的完全限定名。采用命名空间来组织众多类，定义和使用命名空间的方法。

【知识要点】

要创建应用程序必须使用命名空间。使用命名空间有两种方式，一种是明确指出命名空间的位置，另一种是使用 using 关键字引用命名空间。例如，“System.Console.WriteLine();”这个语句调用了 System 命名空间的 Console 类的 WriteLine 方法。这种直接定位的方法对应用程序中的所有命名空间都适用，但在输入程序时需要输入较多文字。可以采用如下方式：

```
using System;
  ...
Console.WriteLine();
```

using 指令的基本语法形式如下：

```
using 命名空间名；
```

例 5.15　创建一个控制台应用程序，说明命名空间的使用。

```
using System;
using N1;                              // 使用 using 指令引入命名空间 N1
namespace proj5_15
{
  class Program
  {
    static void Main(string[] args)
    {
      A oa = new A();                  // 实例化 N1 中的类 A
      oa.msp();                        // 调用类 A 中的 msp 方法
    }
  }
}
namespace N1 // 建立命名空间 N1
{
  class A
  {
    public void msp()
    {
      Console.WriteLine(" 命名空间：面向对象程序设计！ ");
    }
  }
}
```

上述程序中，在主程序文件中建立一个命名空间 N1，在命名空间 N1 中自定义一个类 A，在项目中使用 using 指令引入命名空间 N1，然后在命名空间 proj5_15 中便可以实例化命名空间 N1 中的类，然后调用此类中的 msp 方法。本程序运行结果如图 5-18 所示。

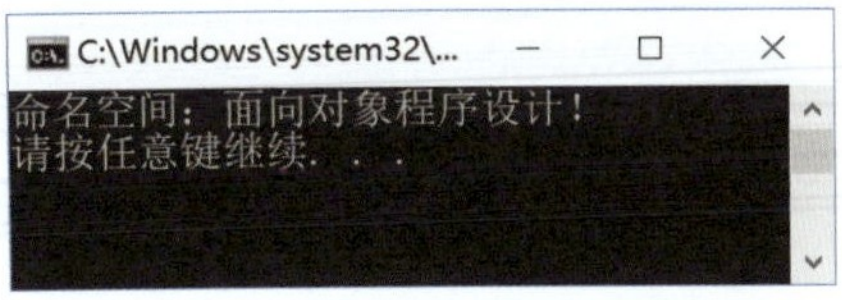

图 5-18　例 5.15 程序运行的结果

【应用案例】

视频窗体脚本逻辑

拓展实训

通过下述脚本对 Unity 灯光、声音进行控制，创建流星雨效果。

```
using System.Collections;
using System.Collections.Generic;
using System.Security.Permissions;
using UnityEngine;

public class Scripts:MonoBehaviour
{
    public GameObject obj;

    // Start is called before the first frame update
    void Start()
    {
     ...
    }

    // Update is called once per frame
    void Update()
    {
        this.transform.Rotate(Vector3.back, Time.deltaTime * 20f);
        this.transform.RotateAround(obj.transform.position, Vector3.left, Time.deltaTime * 50f);
    }
}
```

第 6 章

三维全景技术

本章导读

本章主要介绍全景图基本概念以及全景图软硬件制作过程。首先对三维全景技术进行了简单的介绍，包括三维全景技术的概念、特点、分类和应用；然后介绍了三维全景技术常用的硬件拍摄设备和后期制作软件；最后从全景照片的拍摄采集、后期合成及美化调整，到平台上传编辑的漫游实现方式，将整个制作过程进行了详细的讲解。

教学目标

★ 了解三维全景的基本概念。
★ 掌握三维全景图常用拍摄设备及制作软件。
★ 掌握三维全景图拍摄方法及素材要求。
★ 掌握三维全景后期合成制作。
★ 掌握三维全景图后期平台上传及展示。

6.1 三维全景概述

【学习目标】

了解三维全景的基本概念，了解全景技术的特点、分类以及应用。

【知识要点】

“全景”一词出自希腊语，意思是全部的东西、可看见的视野，因此这个词的意思就是全视角。全景技术是目前全球范围内迅速发展并逐步流行的一种视觉新技术。由于它给人们带来全新的真实现场感和交互式体验，因而在互联网上得到了广泛的应用。传统的全景图如图 6-1 所示。

图 6-1　传统的全景图示意

三维全景图也称为 720° 全景图、全景环视图、VR 全景图或 3D 实景，是一种基于图像绘制技术生成真实感图形的三维虚拟展示技术，是一种运用数码相机对现有场景进行多角度环视拍摄之后，再利用计算机进行后期缝合，并加载播放程序来完成的全方位图像。也可以多角度拍摄数张照片后，使用专业三维平台建立数字模型，然后使用全景工具软件制作而成。三维全景图制作完成后，可以使用浏览器或播放软件在普通电脑上观看，并用鼠标控制观察的角度，可任意调整远近，使我们仿佛置身真实的环境之中，可获得全新的感受。

从人类视觉角度出发，人们在观看三维环境和三维物体对象时，比观看二维平面图像的效果具有更大的真实感，更容易理解和识别，易于进行更好的判断和分析。但是，运用各种手段和方式创建的三维效果，其逼真度都受到技术的限制，难以达到照片的表现效果。全景技术对环境或物体进行全方位的摄像，然后将各个角度的照片拼接缝合，使人观看物体时仿佛身临其境，具有完美的真实感，如图 6-2、图 6-3 所示。

图 6-2　VR 全景平面展示图 1

图 6-3　VR 全景平面展示图 2

可以运用各种不同的方法制作全景图，包括从 18 世纪至 19 世纪中期的摄影全景到现代的基于计算机图像处理技术的数字全景。

6.1.1　全景技术的特点

（1）真实感强，实地拍摄，有照片级的真实感，是真实场景的三维展现。全景图不是利用计算机模拟的图像，而是通过对物体的实地拍摄，经过后期的拼接调色处理，得到的完全真实的场景。相比于三维建模的 VR 效果，VR 全景图更加真实可信，身临其境感更强。

（2）有一定的交互性，用户可以通过鼠标或键盘进行上、下、左、右的控制，调整自己的视角，也可以任意放大和缩小，如亲临现场般环视、俯瞰和仰视全景图。

（3）不需要单独下载插件，一个小小的应用程序，通过链接或二维码识别就可以在网上观看全景照片，或者使用 Flash、Quick Time 播放器直接观看。并且，全景图片文件采用先进的图像压缩与还原算法，文件较小，一般只有 100KB ～ 150KB，利于网络传输。

（4）素材的准备工作简单容易，制作流程快捷高效，免去了技术复杂的建模过程。通过对现实场景的采集、处理和渲染，便可快速生成全景图。效率非常高，制作周期短，制作费用低，适于普通用户。

6.1.2　全景技术的分类

VR 虚拟现实全景分为三类，包括对象全景、柱形全景、球形全景。下面分别对其进行介绍。

（1）对象全景。对象全景特指对单一物体进行各个角度环绕拍摄，最终拼合而成的全景照片，一般仅用运于拍摄商品物件展示。对象全景技术提供了一种在因特网上逼真展示三维物体的新方法。它与其他全景技术的方法不同，拍摄时瞄准对象（如你要拍摄汽车，汽车就是对象），通过转盘转动对象，而不是转动相机，每转动一个角度，拍摄一张，顺序完成，旋转多个角度，使物体的每个角度都能被拍摄到。拍摄完成后，用专业计算机软件编辑合成，用户观看时就可以用鼠标来控制物体旋转以及对象的放大与缩小，也可以把它们嵌入网页中，发布到网站上，采用对象全景技术对照片进行展示。图 6-4 所示为对象全景示例图。

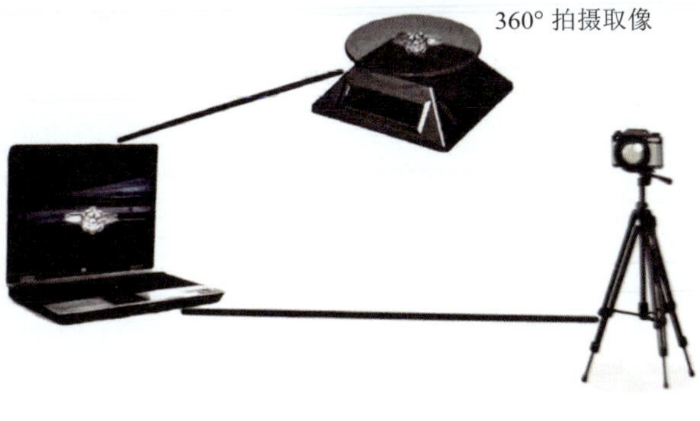

图 6-4　对象全景示例图

（2）柱形全景。柱形全景是通过相机做轴心运动拍摄而成的照片。传统的光学摄影全景照片是把 90° 至 360° 的场景全部展现在一个二维平面上，把一个场景的前后左右一览无余地推到观众的眼前，但无法看到完整的天地。柱形全景的图像采集非常方便，普通用户通过将普通的数码相机设置为手机摄像头即可完成，如图 6-5 所示。

图 6-5　柱形全景示例图

（3）球形全景。球形全景也就是所谓的“完整”全景，视角是水平 360°，垂直 180°，为全视角。它在柱形全景的基础上将头部和脚底都完全展现在观众的眼前。在观察球形全景时，观察者好像位于球的中心，通过鼠标、键盘操作，可以观察到任何一个角度，使人融于虚拟环境之中。球形全景照片的制作比较复杂：首先必须全视角拍摄，即要把上下前后左右全部拍下来，普通相机要拍摄很多张照片；然后再用专用的软件把它们拼接起来，做成球面展开的全景图像；最后选用播放软件，把全景照片嵌入您的网页。具体示例图如图 6-6 至图 6-8 所示。

图 6-6　球形全景示例图

图 6-7　球形全景局部示例图

图 6-8　球形全景漫游示例图

现实中三维全景展示的例子数不胜数，最具代表性的作品如虚拟紫禁城、四渡赤水纪念馆等。三维全景技术应用领域广泛，教育行业、房地产行业、旅游行业、汽车行业、酒店行业等多个行业都在广泛应用。三维全景以优美的 360° 全景给观众以身临其境的感觉。图 6-9 所示为 VR 全景各行业示例图。

随着数字影像技术和 Internet 技术的不断发展，用户可以通过专用的平台（720 云、网展等平台）或是 VR 设备（大鹏 VR、Pico、手机盒子等）对很多场景获得身临其境的感觉。VR 设备可左右旋转，也可远近调节。图 6-10 所示为 VR 眼镜示例。

图 6-9　VR 全景各行业示例图

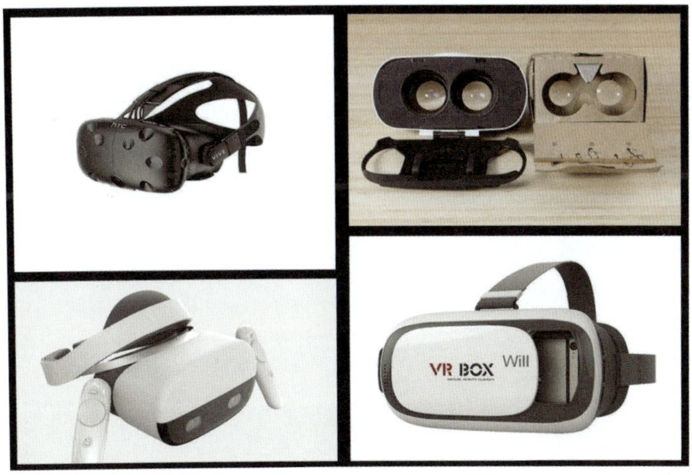

图 6-10　VR 眼镜示例

6.1.3　全景技术的应用

三维全景技术是 20 世纪发展起来的一项全新的实用技术，给人们带来全新的真实现场感，可在视觉效果、背景解说、电影镜头模拟等程序的控制下达到一种交互式的效果。随着社会和科学技术的发展，现在各行各业对它的需求也是越来越多。

1. 三维全景技术在旅游业的应用

高清晰度全景三维效果可以真实地展现景区的优美环境，互动性强，鼠标随意拉动即可观看，还可嵌入地图，进行漫游行走。出行前游客们可以在全景技术与 VR（虚拟现实）技术相结合的 3D 智能云平台，通过佩戴 VR 眼镜，身临其境般地体验游览景区、了解景点特征及配套商户中心情况，根据自己游览足迹记录游览信息，方便景区观赏游玩。同时还可以在线进行景点周边餐饮、住宿等商家的信息搜索查询及线上预订等服务，大大方便游客出行，提升游客体验度。图 6-11 所示为三维全景技术在旅游景点应用示范。

2. 三维全景技术在房地产行业的应用

利用三维全景技术对整个楼盘项目进行综合介绍，可以导览所有需要了解的项目，如项目期数、楼盘亮点、周边配套、房型等。

图 6-11　三维全景技术在旅游景点应用示范图

通过三维技术展现未建成的楼盘经典房型样板间，或通过全景观看已建成楼盘样板间，可以结合房型图漫游整套样板房，在网络中亲身体验家的感觉。可通过三维模式观看房型结构，通览整个房型的布局、面积数据、承重墙体、非承重墙体、朝向等，全面了解户型所有信息。图 6-12 所示为三维全景技术在房地产行业应用示范。

图 6-12　三维全景技术在房地产行业应用示范图

3. 三维全景技术在汽车行业的应用

根据技术性的自主创新，三维全景技术在网上汽车展造就了沉浸式体验的情景，吸引了更大范畴、更大量的客户的关心，使展出的汽车和商品获得了大量潜在客户的关注。利用网上汽车展的智能化数据漫游及其无缝拼接的汽车展厅，以及知名品牌的4S店智能展厅，能够合理推动意愿客户的行动转换，做到网上汽车展营销推广与真实效果的“品效合一”。利用三维全景技术在网上的汽车展应时而生，汽车品牌曝光以倍率猛增。销售市场在变，顾客在变，因此，汽车展的方式还要发生改变。图6-13所示为三维全景技术在汽车行业应用示范。

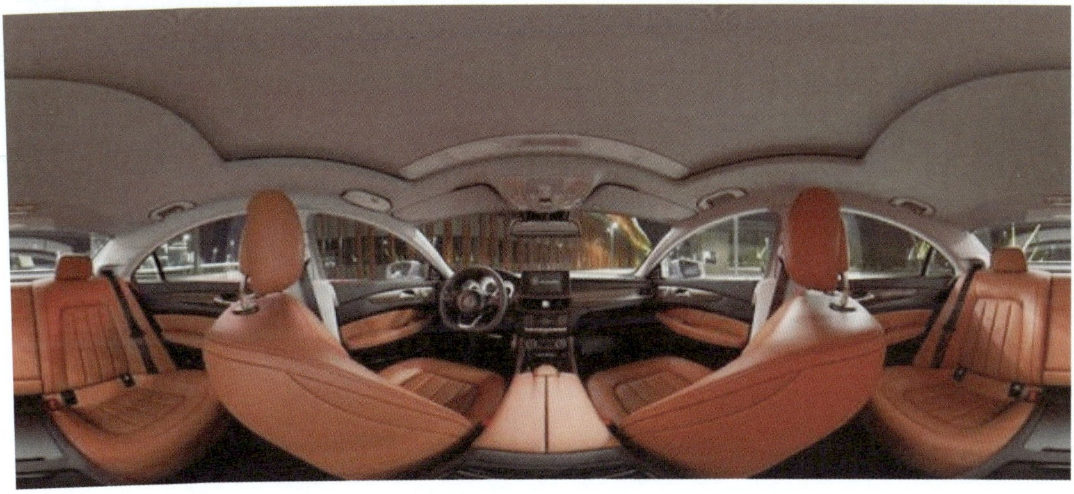

图6-13 三维全景技术在汽车行业应用示范图

4. 三维全景技术在酒店行业的应用

三维全景技术对很多行业的帮助都非常大，如对酒店行业而言，传统的酒店图片和简易信息介绍通常由酒店自己制作，内容一般为局部图片，无法传达详细信息及表现酒店实际效果，而且客观性、技术性方面有时也达不到相关技术标准，导致与具体酒店环境不匹配、不对等的情况。这也是一直以来这个行业所面临的困扰和难以处理的难题，尤其是中高档酒店和民宿客栈，若想详细充分展示酒店的设计理念和室内装修特点，只靠静态数据图片不能从总体上进行展示宣传，而且视频、图片、宣传页等方法也无法与全景拍摄相类比。

大家所见到的三维全景技术与酒店行业的融合，则解决了这一系列难题，使客户能够提早掌握酒店室内、室外服务设施的分布及屋间总体实际效果。VR全景图的沉浸性强，切实解决了以前信息内容不对等的困扰，“眼见为实”，提升了顾客的归属感，也让酒店提高了名气。

实际上三维全景拍摄能摆脱传统式平面图图片展示不全的缺欠，对每一个酒店和顾客而言都是极具吸引力的，顾客在订购酒店的时候，可清晰见到酒店全方位布局及服务设施。图6-14所示为三维全景技术在酒店行业应用示范。

5. 三维全景技术在商业上的应用

有了三维全景技术，公司的展厅或者旗舰店不会再受到时间和地点的限制，顾客随时单击鼠标就可以参观商场所陈列的商品，极其方便和快捷，大大节省了各种成本。

图 6-14　三维全景技术在酒店行业应用示范图

6. 三维全景技术在娱乐休闲行业的应用

对于美容会所、健身会所、咖啡厅、酒吧、餐饮店等环境的展示，借助全新的虚拟展示推广手法，可将环境优势清晰地传达给顾客，营造超越竞争对手的有利条件。

【应用案例】

全景技术概述

6.2 全景技术常用的硬件

【学习目标】

了解三维全景技术常用的硬件及其使用特点，掌握三维全景几种典型技术常用的拍摄设备，如，拍摄 720° 全景图的数码相机、鱼眼镜头和云台，拍摄全景视频的 Insta360 以及拍摄对象全景图的旋转平台等。

【知识要点】

全景技术是基于数字图像的一门专业技术，由于其特殊的性能特点，全景技术中所采用的软硬件也拥有自身的特点。摄影技术是全景技术的基础，因此拍摄设备尤其重要。

6.2.1 单体机

1. 单反数码相机

单反数码相机就是单镜头反光数码相机，其简称 DSLR（单反相机）即 Digital（数码）、Single（单独）、Lens（镜头）、Reflex（反光）的英文缩写。市场中常见的代表机型有尼康、佳能、宾得、富士等。此类相机一般体积较大，比较重，如图 6-15、图 6-16 所示。

图 6-15 尼康 D7000 单反相机

图 6-16 佳能 5D4 单反相机

作为专业级的数码相机，单反数码相机拍摄出来的照片，无论是清晰度还是照片质量都是一般相机不可比拟的。是单反技术成就了单反数码相机的高性能。

单反，也就是单镜头反光。采用这种技术的照相机只有一个镜头，这个镜头既负责摄影也用它来取景，这样一来就能基本解决视差造成的照片质量下降的问题。而且用单反相机取景时来自被摄物的光线经镜头聚焦，被斜置的反光镜反射到聚焦屏上成像，再经过顶部起脊的“屋脊棱镜”反射，摄影者通过取景目镜就能观察景物，而且是上下左右都与景物相同的影像，因此取景、调焦都十分方便。在摄影时，反光镜会立刻弹起来，镜头光圈自动收缩到预定的数值，快门开启使胶片感光；曝光结束后快门关闭，反光镜和镜头光圈同时复位。这就是相机中的单反技术，数码相机采用这种技术后就成为了专业级的数码单反相机。

在单反数码相机的工作系统中，光线透过镜头到达反光镜后，折射到上面的对焦屏并结成影像，透过接目镜和五棱镜，我们可以在观景窗中看到外面的景物。用单反数码相机拍摄，当按下快门钮时，反光镜便会往上弹起，感光元件（CCD 或 CMOS）前面的快门幕帘便同时打开，通过镜头的光线便投影到感光原件上使其感光，然后反光镜便立即恢复原状，观景窗中再次可以看到影像。单反数码相机的这种构造，确定了它是完全透过镜头对焦拍摄的，能使观景窗中所看到的影像和胶片上永远一样。它的取景范围和实际拍摄范围基本一致，十分有利于直观地取景构图。

单反数码相机的一个很大的特点就是可以更换不同规格的镜头，这是单反相机“先天”的优点，是普通数码相机不能比拟的。

2. 镜头

（1）标准镜头。标准镜头是视角为 50° 左右的镜头的总称，其焦距和所摄画幅的对角线长度大致相等，视角一般为 45° ～ 50°。镜头焦距为 40 ～ 60 毫米、75 ～ 80 毫米或 120 ～ 150 毫米。标准镜头通常是指焦距在 40 毫米至 55 毫米之间的摄影镜头，是所有镜头中最基本的一种摄影镜头。

标准镜头给人以记实性的视觉效果画面，所以在实际的拍摄中，它的使用频率是较高的。但是，从另一方面看，由于标准镜头的画面效果与人眼视觉效果十分相似，故用标准镜头拍摄的画面效果又是十分普通的，甚至可以说是十分“平淡”的，很难获得广角镜头或远摄镜头那种渲染画面的艺术性效果。因此，要用标准镜头拍出生动的画面是相当不容易的，即使是资深的摄影师也认为用好用活标准镜头并不容易。但是，标准镜头所表现的视觉效果有一种自然的亲近感，用标准镜头拍摄时，其与被摄物的距离也较适中，所以在诸如普通风景、普通人像、抓拍等摄影场合使用较多，最常见的纪念照，更是多用标准镜头来拍摄。另外，摄影者往往容易忽略的是，标准镜头还是一种成像质量上佳的镜头，它对于被摄体细节的表现非常有效。图 6-17 所示为标准镜头。

（2）鱼眼镜头。鱼眼镜头是指视角接近或等于 180° 的镜头，是焦距约为 6 ～ 16 毫米的短焦距超广角摄影镜头，“鱼眼镜头”是它的俗称。为使镜头达到最大的摄影视角，这种摄影镜头的前镜片直径呈抛物状向镜头前部凸出，与鱼的眼睛颇为相似，“鱼眼镜头”因此而得名，如图 6-18 所示。

图 6-17　标准镜头

图 6-18　鱼眼镜头

鱼眼镜头的体积较大。以适用于 35 毫米单镜头反光照相机的鱼眼镜头为例，当将这种鱼眼镜头安装在体积较小的 35 毫米单镜头反光照相机机身上时，有一种“头（镜头）大身体（机身）小”的感觉，且由于鱼眼镜头质量不小（如尼柯尔 6 毫米 /F2.8 手动对焦鱼眼镜头重达 5200 克），单镜头反光照相机装上鱼眼镜头后，照相机和镜头的整体质量增加，重心前移，摄影者持握照相机进行拍摄时要注意持稳照相机。

如前所述，鱼眼镜头的前镜片直径大且向镜头前部凸出，故这种镜头无法像普通镜头那样安装滤光镜。鱼眼镜头通常采用内置滤光镜的方式，根据拍摄需要，由摄影者操纵镜头上的滤光镜转换环，使需要的滤光镜转换至镜头的摄影光路中。鱼眼镜头的前镜片是整个镜头中相当重要的镜片，由于它向镜头前部凸出，故摄影者在拍摄操作（尤其是凑近被摄物拍摄）时要特别注意不要碰撞镜片。另外，有些老式的鱼眼镜头与 35 毫米单镜头反光照相机连接时，镜头后部插入照相机机身较深，照相机的反光镜必须翻起锁定，照相机的五棱镜取景器将不能使用，需在照相机上设置附加的取景器才能进行摄影。

3. 全景云台

全景云台是区别于普通的相机云台的高端拍摄设备。称其为全景云台的主要原因是此类云台都具备两大功能：一是可以调节相机节点在一个纵轴线上转动；二是可以让相机在水平面上进行水平转动拍摄。上述功能可使相机拍摄节点在三维空间中的一个固定位置进行拍摄，保证相机拍摄出来的图像可以使用造景师软件进行三维全景的拼合。

全景云台具备一个具有 360° 刻度的水平转轴，可以安装在三脚架上，并可以对安装相机的支架部分进行水平 360° 的旋转；其次，全景云台的支架部分可以对相机进行前面的移动，从而达到适应不同相机宽度的效果。由于相机的宽度直接影响到全景云台节点的位置，所以如果相机可以调节其水平移动位置，那么基本就可以称为全景云台。图 6-19 所示为全景云台示范。

图 6-19　全景云台示范图

6.2.2　多机组合机

多机组合机（一体机）是指多台数码相机按照不同的角度组合成一个整体，一次性拍摄完成，如图 6-20 所示的 GoPro 摄像机组合，还有一种是多个摄像头组合成的一体机，如图 6-21 所示。

图 6-20　GoPro 摄像相机组合机

图 6-21　Insta360 Pro2 一体机

GoPro 摄像相机组合机有 6 机组、8 机组、10 机组、14 机组等形式，相机组合台数越多，后期合成效果越好。GoPro 摄像相机组合机具有超强防抖 3.0 技术且搭配摄像机内置地平线修正，保证相机稳定性；具有更高分辨率，可以拍摄 2.7K、1440p 和 1080p 视频；可以拍摄清晰、专业品质的 20Mp 照片；配备遥控器可以在 180m 的距离内同时遥控 50 台相机，具有直播、音频、微笑和场景等检测功能，满足了全景图像和全景视频拍摄需求，也可以安装在无人机上进行拍摄。

Insta360 Pro2 一体机是全自动操作的，配备有 6 个 F2.4 鱼眼镜头，可拍摄 360° 全景、8K 高清画质，采用独有的光流拼接技术完美呈现全景细节，配备九轴陀螺仪，并且实现了针对运动场景的 FlowState 超级防抖，可实时拼接、同步查看，支持帧率高速摄影等功能。

单体机能够使用高分辨率的镜头和大尺寸 CMOS（CCD），优势在于全景图像超视距的分辨率和高清晰度，可以放大每个细节，缺点是速度慢，不能拍摄动态全景视频，且拍摄难度大，需要拍摄者具有丰富的摄影经验。多机组合机（一体机）拍摄的优势在于适合拍摄动态全景视频，比如滑雪、跳伞等极限运动和游乐场、户外运动、家庭聚会等，一次成像，速度快，缺点是太高的像素不利于拍摄捕捉动态影像，当前最高像素达到 1080p 级别（12K 高清）。

6.2.3 对象全景机

1. 单反数码相机

内容见 6.2.1 中的详细介绍，此处不再赘述。

2. 普通标准镜头

内容见 6.2.1 中的详细介绍，此处不再赘述。

3. 旋转平台

在制作全景作品时，需要获取物体多个角度的图像，这时就需要把物体放到一个旋转平台上。旋转平台由固定底座和旋转盘构成，旋转盘在电动机带动下平稳旋转，采集设备对旋转台上的物体进行扫描或拍摄。旋转平台也叫拍摄转盘，如图 6-22 所示。

图 6-22 旋转平台示范图

6.2.4 其他辅助设备

在三维全景拍摄过程中，有时需要从高空进行图像采集，因此需要某些特殊设备，如无人机等。无人机航拍是以无人驾驶飞机作为空中平台，以机载遥感设备，如高分辨率 CCD 数码相机、轻型光学相机、红外扫描仪、激光扫描仪、磁测仪等获取信息，然后用计算机对图像信息进行处理，并按照一定精度要求制作成图像。全系统在设计和最优化组合方面具有突出的特点，是集成了高空拍摄、遥控、遥测、视频影像微波传输和计算机影像信息处理的新型应用技术。

无人机航拍具有高清晰、大比例尺、小面积、高现实性的优点，特别适合获取带状地区航拍影像（如，公路、铁路、河流、水库、海岸线等）。且无人驾驶飞机为航拍摄影提供了操作方便、易于转场的遥感平台，起飞降落受场地限制较小，在操场、公路或其他较开阔的地面均可起降，其稳定性和安全性好，转场也非常容易。

使用无人机进行小区域遥感航拍技术，在实践中取得了明显成效和经验。以无人机为空中遥感平台的微型航空遥感技术，适应国家经济和文化建设发展的需要，为中小城市，特别是城、镇、县、乡等地区经济和文化建设提供了有效的遥感技术服务手段。遥感航拍技术对我国经济的发展具有重要的促进作用。图 6-23 所示为无人机拍摄示意。

图 6-23　无人机拍摄示意图

【应用案例】

全景设备及其配件认知　　全景设备及配件连接使用

6.3 三维全景图的制作

【学习目标】

掌握全景照片的采集方法，学会使用数码相机和云台等设备拍摄采集全景照片，掌握全景照片的后期制作，学会使用 Photomatix Pro、PTGui、Pano2vr 等软件合成制作全景图，掌握运用网展、720 云等平台制作全景漫游的方法。

【知识要点】

6.3.1 全景照片的采集

1. 掌握摄影技术基础技能

全景图像的拍摄技术广泛应用在虚拟现实领城，利用全景合成技术创建一个虚拟三维空间的影像，可使人仿佛置身于现实场景里。摄影技术是三维全景技术的基础，三维全景图需要多角度的拍摄过程。学习三维全景摄影技术主要是掌握相机的性能和操作技巧，掌握天气、时间、光影变化灵活拍摄等基本技能，根据主题和目标的要求来确定是在晴朗、多云、阴天、雨天还是在夜晚等进行拍摄，不同的天气和时间会影响拍摄的质量。

虽然拍摄全景图像对构图和艺术性的要求不高，但对数码相机基础操作还是有一定要求的。在拍摄全景图像前要加强摄影技术基础训练。

2. 全景图像拍摄定点

全景图像拍摄定点也叫“节点"。固定好云台和三脚架，架设相机，相机转动要以节点为轴心，必须固定，不能有抖动或位移，若出现位移则后期合成时会出现错位，如图 6-24 所示。

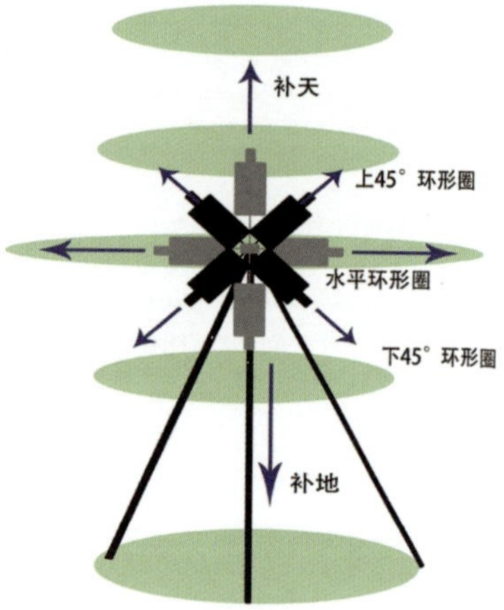

图 6-24 全景相机拍摄定点和镜头角度

3. 拍摄全景注意事项

（1）规避器材反光。架设机位时应注意设备四周有无反光面或反光材料，如果反光面过多无法完全躲避时，应尽量将设备架设在反光面的边框延伸线上，边框要保证不是反光材质。

（2）视野最大化。选择场景的中心或开阔地带，避免视觉死角，当在较高的遮挡物或建筑附近时，要尽量将设备设在高点以保证视野范围。

（3）天气情况。提前查看天气情况，避免阴天、雾天、雨天及大风天，避免在过早的清晨、正午进行日景拍摄，夜景拍摄选择的时间段在日落前半小时为宜（不宜过晚）。

（4）拍摄内容选择。对于一个场所，首先考虑的是，哪些内容是需要表现出来的，它最主要的建筑主体是什么，哪些是必须拍的，哪些是可拍可不拍的，另外，需要记录拍摄主体的详情、其附近有什么、它的景色名称及介绍性文字等。

（5）云台和三脚架。要注意三脚架高度的调整及其稳定性，避免视角偏高偏低、设备摔倒等拍摄事故发生。在拍摄时请勿转动变焦环，要保证焦距一致，保证全景云台各旋钮锁死，以免晃动甚至摔落。

（6）相机参数。在调整相机参数时，要观察拍摄周围情况，结合实际情况对参数进行相应调整，避免发生曝光过度、曝光不足和偏色等问题。

（7）素材区分。在用设备拍摄时要做好每组素材之间的区分，以免漏拍或缺景的拍摄事故发生。

（8）移动物体。拍摄时尽量选择静止画面，有移动物体躲避不开时，可留有少量物体重影，通过后期软件处理掉。

4. 拍摄过程

（1）鱼眼镜头。若使用鱼眼镜头，拍摄要简单许多，只需要进行水平方向旋转，从左到右，每隔 60° 拍摄 1 张，360° 共拍摄 6 张。图 6-25 所示为鱼眼镜头水平拍摄示意。

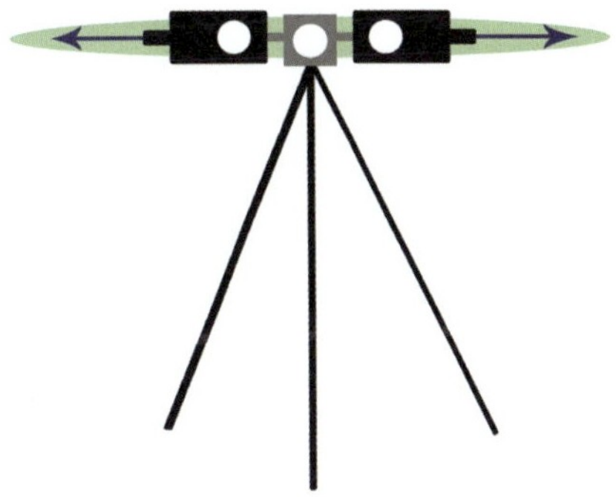

图 6-25　鱼眼镜头水平拍摄示意图

对于拍摄经验不足者，为达到更好的曝光效果，建议每个角度的镜头拍 3 张，即曝光过度、曝光正常、曝光不足各 1 张，后期用软件将 3 张进行合成处理的时候，可以保证这个镜头的整张照片都是明亮清晰的。此操作需要三连拍，六个角度总计拍摄 18 张照片，如图 6-26 所示。

图 6-26　六个角度三种曝光效果拍摄 18 张照片

（2）标准镜头。若使用标准镜头，则拍摄要复杂一些，需要间隔 20 个角度进行拍摄，至少 20 张照片。具体步骤如下所述。

步骤一：镜头水平方向旋转，从左到右，每隔 60° 拍摄 1 张照片，360° 共拍摄 6 张，如图 6-27 所示。

步骤二：镜头斜向上 45° 旋转，从左到右，每隔 60° 拍摄 1 张照片，360° 共拍摄 6 张，如图 6-28 所示。

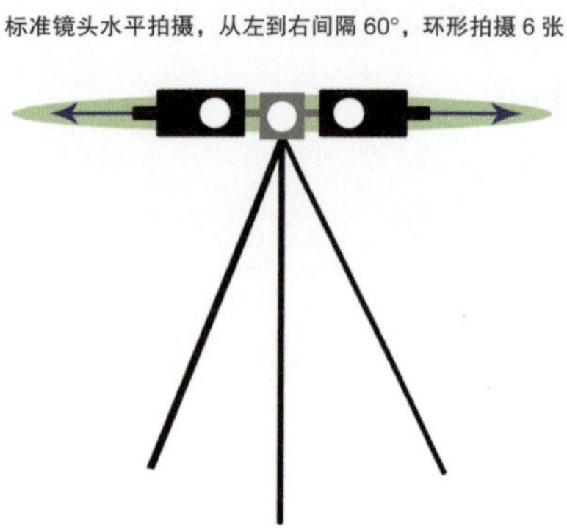

图 6-27　标准镜头水平拍摄示意图

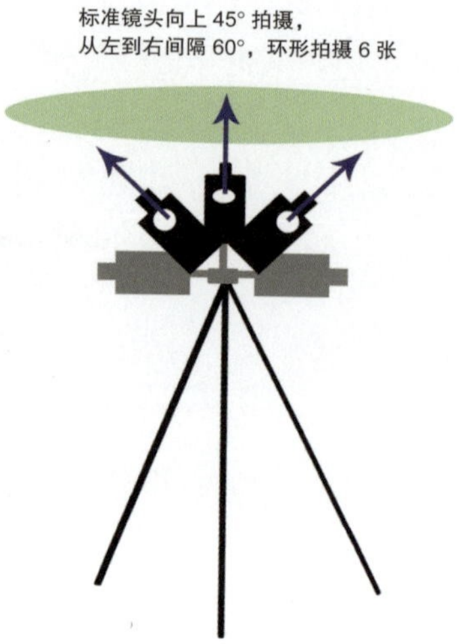

图 6-28　标准镜头向上 45° 拍摄示意图

步骤三：镜头斜向下 45° 旋转，从左到右，每隔 60° 拍摄 1 张照片，360° 共拍摄 6 张，如图 6-29 所示。

步骤四：镜头垂直向上拍摄 1 张照片，补全天空，如图 6-30 所示。

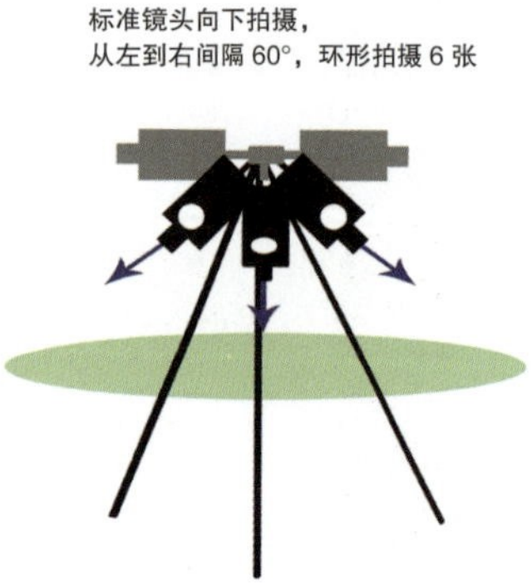

图 6-29　标准镜头向下 45° 拍摄示意图

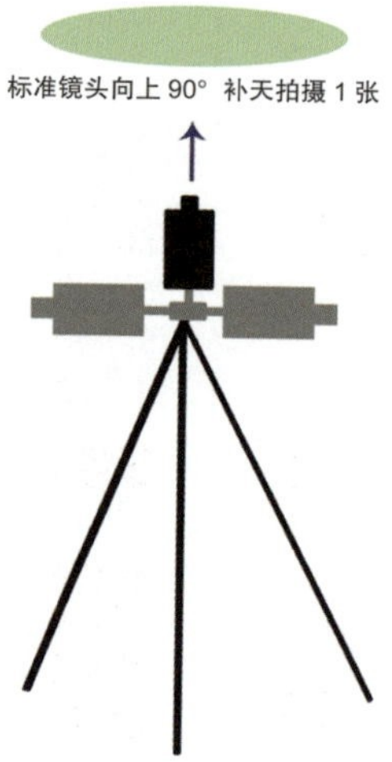

图 6-30　标准镜头垂直向上拍摄示意图

步骤五：镜头垂直向下拍摄 1 张照片，补全地面，如图 6-31 所示。

对于拍摄经验不足者，则每个角度仍需三连拍，拍摄 3 种曝光效果。

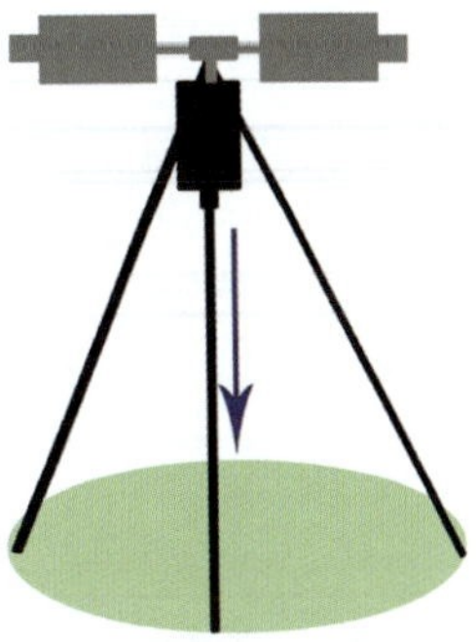

图 6-31　标准镜头垂直向下拍摄示意图

6.3.2　全景照片的后期制作

1. Photomatix Pro（三合一）

Photomatix Pro 是一款简单易用的数字照片处理软件，界面十分简洁，操作简单。它可以把多个不同曝光的照片轻松混合成一张照片，将多张照片混合在一起，混合的同时可以保持高光和阴影区的细节。用户可以根据自己的需求来选择混合曝光模式。软件提供了六种不同的曝光模式，而且每种方法都基于不同的算法，不同的曝光模式处理的效果不同，可以随意选择，适用于处理同一场景下不同曝光设置的照片。图 6-32 所示为 Photomatix Pro 应用图标。

图 6-32　Photomatix Pro 应用图标

Photomatix Pro 提供两种处理方式：一种是曝光混合方式；另一种则是 HDR 色调映射（HDR Tone Mapping）方式（通过 HDRI 菜单来进行）。这两种处理方式都可以产生更大动态范围的图像，但是效果有所不同，可以根据处理要求进行选择使用。

此外，该软件还提供了多种实用的工具，让你更好地处理图像，包括裁剪图片、旋转图片、调整图像大小、减少色差、减少噪波等，是处理和渲染照片的极好工具。通过这些工具可以让图像的动态范围更大，拥有更加真实的视觉效果，即可以轻松制作 HDR 图像，使图像更加好看真实。该软件还支持批量处理，可以同时处理大量的图像，处理图片更加高效。

使用 Photomatix Pro 进行三合一处理的操作步骤如下所述。

步骤一：导入素材。单击软件界面中的“载入括号内的照片”→“浏览”，找到并选中需要合成的一组图片（3 张）（三种曝光效果），如图 6-33 所示。

步骤二：勾选参数。在“合并到 HDR”选项窗口中勾选“对齐源图像”“显示选项移除幻影”“减少噪点”“减少色差”复选框，单击“调整和显示消除幻影”按钮，如图6-34所示。

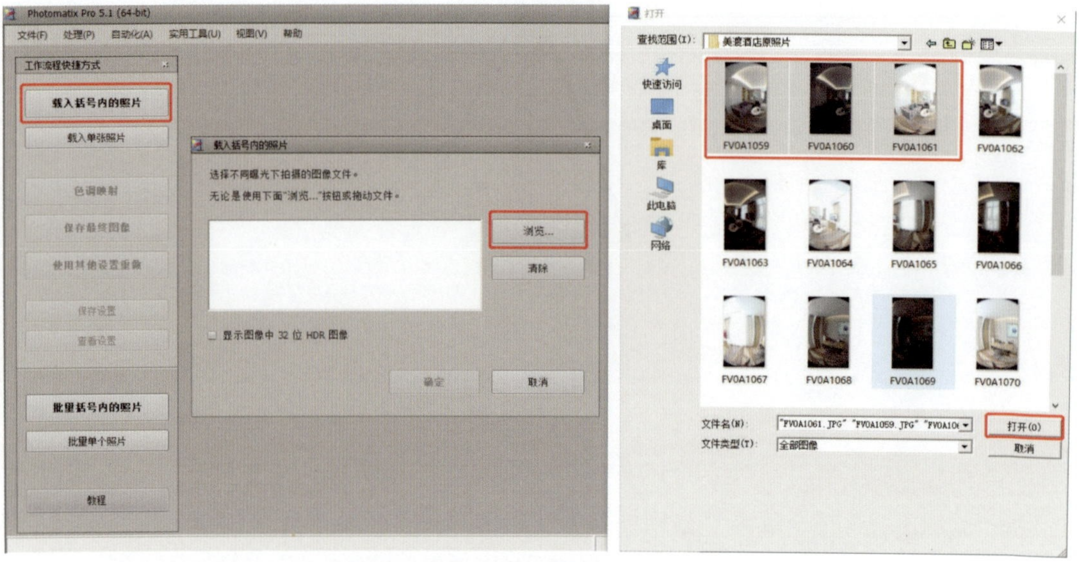

图 6-33　Photomatix Pro 三合一处理步骤一

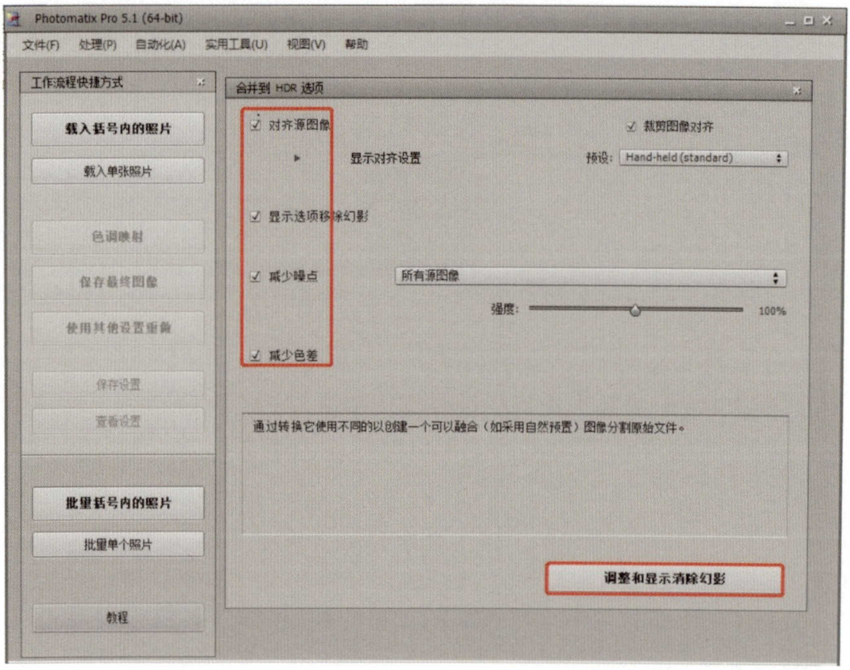

图 6-34　Photomatix Pro 三合一处理步骤二

步骤三：消除幻影（重影）。在“消除幻影选项”窗口中，用鼠标左键圈出有图像模糊或出现重影幻影的部分，然后右击“标记选择为重影区域”。设置完毕后可以单击“预览消除幻影处理”按钮查看效果。结束后单击“确定”按钮即可，如图6-35所示。

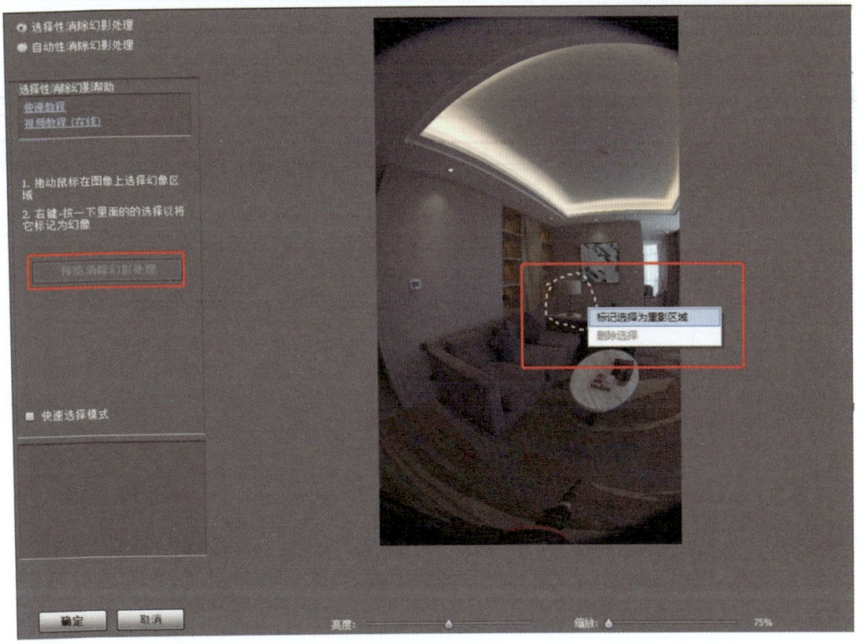

图 6-35　Photomatix Pro 三合一处理步骤三

步骤四：图像调整。进入“调整”窗口后，根据照片具体情况，可选择“细节增强器”“对比度优化”“色调压缩”等调整方式，进行各项细节参数的调整，如亮度、色调范围压缩、对比度适应、颜色饱和度、色温等，也可以选用自带的预设方式，如“均衡”“感光”“绘画”“室内”等，如图 6-36 所示。设置完成后单击“应用”按钮。处理完成后进入最后的窗口单击“完成”按钮。

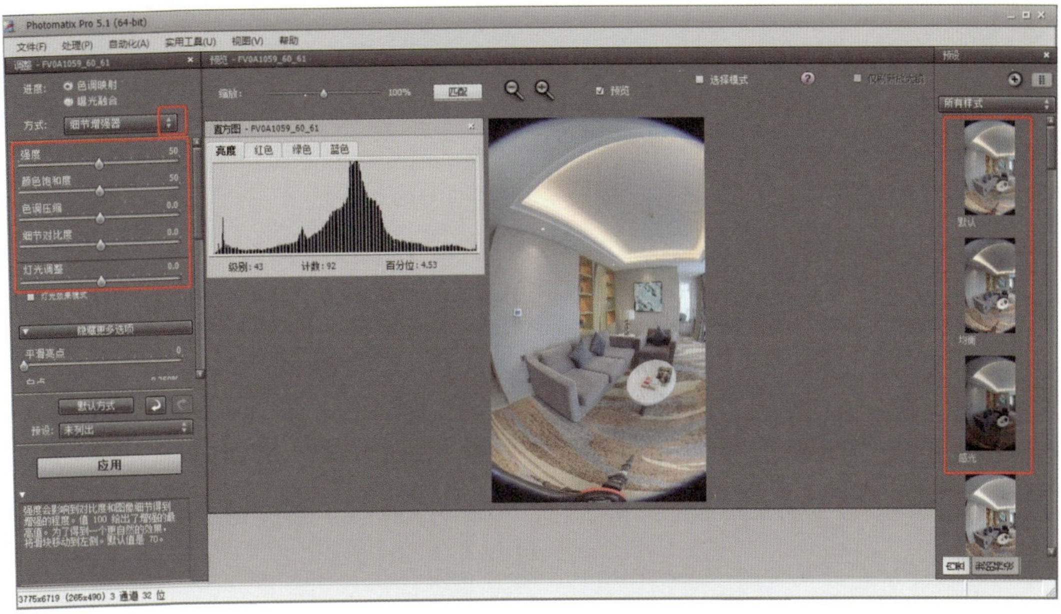

图 6-36　Photomatix Pro 三合一处理步骤四

步骤五：合成其他五组图。处理完毕后会回到最开始的主界面，单击“保存最终图像”按钮进行保存即可。用同样的合成方法将其他五个角度的五组图分别进行三合一处理，处理后的效果如图 6-37 所示。

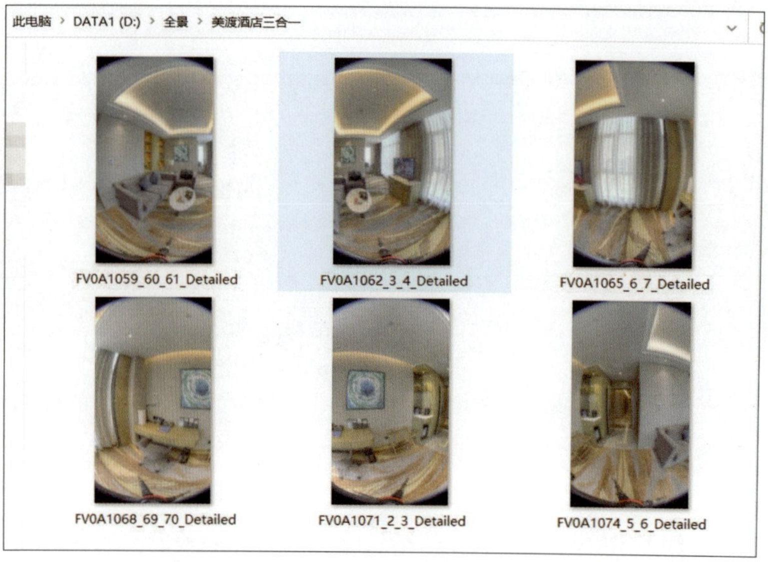

图 6-37　Photomatix Pro 三合一处理步骤五

2. PTGui/PTGui Pro（全景图拼接）

PTGui 是一款功能强大的全景图片拼接软件，其五个字母来自于 Panorama Tools Graphical User Interface。图 6-38 所示为 PTGui 应用图标。

图 6-38　PTGui 应用图标

使用 PTGui 可以快捷方便地制作出 360°×180° 的“完整球型全景图片”，其工作流程非常简单：①导入一组原始底片；②进行“自动对齐控制点”操作；③生成并保存全景图片文件。

该软件能自动读取底片的镜头参数，识别图片重叠区域的像素特征，然后以“控制点”（Control Point）的形式进行自动缝合，并进行优化融合。它的全景图片编辑器有更丰富的功能，支持多种视图的映射方式，用户也可以手工添加或删除控制点，从而提高拼接的精度。该软件支持多种格式的图像文件输入，输出可以选择高动态范围的图像，拼接后的图像明暗度均一，基本上没有明显的拼接痕迹。

使用 PTGui 进行全景图片拼接缝合的操作步骤如下所述。

步骤一：导入素材，选择镜头。单击软件界面中的“加载图像”按钮，找到并选中需要拼接的一组图片共 6 张（360° 中的 6 个角度），如图 6-39 所示。在弹出的窗口中选择相机镜头（如“数码单反”）后单击“确定”按钮，返回主界面，单击“对准图像”按钮，进入下一步操作，如图 6-40 所示。

步骤二：对准图像。单击“对准图像”按钮后进入“全景编辑器”窗口。单击“设置居中点”和“拉直全景图”等按钮进行相应设置，然后单击“创建全景图”按钮进入下一步操作，如图 6-41 所示。

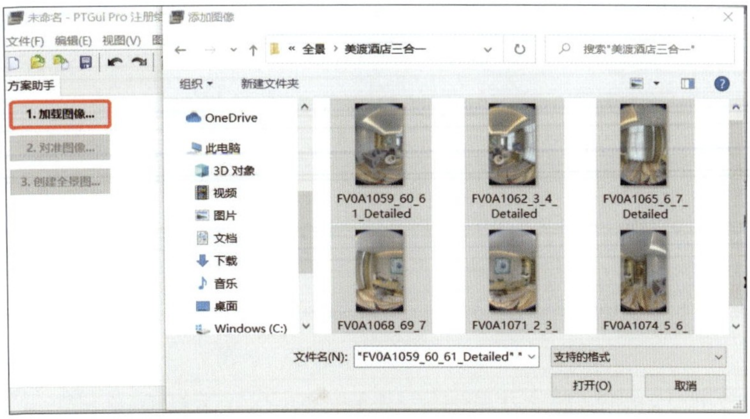

图 6-39　PTGui 全景拼接处理步骤一（导入素材）

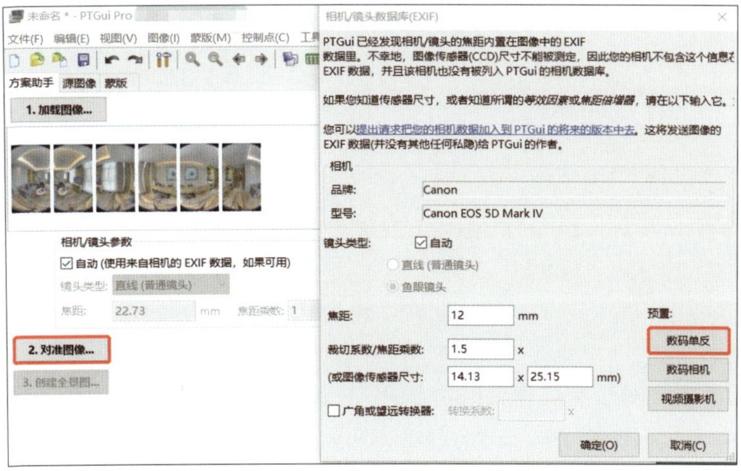

图 6-40　PTGui 全景拼接处理步骤一（选择镜头）

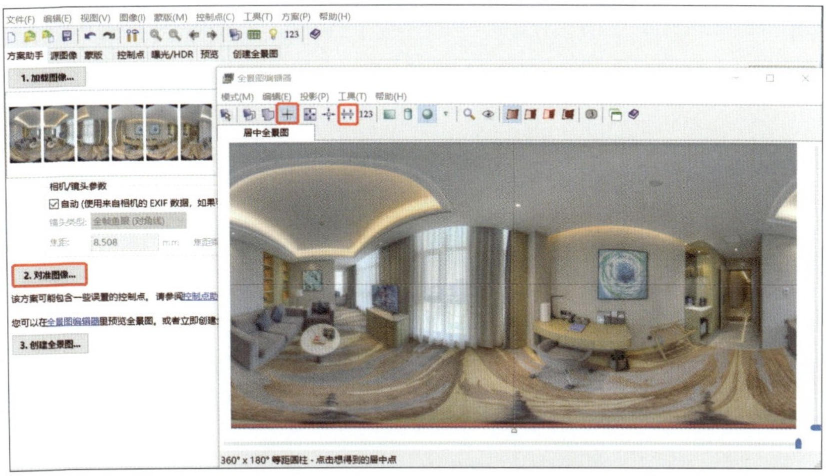

图 6-41　PTGui 全景拼接处理步骤二

步骤三：创建全景图。单击“创建全景图”按钮后将进入“创建全景图”窗口，可在此设置全景图的宽度、高度、文件格式、图像的品质以及存储位置，设置完毕后单击“创建全景图”按钮完成全景图的生成，如图 6-42 所示。最终的全景效果可在存储目录下查看。

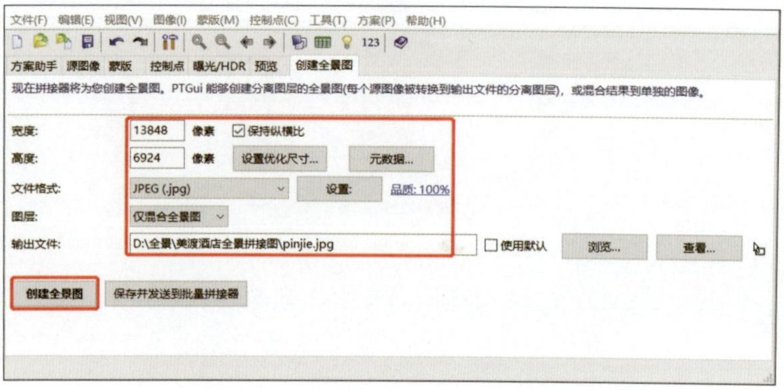

图 6-42　PTGui 全景拼接处理步骤三

附加步骤：三脚架问题处理。

如果受设备限制或拍摄角度等出现问题后，通过以上步骤拼接的全景图中会有三脚架或天空黑洞出现。若要处理得当，需将球形全景图转换成平面图。这里我们介绍如何将球形全景图转换成立方体全景图的六个平面图，包括前、后、左、右、顶、底六个平面，以便将顶图的天空黑洞或底图的三脚架处理掉。操作过程如下所述。

在 PTGui 界面中，执行“工具”菜单下的“转换到 QTVR/ 立方体”命令进入“转换到 QTVR/ 立方体”窗口，在此添加带有三脚架的全景图（以上 3 个步骤拼接好的），设置“转换到”为“立方体表面，6 个单独的文件”，设置输出的文件位置（即前后左右顶底六个平面的存储位置），设置文件为 JPEG 格式，“JPEG 品质”（图片品质）设置为 100%，如图 6-43 所示。最终单击“转换”按钮完成分解立方体六块图，如图 6-44 所示。最后将地面三脚架或天空黑洞等问题在 Potoshop 等软件中进行处理即可。

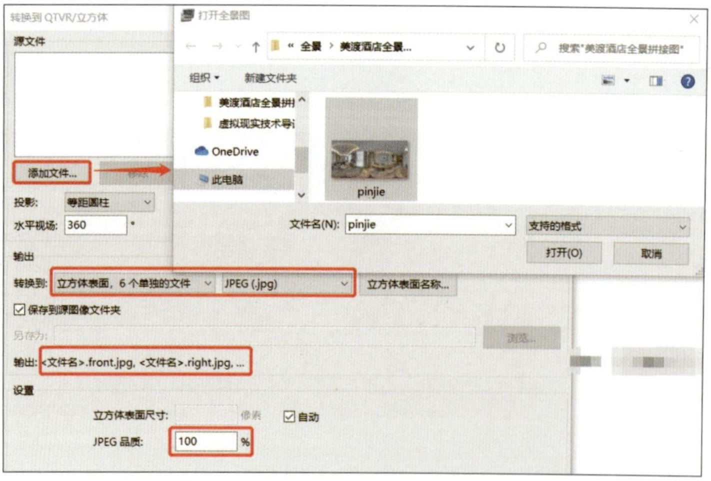

图 6-43　PTGui 全景图转换立方体六块图

图 6-44 分解后的带有三脚架的立方体六块图

6.3.3 全景照片的漫游实现

三维全景漫游是指在由全景图像构建的全景空间里进行切换，达到浏览各个不同场景的目的。目前，实现三维全景漫游的技术有以下两种。

（1）采用计算机视觉技术和计算机图形图像技术获取全景图像对应的环境模型，实现全景空间与真实环境的一一映射，在全景空间中实现自主漫游，即“想去哪里就去哪里”。

采用这种漫游技术的优点是，浏览者可以单击或者双击三维全景中的地面来实现场景切换，大大简化了漫游的操作。同时该方法一般在场景中采集尽可能多的视点，所以浏览者想去哪里，只要单击该处的地面就可以实现，能够浏览该场景中的任意细节，增强了漫游的真实感与沉浸感。

此方法的缺点是制作复杂，需要专用平台，不是大众化的平台和技术。例如，百度全景地图即采用此方法。

（2）在三维全景或地图中添加其他三维全景的链接，链接可以是箭头或者脚印等形式，浏览者在单击这些链接时就会切换到其他相应的三维全景进行浏览。

该方法虽然可以实现在不同场景中的切换，但是局限性比较大：①要想切换场景只能单击其他三维全景的链接，增加了漫游的局限性；②只能切换几个有限的场景。

采用这种漫游技术的大都是在一个大型场景中采集一个或者几个视点，而浏览者也只能在这几个三维全景中进行漫游，不能观察场景中的每个细节，也增加了漫游的局限性。

此方法的优点是制作简单，目前被业内人士广泛使用。例如，软件 Pano2VR 可以实现全景图各种格式的转换，其新版本能够实现简单漫游功能。目前，业内最常用的实现三维全景漫游的是在线制作平台，全景在线制作平台通过上传全景数据来实现全景展示的网站。在全景行业，大多数是将制作好的全景图上传至全景平台，以方便管理和运营。当下市场上有很多这样的平台，例如，网展全景展示平台、得图云全景服务平台、酷雷曼 VR 全景平台、九商 VR 云全景制作展示平台、720yunVR 全景制作网等。

下面对 Pano2VR 的全景图转换和漫游功能进行简单介绍，以 720yunVR 全景制作网为例，介绍全景平台的使用。

1. 基于 Pano2VR 的全景图转换和简单漫游

Pano2VR 是由 Garden Gnome Software 公司打造的一款功能全面的全景图像转换软件。它可将球形、圆柱体和多分辨率全景图转换为交互式 360º 全景图，输出可以是 HTML5、Flash 和 QuickTime 格式，提供了许多显示项目的选项，可使用外观编辑器来自定义项目的外观，能够在几分钟内发布全景图像。不管什么类型的项目，无论是千兆像素全景图还是有数百个节点的虚拟旅游，Pano2VR 都能在桌面和移动设备上快速启动和运行项目。Pano2VR 应用的图标如图 6-45 所示。

图 6-45　Pano2VR 应用的图标

Pano2VR6.0 为游览地图、动画编辑器和浏览器带来重大更新。利用该软件，我们可以将平面图添加到项目中，并正确地定位室内节点，使用动画编辑器控制和动画化外观元素，在查看器中查看 360° 视频并与其交互。

使用 Pano2VR 进行全景图转换的操作步骤如下所述。

步骤一：导入素材，导出成品。选择“输入”命令将分解的立方体六块图导入，如图 6-46 所示；选择“转换输入”命令，转换生成 JPG 格式的全景图，如图 6-47 所示。

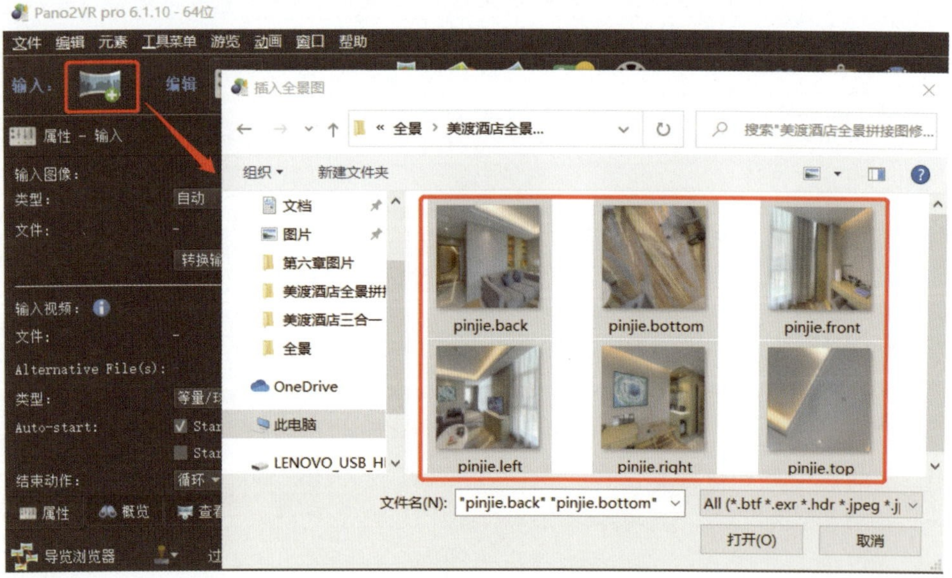

图 6-46　Pano2VR 导入素材

步骤二：简单漫游。还可以在 Pano2VR 导入的全景图中添加声音、图像或视频等热点形式，然后输出为 Quicktime、Flash 或 HTML5 等格式，如图 6-48 所示。

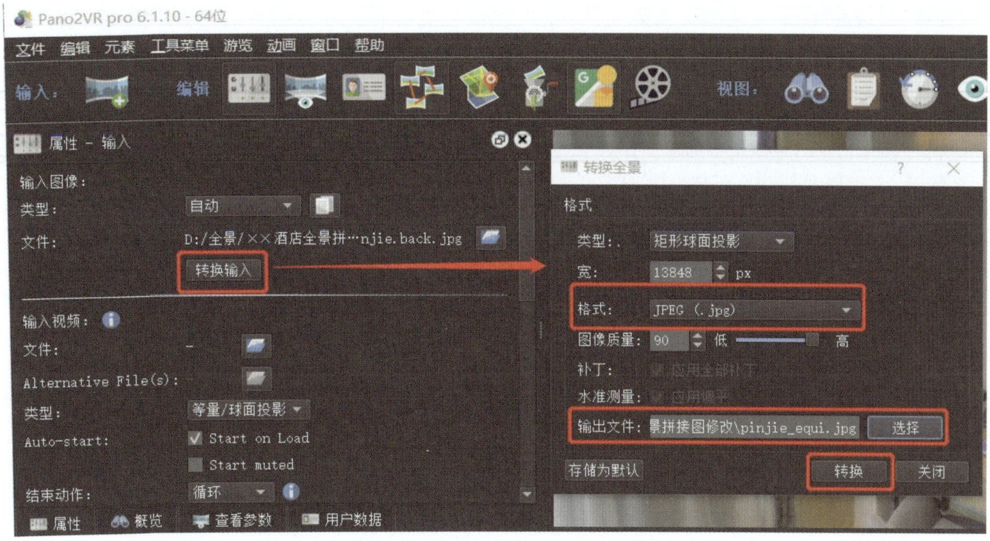

图 6-47 Pano2VR 转换生成全景图

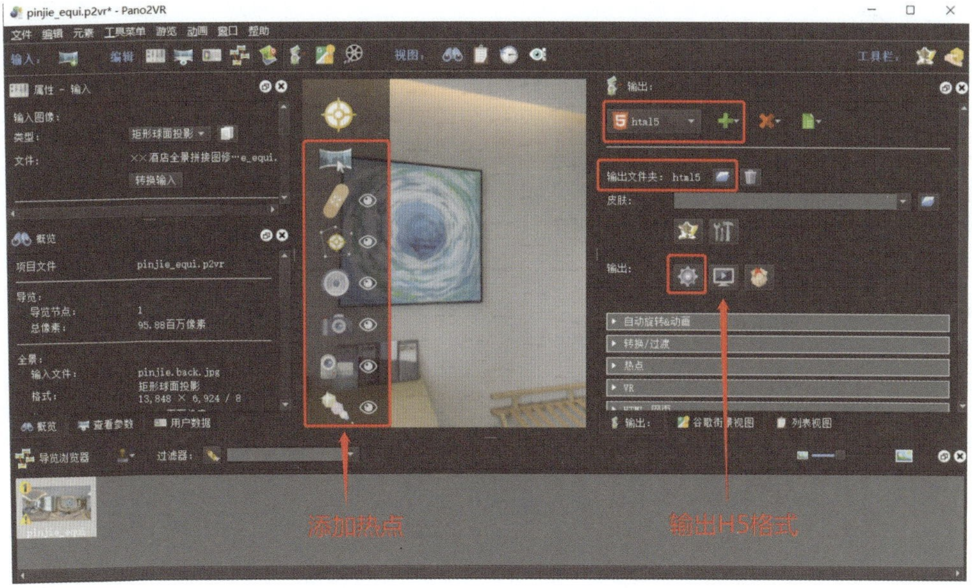

图 6-48 Pano2VR 设置热点和输出文件

2. 基于 720yun 平台的全景漫游

720yun 平台核心功能包含推荐、探索、制作三个板块。它是利用图片图像碎片压缩处理与高速缓存技术实现全景图片的高速浏览。它不仅支持视频、音频、三维产品等全景互动功能，还可在微信、微博、网站等平台实现高质量的全景展示和分享，并已适配各移动终端设备，支持 iOS 及 Android 系统的全景浏览，并支持 iPad、触摸一体机的全景浏览。

720yun 平台为用户提供全景内容的分享和学习。它可以用手机号免费注册账号，内设免费功能和收费功能。它的免费功能基本能够满足大众的基础需求，需要商业宣传的高级功能时则需交费。因此很受大众欢迎。

下面我们看 720yun 平台的全景漫游的基本操作过程。

步骤一：注册账号。打开网站 https://720yun.com，使用手机号注册免费账号或会员账号。

步骤二：上传图片。选择“发布”菜单下的“全景漫游”命令，进入发布作品窗口，在此设置作品的标题、分类等相关信息，从素材库或本地文件夹中选择并添加已经准备好的全景图，可以是整张全景图，也可以是立方体六块分解图，如图 6-49 所示。单击“新手教程　2:1 与六面体的区别与命名规则”按钮，可以看到相关说明，如图 6-50 所示。

图 6-49　720yun 平台上传图片

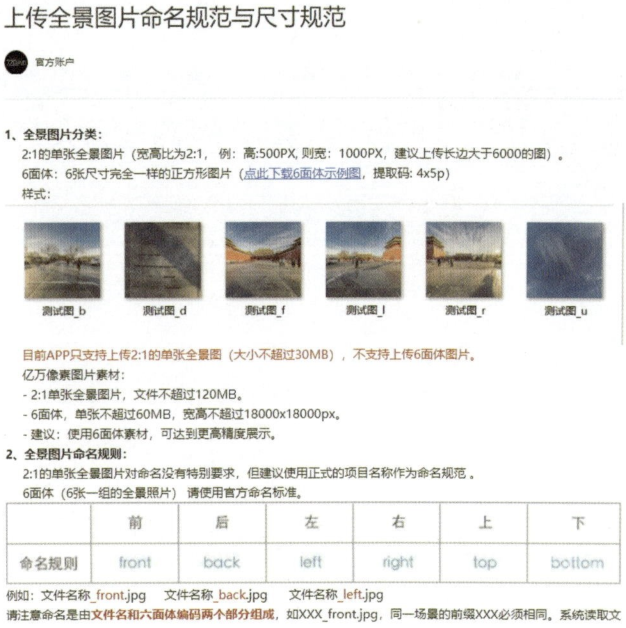

上传全景图片命名规范与尺寸规范

官方账户

1、全景图片分类：

2:1的单张全景图片（宽高比为2:1， 例：高:500PX, 则宽：1000PX，建议上传长边大于6000的图）。

6面体：6张尺寸完全一样的正方形图片（点此下载6面体示例图，提取码: 4x5p）

样式：

测试图_b　测试图_d　测试图_f　测试图_l　测试图_r　测试图_u

目前APP只支持上传2:1的单张全景图（大小不超过30MB），不支持上传6面体图片。

亿万像素图片素材：

- 2:1单张全景图片，文件不超过120MB。
- 6面体，单张不超过60MB，宽高不超过18000x18000px。
- 建议：使用6面体素材，可达到更高精度展示。

2、全景图片命名规则：

2:1的单张全景图片对命名没有特别要求，但建议使用正式的项目名称作为命名规范。

6面体（6张一组的全景照片） 请使用官方命名标准。

	前	后	左	右	上	下
命名规则	front	back	left	right	top	bottom

例如：文件名称_front.jpg　文件名称_back.jpg　文件名称_left.jpg

请注意命名是由**文件名和六面体编码两个部分组成**，如XXX_front.jpg，同一场景的前缀XXX必须相同。系统读取文

图 6-50　上传图片说明

步骤三：添加热点。上传和设置完成后，单击“发布作品”按钮，然后单击“前往编辑作品”按钮，进入编辑作品界面，如图 6-51 所示。可以在此设置 LOGO、封面和其他热点。界面右上角有预览功能，制作完成后，也可以将二维码和地址链接进行发布和分享。作品编辑结束后，单击界面左上角的“返回”按钮可以回到作品界面，在此可进行个人作品管理。目前，市面上的全景平台功能大同小异，操作简单方便，都可以灵活使用。

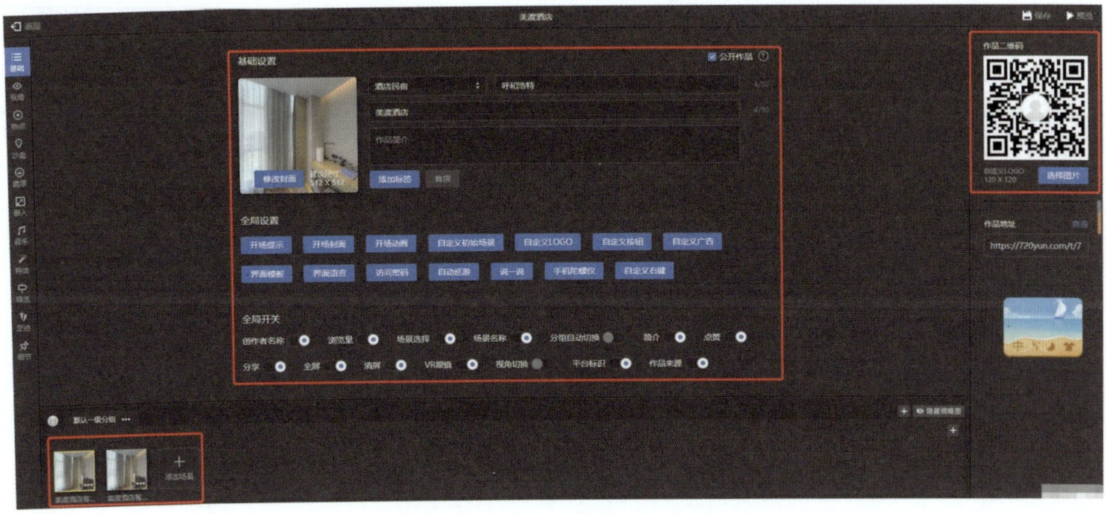

图 6-51 设置热点和发布作品

【应用案例】

全景照片的采集

全景开发流程及拍摄设备组合

国赛作品解析与支持（全景）

全景照片的后期制作

全景图漫游实现

拓展实训

制作自己学校的 VR 全景图，包括校园、教学楼、实训楼、图书馆、食堂、操场、宿舍等场景的全景图拍摄、处理、合成、上传、编辑等操作，示例如图 6-52 所示。可以扫描内蒙古化工职业学院 VR 全景二维码参考效果。

图 6-52　安徽新闻出版职业技术学院 VR 全景平面图

安徽新闻出版职业技术学院 VR 全景

第三篇

虚拟现实技术综合应用

第 7 章

虚拟现实综合项目开发

本章导读

本章主要综合运用虚拟现实开发工具 Unity 2018.2 版本的引擎进行实际项目的开发，提供了两个项目案例进行系统讲解。本章中的两个案例（室内漫游和室外漫游）的开发过程主要包含资源的导入方法、场景的搭建和环境配置、引擎自带工具的使用、交互制作方法以及部分代码的编写。

教学目标

★ 了解项目的工作流程。
★ 掌握 Unity 3D 相关资源的使用和场景的搭建。
★ 掌握场景的搭建及环境配置。
★ 掌握互动制作的方法。

7.1 室内漫游

【学习目标】

掌握室内漫游项目的开发过程和开发方法，使用案例中给定的资源，能够独立完成本案例的开发。

【知识要点】

7.1.1 资源导入

在使用 Unity 3D 的时候，需要使用各种各样的资源文件，有的资源文件已经被制作成资源包。Unity 3D 本身提供了一些标准资源，也可以使用外部的其他资源。对于 Unity 3D 导入资源包的操作，不同版本的操作界面会有所不同，这里以 Unity 2018.2 版本为例。

方法一：选择菜单命令 Assets → Import Package 进行导入，如图 7-1 所示。

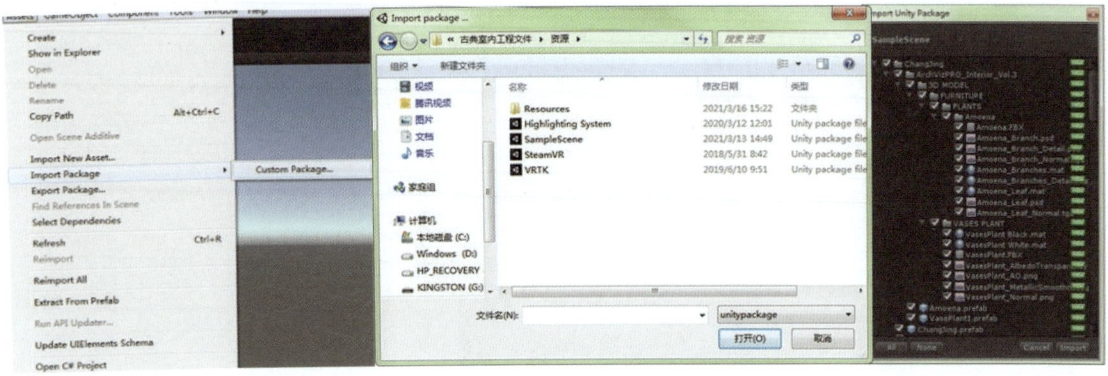

图 7-1　资源导入方法一

方法二：在 Project 面板选择 Assets 文件夹，右击选择 Import Package 命令进行导入，如图 7-2 所示。

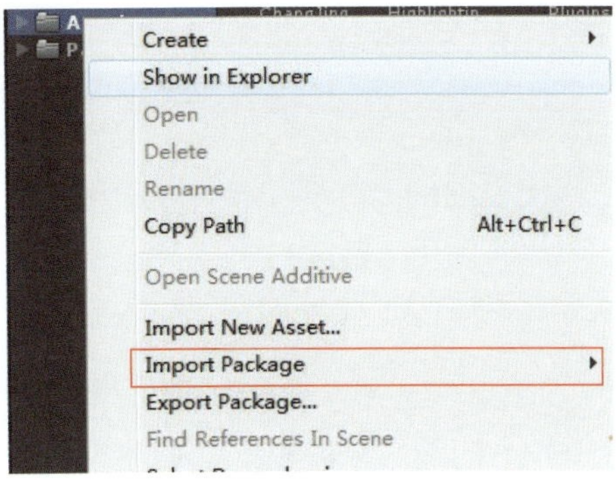

图 7-2　资源导入方法二

方法三：在 Project 面板选择 Assets 文件夹，右击选择 Show In Explorer 命令打开放置资源的文件夹，将资源复制到 Assets 文件夹即可，如图 7-3 所示。

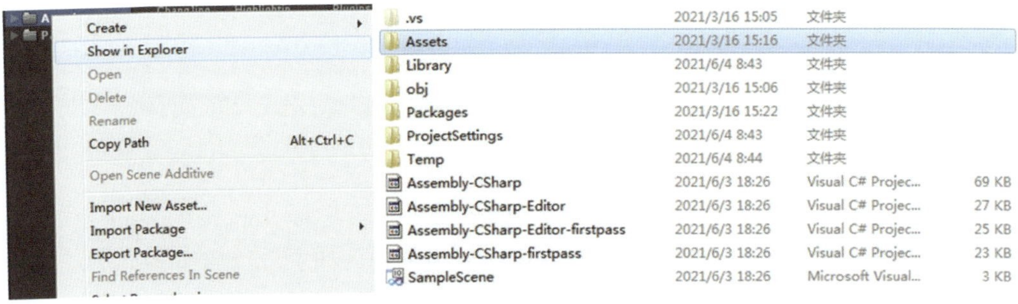

图 7-3　资源导入方法三

7.1.2 窗口布局

在开发过程中，可以根据个人的开发习惯对 Unity 3D 的界面布局进行重新调整，如图 7-4 所示。

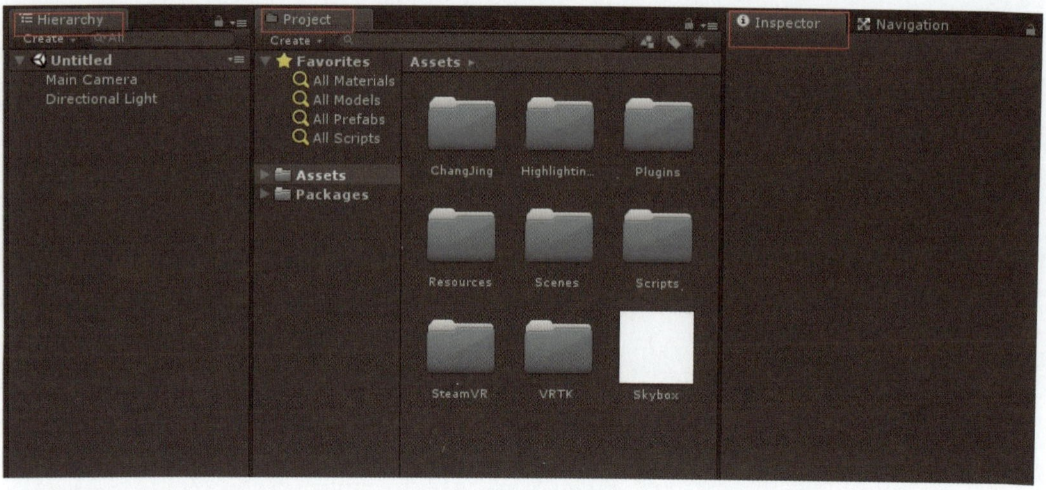

图 7-4　布局调整

7.1.3 项目开发步骤

1. 新建项目并导入资源

（1）新建 SampleScence 项目，如图 7-5 所示。

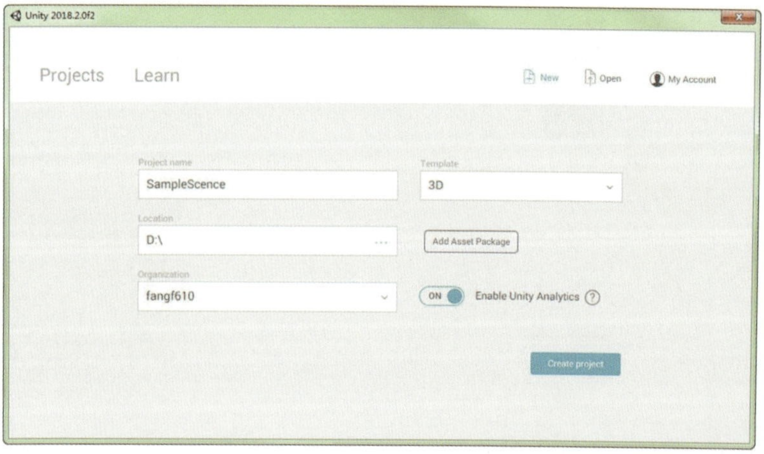

图 7-5　新建项目

（2）导入资源。右击 Project 面板下的 Assets 文件夹，选择 Import Package 命令，在打开的对话框中选择需要导入的资源，要勾选所有需要导入的资源，如图 7-6 所示。

用同样的方法导入其他资源，如图 7-7 所示。

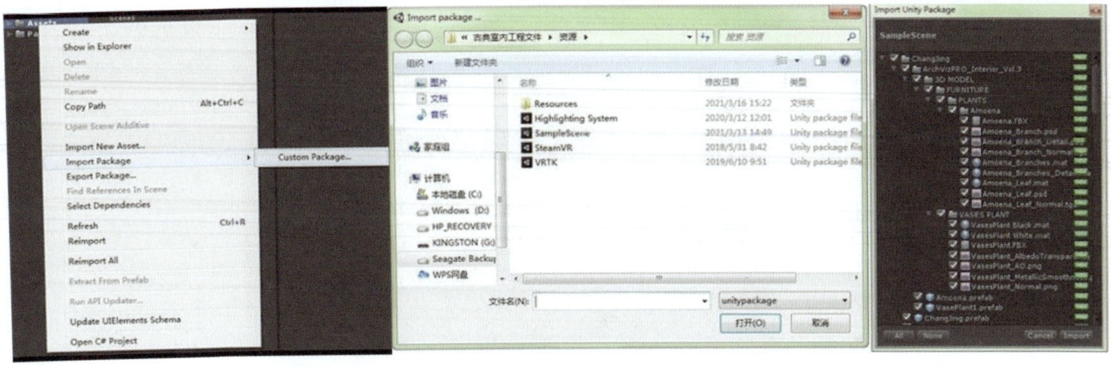

图 7-6 导入开发资源 1

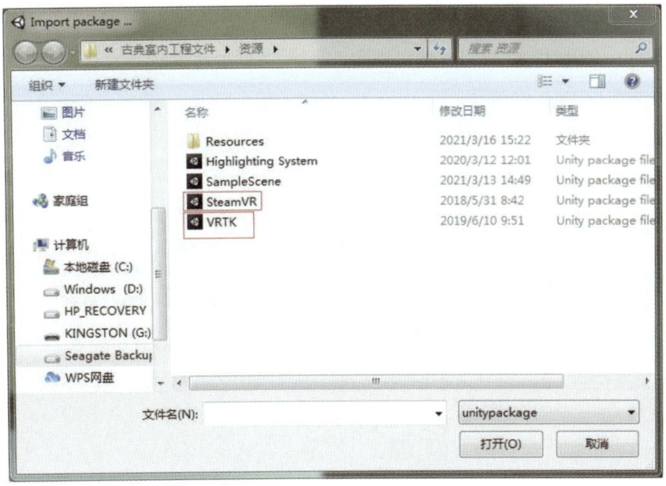

图 7-7 导入开发资源 2

2. 场景搭建

（1）在 Project 面板中将 Assets\ChangJing 目录下的 ChangJing 文件拖拽到 Hierarchy 面板，如图 7-8 所示。

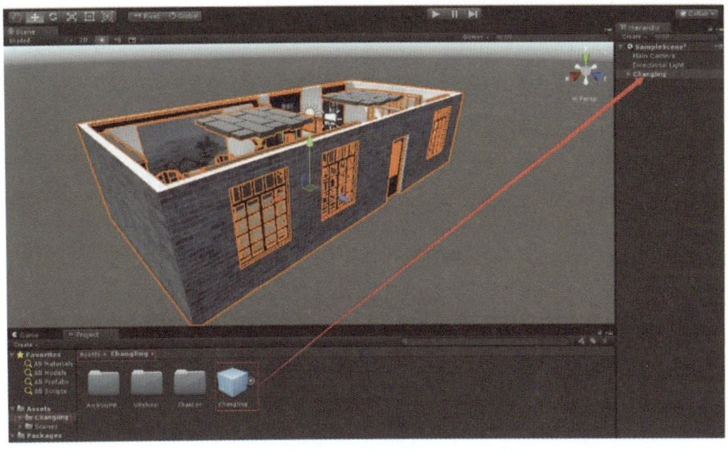

图 7-8 添加预制体

（2）在 Hierarchy 面板空白处右击，新建空物体（Create Empty），选择新建的空物体右击，将其重命名为 VRTK_SDK_Manager，在 Inspector 面板将位置清零，如图 7-9 所示。

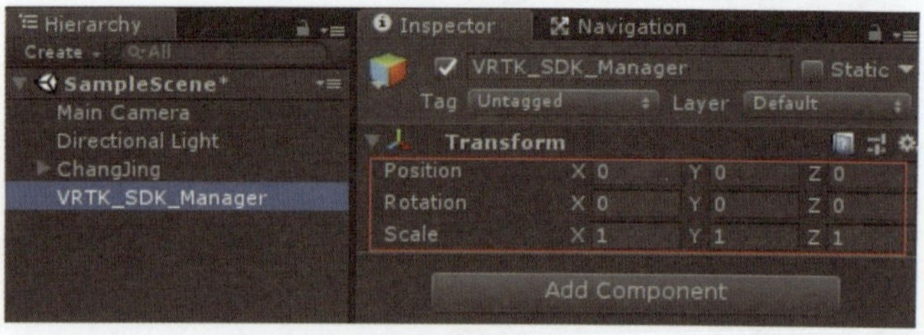

图 7-9　创建 VRTK_SDK_Manager 空物体

（3）选择 VRTK_SDK_Manager 右击，创建空物体，选择新建的空物体右击，将其重命名为 VRTK_SDK_Setups。在 Project 面板选择 Assets\SteamVR\Prefabs 目录，按下 Ctrl 键同时选择该目录下的 CameraRig 和 SteamVR 两个文件，按住左键将这两个文件拖拽到 VRTK_SDK_Setups 上，如图 7-10 所示。

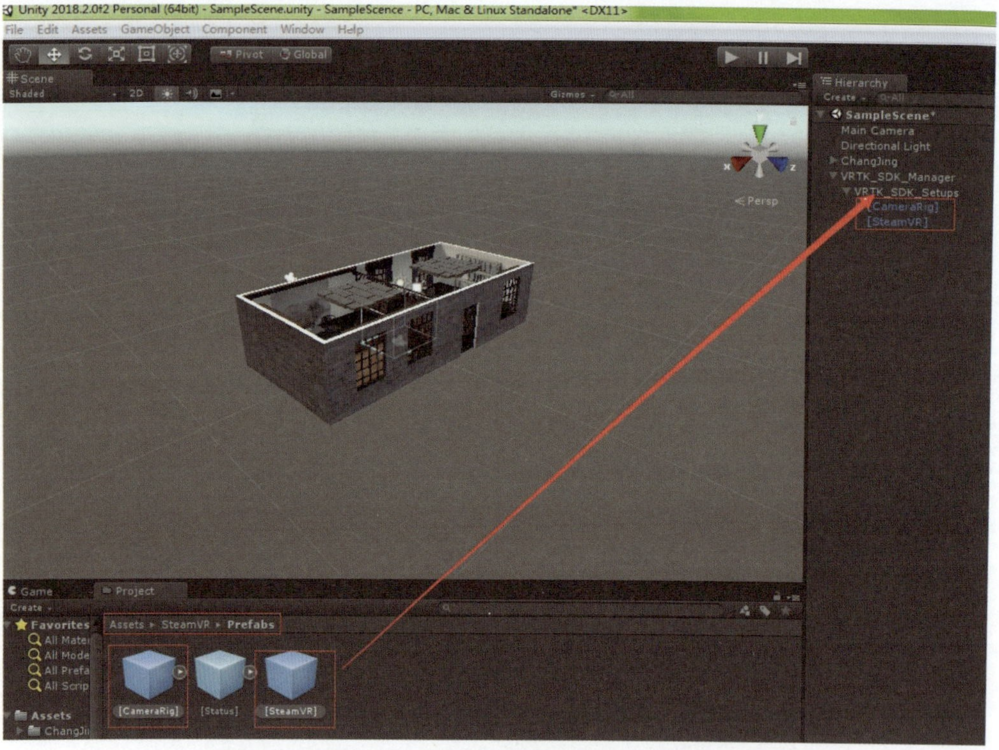

图 7-10　添加子物体

（4）在 Hierarchy 面板空白处右击，新建空物体，选择新建的空物体右击，将其重命名为 VRTK_Scripts。选择 VRTK_Scripts 右击，新建空物体，选择新建的空物体按 Ctrl+d 组合键复制两个，然后分别将它们重命名为 PlayArea、LeftController 和 RightController，如图 7-11 所示。

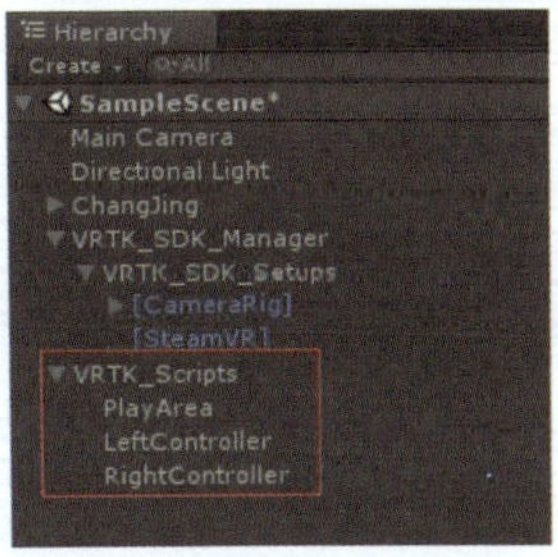

图 7-11　创建 VRTK_Scripts 空物体及子物体

（5）同时选择 LeftController 和 RightController，在 Inspector 面板单击 Add Component 按钮，在搜索框中输入 VRTK_Controller，在弹出的列表里选择 VRTK_ControllerEvents，如图 7-12 所示。

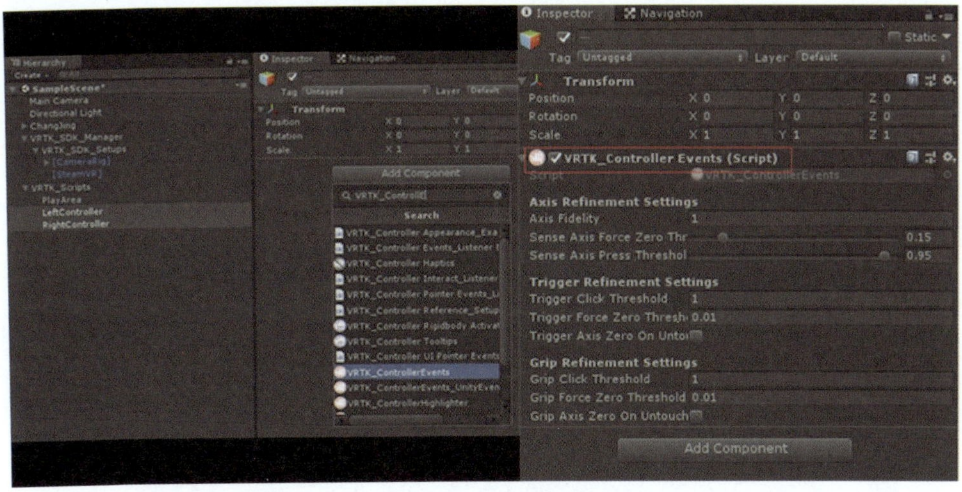

图 7-12　添加属性

（6）在 Hierarchy 面板中选择 VRTK_SDK_Manager，在 Inspector 面板中单击 Add Component 按钮，在搜索框中输入 vrtk_sdk Manager，添加 VRTK_SDK_Manager 组件，属性的具体设置如图 7-13 所示。

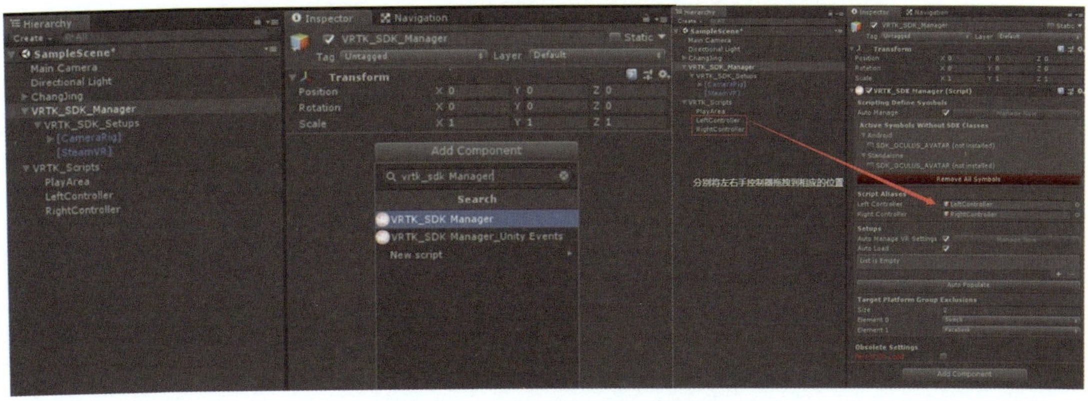

图 7-13　添加组件并设置属性

（7）在 Hierarchy 面板中选择 VRTK_SDK_Setups，在 Inspector 面板中单击 Add Component 按钮，添加 VRTK_SDK Setup 组件，属性具体设置如图 7-14 所示。

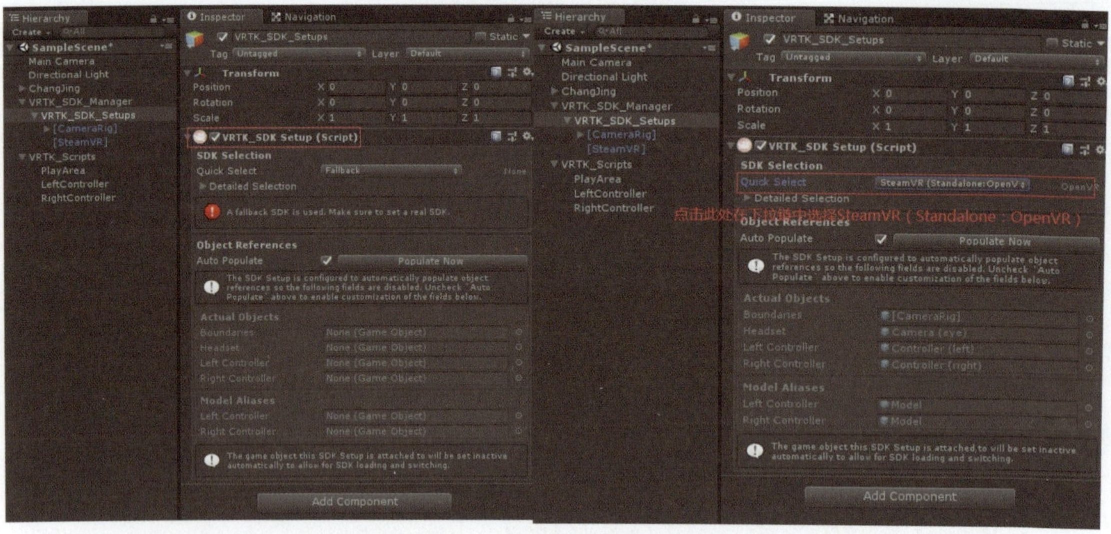

图 7-14　添加组件并设置属性

3. 场景漫游

（1）场景中瞬间移动的实现。

1）在 Hierarchy 面板中选择 RightController，在 Inspector 面板中单击 Add Component 按钮，依次添加 VRTK_Pointer 组件和 VRTK_Pointer Render 组件，设置 VRTK_Pointer Render 属性，如图 7-15 所示。

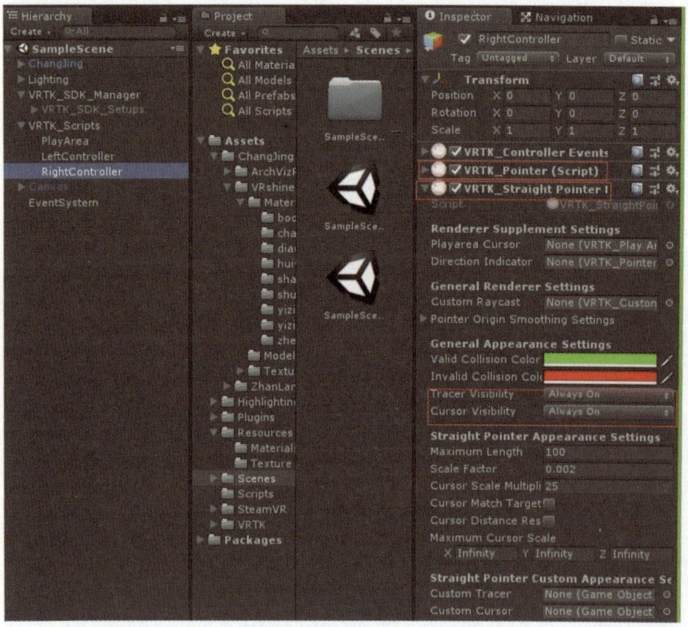

图 7-15　添加射线并设置属性

属性设置完成之后，按住鼠标左键将 VRTK_Pointer Render 组件拖拽到 VRTK_Pointer 下的 Pointer Render 属性上，如图 7-16 所示。

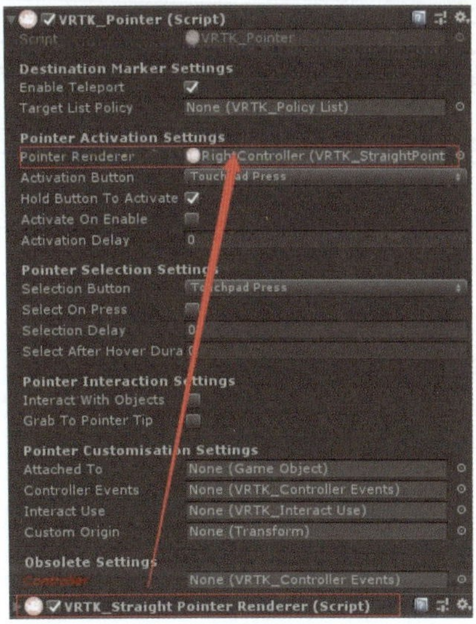

图 7-16　挂载属性

2）在 Hierarchy 面板中选择 PlayArea，在 Inspector 面板中单击 Add Component 按钮，依次添加 VRTK_Height Adjust Teleport 和 VRTK_Nav Mesh Data 两个组件。具体设置如图 7-17 所示。

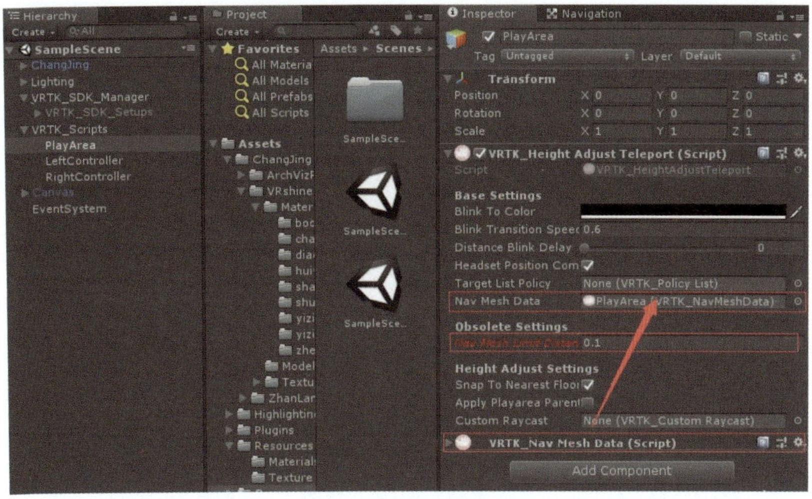

图 7-17　挂载属性

3）在 Scenes 窗口选择场景中的地面对象，打开 Window 菜单下的 AI-Navigation 窗口进行地面的漫游范围设置，如图 7-18 所示。

（2）场景中对象的高亮显示。

1）在 Project 面板中选择 Assets 文件夹，右击，导入 Highlighting System 资源，如图 7-19 所示。

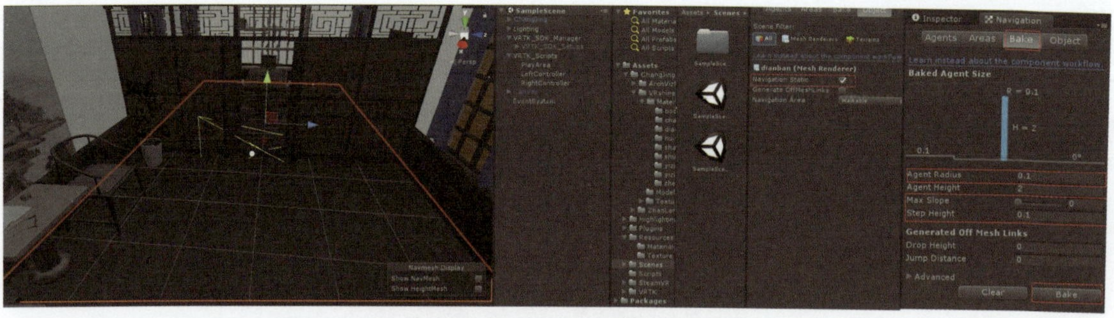

图 7-18 漫游范围设置

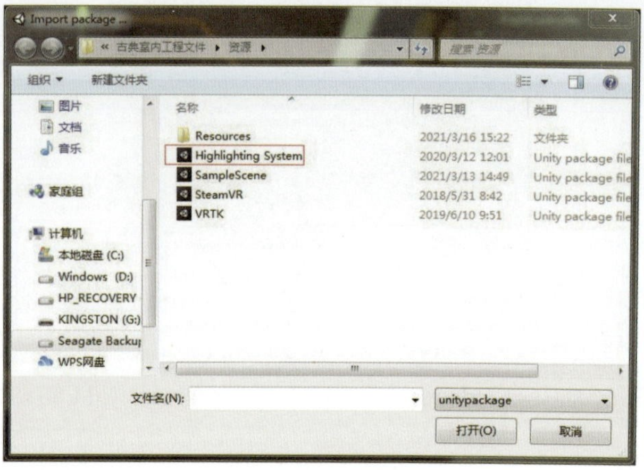

图 7-19 导入资源

2）在场景中任意选择一个物体，此处我们以沙发为例进行说明，在 Inspector 面板中单击 Add Component 按钮，添加 Highlighter 和 Highlighter Basic 两个组件，具体设置如图 7-20 所示。

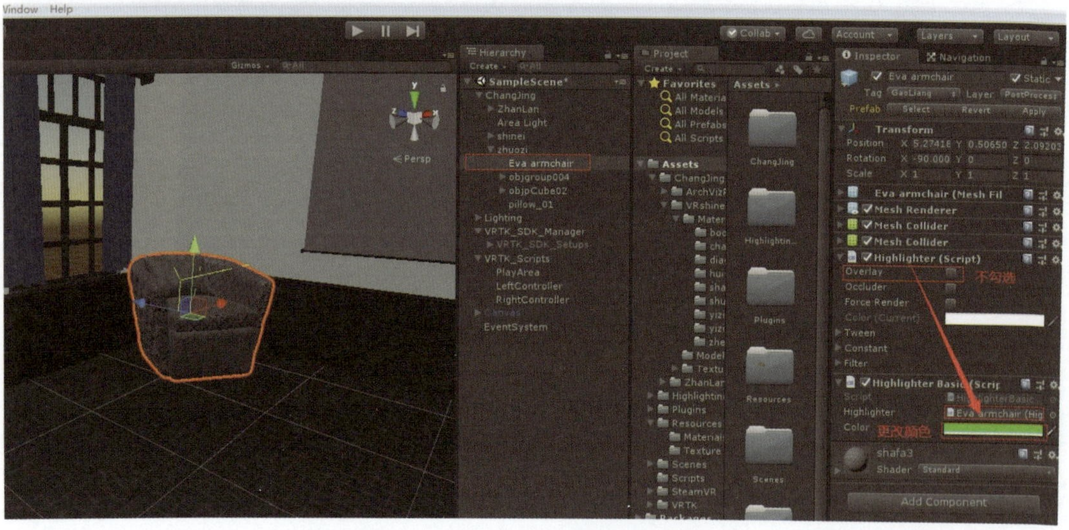

图 7-20 挂载属性及更改射线颜色

3）在 Hierarchy 面板中选择挂载的摄像机，在 Inspector 面板中添加 Highlighting Render 组件，具体设置如图 7-21 所示。

图 7-21　挂载摄像机

4）在 Project 面板中选择 Assets 文件夹，右击，新建文件夹并将其重命名为 Scripts，在新建的文件夹空白处右击，新建 C#script 脚本，将其命名为 VRTK_EventManager，如图 7-22 所示。

5）选择 RightController，将新建的 VRTK_EventManager 脚本拖拽到 RightController 属性上，如图 7-23 所示。

6）选择场景中的沙发，将沙发的 Tag 名称设置为 GaoLiang（表示“高亮”），双击 VRTK_EventManager 脚本打开 Visual Studio 进行高亮显示代码的编写，如图 7-24 所示。

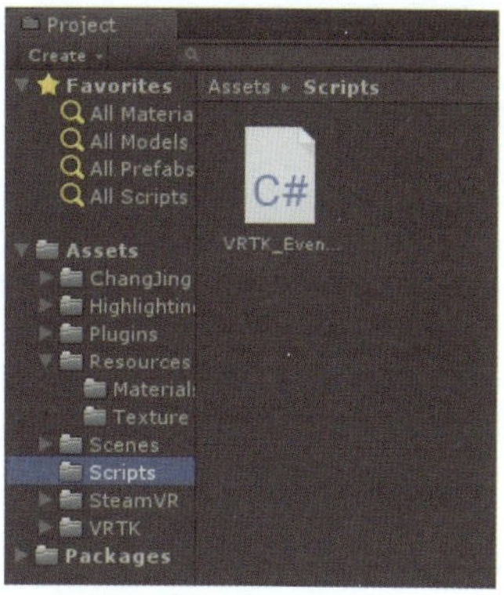

图 7-22　新建脚本

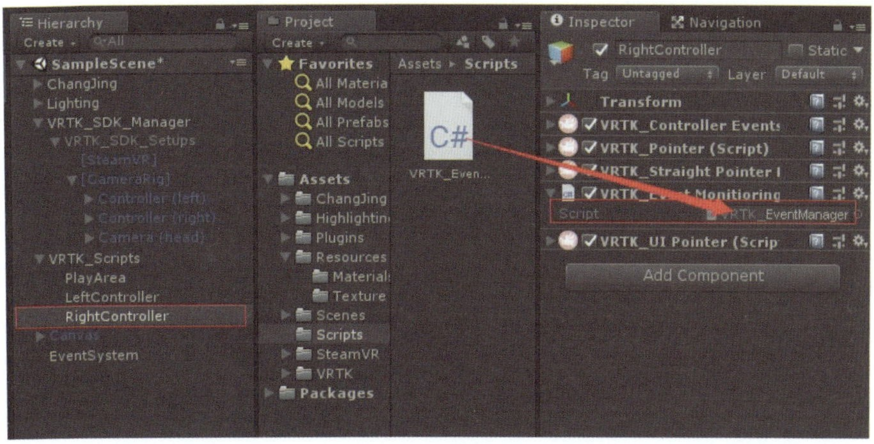

图 7-23　挂载脚本

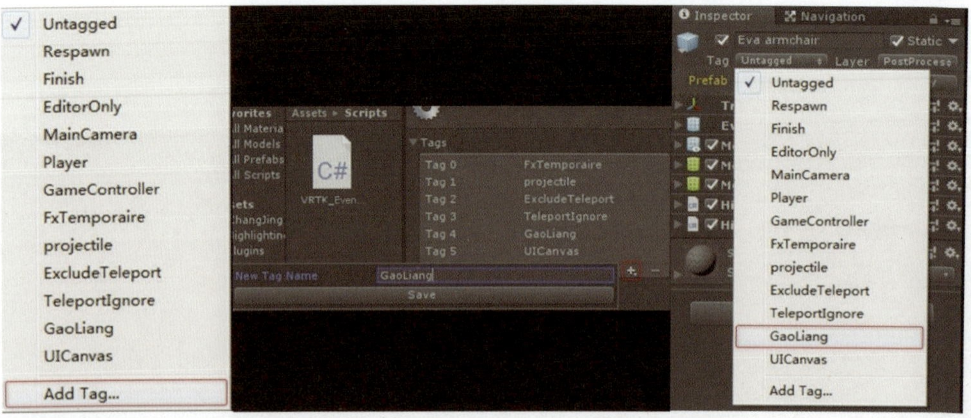


```
using System.Collections;
using System.Collections.Generic;
using UnityEngine;
using VRTK;//引用VRTK命名空间
using HighlightingSystem;//引用高亮插件命名空间
using System;

public class VRTK_EventManager : MonoBehaviour {

    private VRTK_Pointer my_Pointer;//定义变量



    // Use this for initialization
    void Start () {
        my_Pointer = GetComponent<VRTK_Pointer>();//赋值变量

        //注册手柄射线事件
        my_Pointer.GetComponent<VRTK_DestinationMarker>().DestinationMarkerEnter += My_DestinationMarkerEnter;//射线进入事件
        my_Pointer.GetComponent<VRTK_DestinationMarker>().DestinationMarkerExit += My_DestinationMarkerExit;//射线离开事件
        my_Pointer.GetComponent<VRTK_DestinationMarker>().DestinationMarkerHover += My_DestinationMarkerHover;//射线停留事件


    }
    private void My_DestinationMarkerExit(object sender, DestinationMarkerEventArgs e)
    {
        if (e.target.tag == "GaoLiang")//判断物体是否可以高亮显示
        {
            e.target.GetComponent<Highlighter>().enabled = false;//激活高亮显示脚本组件
        }
    }
    /// <summary>
    /// 射线进入事件
    /// </summary>
    /// <param name="sender"></param>
    /// <param name="e"></param>
    private void My_DestinationMarkerEnter(object sender, DestinationMarkerEventArgs e)
    {
        if(e.target.tag == "GaoLiang")//判断物体是否可以高亮显示
        {
            e.target.GetComponent<Highlighter>().enabled = true;//激活高亮显示脚本组件
        }
    }

    // Update is called once per frame
    void Update () {
```

图 7-24 高亮物体代码

（3）场景中对象材质的切换。

1）在 Project 面板中选择 Assets 文件夹，直接将 Resources 资源文件夹拖拽到 Assets 文件夹中，如图 7-25 所示。

2）将新导入的资源中的 Canvas 拖拽到 Hierarchy 中，如图 7-26 所示。

3）选择场景中的桌子和椅子作为切换材质的对象，在 Inspector 面板中修改它的 Tag 名称为 UICanvas，在 Hierarchy 面板中同时选中桌子和椅子，右击，创建空对象，将其均命名为 Game，并分别将两个空对象的位置调整到桌椅的正上方，如图 7-27 所示。

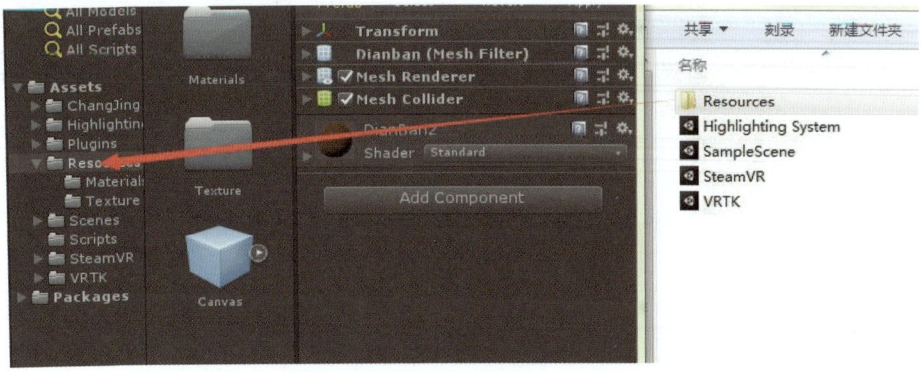

图 7-25　添加资源

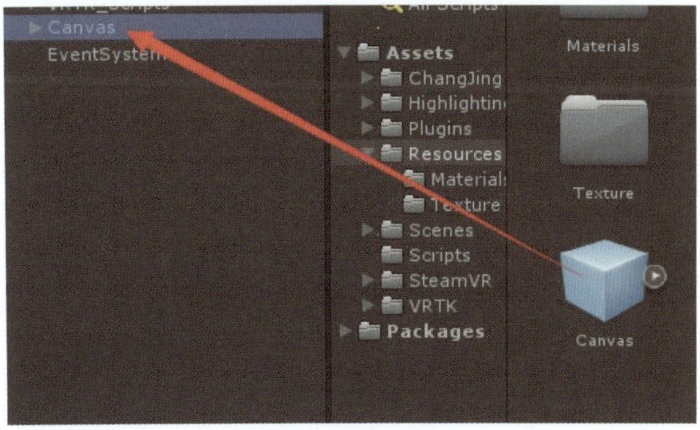

图 7-26　添加预制体

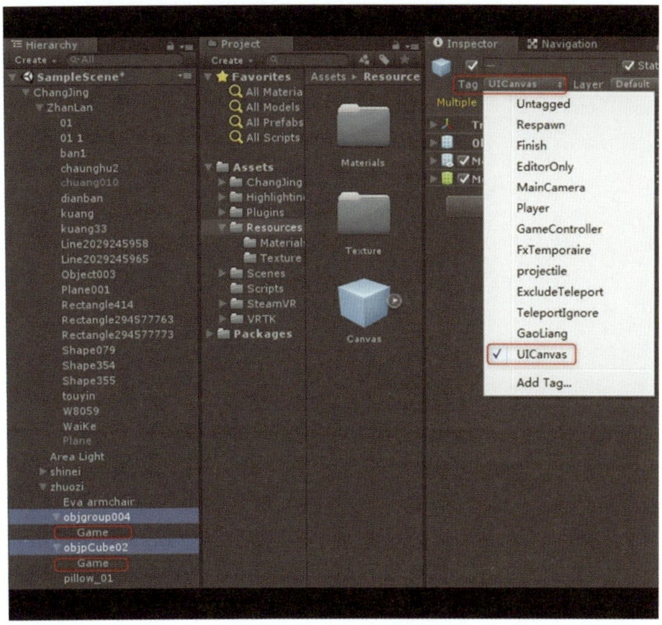

图 7-27　添加桌椅子物体

4）打开 VRTK_EventManager 脚本，在脚本中添加代码，如图 7-28 所示。

```
public class VRTK_EventManager: MonoBehaviour {

    private VRTK_Pointer my_Pointer;//定义变量
    private GameObject UI_Canvas;//获取UI预制件
    private Transform tran;//全局变量

        UI_Canvas = Resources.Load("Canvas") as GameObject;
    }

    /// <summary>
    /// 射线停留事件
    /// </summary>
    /// <param name="sender"></param>
    /// <param name="e"></param>
    private void My_DestinationMarkerHover(object sender, DestinationMarkerEventArgs e)
    {
     if(e.target.tag == "UICanvas" && GetComponent<VRTK_ControllerEvents>().triggerClicked)//判断物体是否有UI提示面板，并且扣动手柄扳机键
        {
            GameObject game;//临时变量
            tran = e.target.transform.Find("Game");//获取生成位置
            if(tran != null)//判断生成位置是否为空
            {
                if(tran.childCount < 1)//判断当前物体没有生成UI面板
                {
                    game = GameObject.Instantiate(UI_Canvas, tran);//生成预制件
                    game.transform.position = tran.transform.position;//调整坐标值
                    //game.transform.rotation = tran.transform.rotation;//调整旋转值
                }
                else//如果生成过UI面板
                {
                    tran.GetChild(0).gameObject.SetActive(true);//打开显示UI面板
                }
            }
        }
    }
```

图 7-28　桌椅界面的代码

5）在 Project 面板中的 Scrips 文件夹下新建 C#script 脚本，命名为 Look_Camera，双击打开 Visual Studio 进行代码编辑，如图 7-29 所示。

```
using System.Collections;
using System.Collections.Generic;
using UnityEngine;

public class Look_Camera : MonoBehaviour {

    public GameObject head;

    // Use this for initialization
    void Start () {

    }

    // Update is called once per frame
    void Update () {
        float x = this.transform.eulerAngles.x;
        float z = this.transform.eulerAngles.z;
        this.transform.LookAt(head.transform);
        this.transform.eulerAngles = new Vector3(x, this.transform.eulerAngles.y, z);
    }
}
```

图 7-29　UI 指向摄像机的代码

6）选择桌子和椅子下的两个空物体 Game，将 Look_Camera 脚本挂载到空物体下，同时将相机下的 Camera(eye) 拖拽到 Look_Camera 脚本的 Head 上，具体设置如图 7-30 所示。

（4）射线与 UI 进行交互制作。

1）选择 RightController，在 Inspector 面板上添加 VRTK_UI Pointer 组件，并将 Activation Button 选择为 Trigger Press，具体设置如图 7-31 所示。

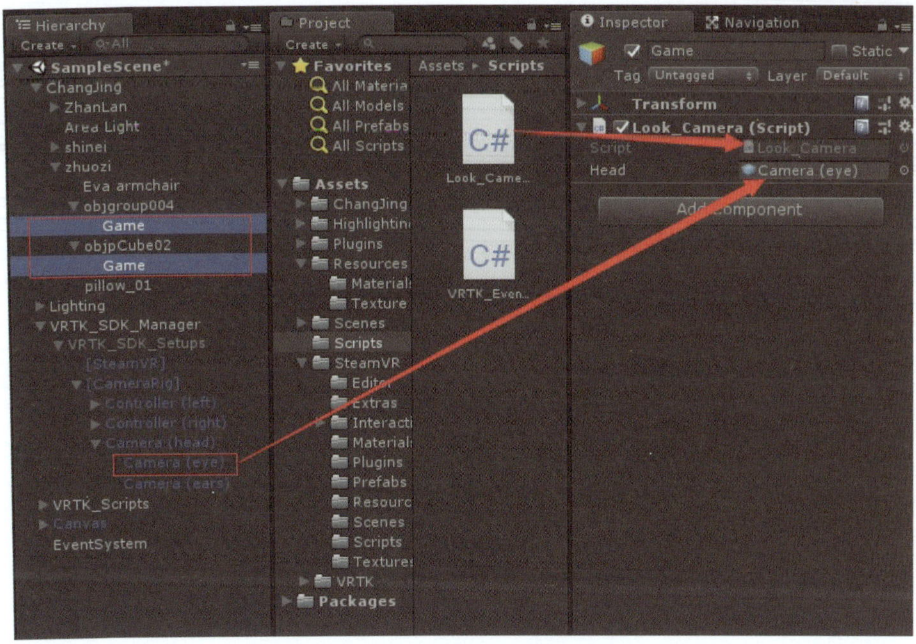

图 7-30 挂载脚本和摄像机

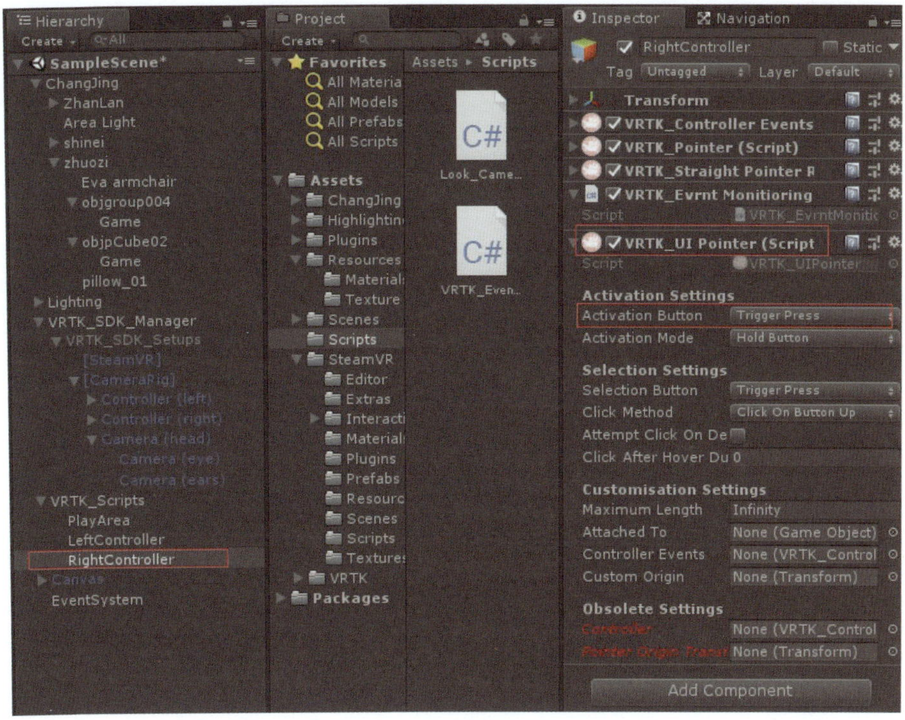

图 7-31 指针属性设置

2）在 Project 面板中的 Scripts 文件夹下新建 C#script 脚本，将其命名为 VRTK_UIControllerEvent，双击打开 Visual Studio 编写代码，如图 7-32 所示。

```
using System.Collections;
using System.Collections.Generic;
using UnityEngine;
using UnityEngine.UI;//引用命名空间

public class VRTK_UIControllerEvent : MonoBehaviour {
    //定义三级界面变量
    private GameObject planeSelect;
    private GameObject planeMaterial;
    private GameObject planeColor;
    //定义材质变量
    private Material material_1;
    private Material material_2;
    private Material material_3;
    //定义颜色滑动条
    private Slider sliderRed;
    private Slider sliderGreen;
    private Slider sliderBlue;

    // Use this for initialization
    void Start () {
        //对界面变量赋值
        planeSelect = this.transform.Find("PanelSelect").gameObject;
        planeMaterial = this.transform.Find("PanelMaterial").gameObject;
        planeColor = this.transform.Find("PanelColor").gameObject;
        //对材质变量赋值
        material_1 = Resources.Load("Materials/1") as Material;
        material_2 = Resources.Load("Materials/2") as Material;
        material_3 = Resources.Load("Materials/4") as Material;
        //滑动条赋值
        sliderRed = planeColor.transform.Find("SliderRed").GetComponent<Slider>();
        sliderGreen = planeColor.transform.Find("SliderGreen").GetComponent<Slider>();
        sliderBlue = planeColor.transform.Find("SliderBlue").GetComponent<Slider>();
    }

    // Update is called once per frame
    void Update () {

    }
    //关闭自身方法
    public void CloseDialog()
    {
        gameObject.SetActive(false);
    }
    //返回上级页
    public void ReturnLast()
    {
        if (planeMaterial.activeInHierarchy)
        {
            planeMaterial.SetActive(false);
        }
        if (planeColor.activeInHierarchy)
        {
            planeColor.SetActive(false);
        }
        planeSelect.SetActive(true);
    }
    //切换材质方法
    public void SelectMaterial()
    {
        planeSelect.SetActive(false);
        planeMaterial.SetActive(true);
    }
    //切换颜色方法
    public void ChangeColor()
    {
        planeSelect.SetActive(false);
        planeColor.SetActive(true);
    }
    //材质切换方法1
    public void SelectMaterial_1()
    {
        GameObject game = this.gameObject.transform.parent.gameObject.transform.parent.gameObject;
        game.GetComponent<MeshRenderer>().material = material_1;
    }
    //材质切换方法2
    public void SelectMaterial_2()
    {
        GameObject game = this.gameObject.transform.parent.gameObject.transform.parent.gameObject;
        game.GetComponent<MeshRenderer>().material = material_2;
    }
    //材质切换方法3
    public void SelectMaterial_3()
    {
        GameObject game = this.gameObject.transform.parent.gameObject.transform.parent.gameObject;
        game.GetComponent<MeshRenderer>().material = material_3;
    }
    //红色滑动条
```

图 7-32　射线与 UI 交互的代码

```
    public void RedValueChange()
    {
        MeshRenderer game = this.gameObject.transform.parent.gameObject.transform.parent.gameObject.GetComponent<MeshRenderer>();
        game.material.color = new Color(sliderRed.value, game.material.color.g, game.material.color.b);
    }
    //绿色滑动条
    public void GreenValueChange()
    {
        MeshRenderer game = this.gameObject.transform.parent.gameObject.transform.parent.gameObject.GetComponent<MeshRenderer>();
        game.material.color = new Color(game.material.color.r, sliderGreen.value, game.material.color.b);
    }
    //蓝色滑动条

    public void BlueValueChange()
    {
        MeshRenderer game = this.gameObject.transform.parent.gameObject.transform.parent.gameObject.GetComponent<MeshRenderer>();
        game.material.color = new Color(game.material.color.r, game.material.color.g, sliderBlue.value);
    }
}
```

图 7-32 射线与 UI 交互的代码（续图）

3）将编写完成的脚本挂载到 Canvas 的属性上，如图 7-33 所示。

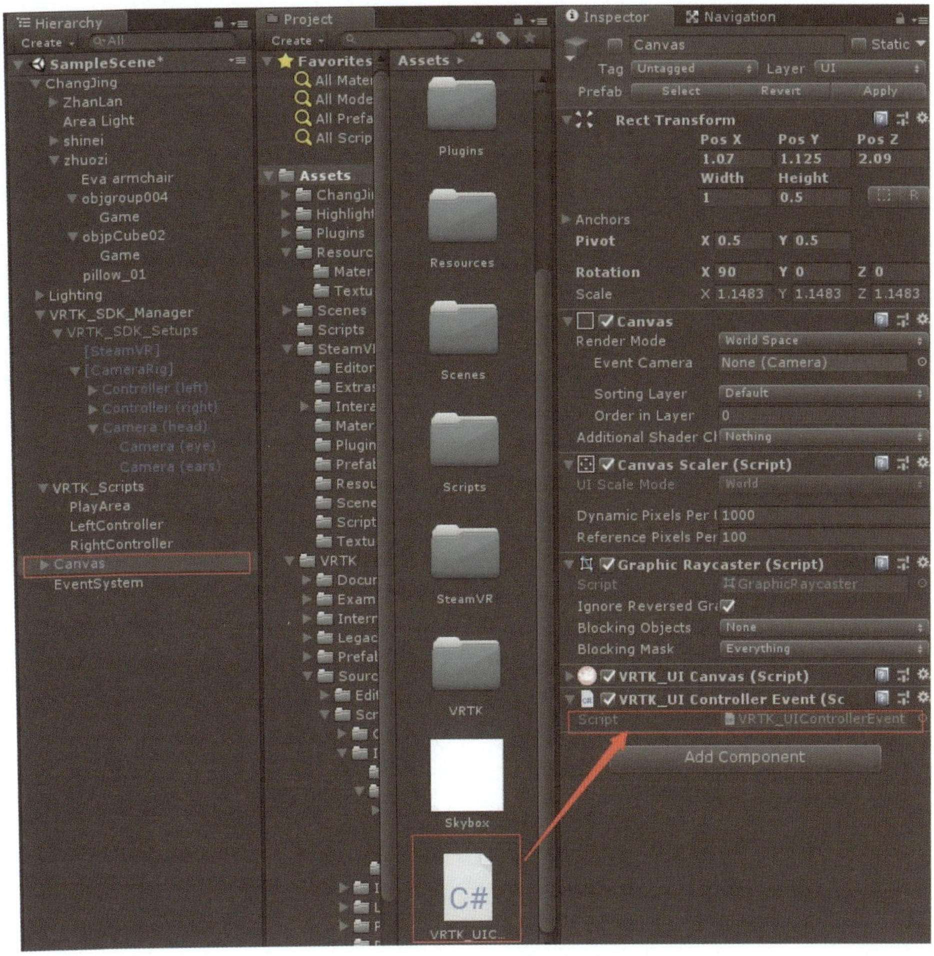

图 7-33 挂载脚本

4）同时选中 Canvas 下的 ButtonMaterial 和 ButtonColor，将 Canvas 拖拽到如图 7-34 所示位置。

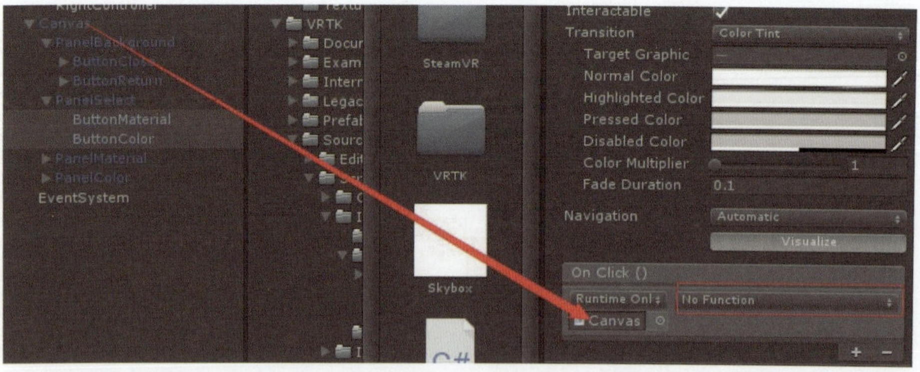

图 7-34　用于后续添加材质和颜色

5）选择 ButtonMaterial，单击图 7-34 中的 No Function 项，在下拉列表中选择 VRTK_UIControllerEvent，在下级菜单中选择 SelectMatarial()，具体如图 7-35 所示。

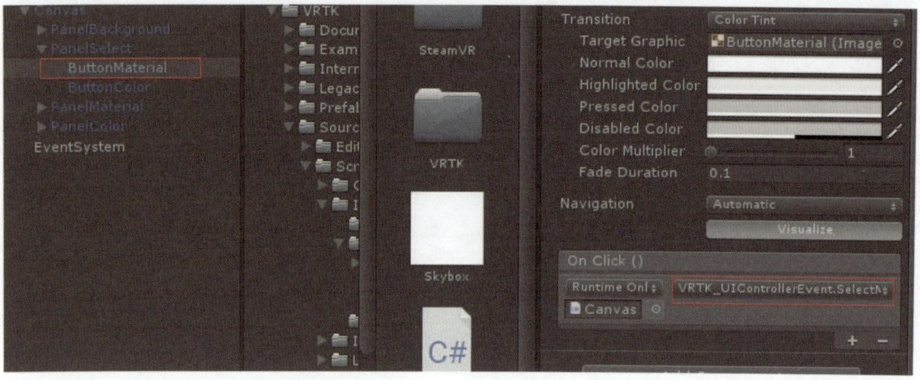

图 7-35　添加选择材质的方法

6）选择 ButtonColor，单击图 7-34 中的 No Function 项，在下拉列表中选择 VRTK_UIControllerEvent，在下级菜单中选择 ChangeColor()，具体如图 7-36 所示。

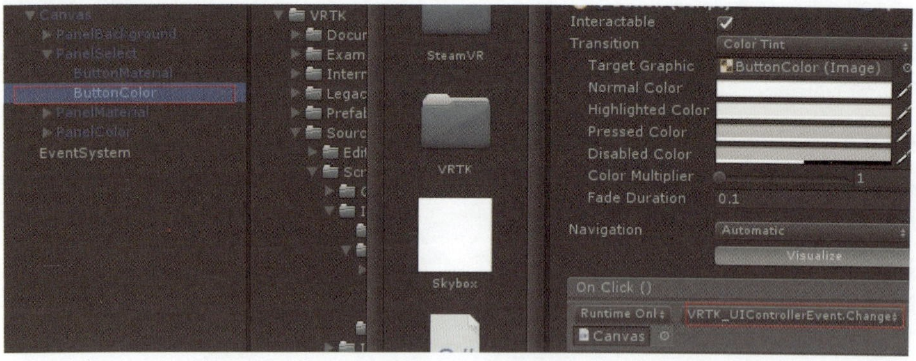

图 7-36　添加更改颜色的方法

7）同时选中 ButtonClose 和 ButtonReturn，将 Canvas 拖拽到如图 7-37 所示的位置。

8）选择 ButtonClose，单击图 7-37 中的 No Function 项，在下拉列表中选择 VRTK_

UIControllerEvent，在下级菜单中选择 CloseDialog()，具体如图 7-38 所示。

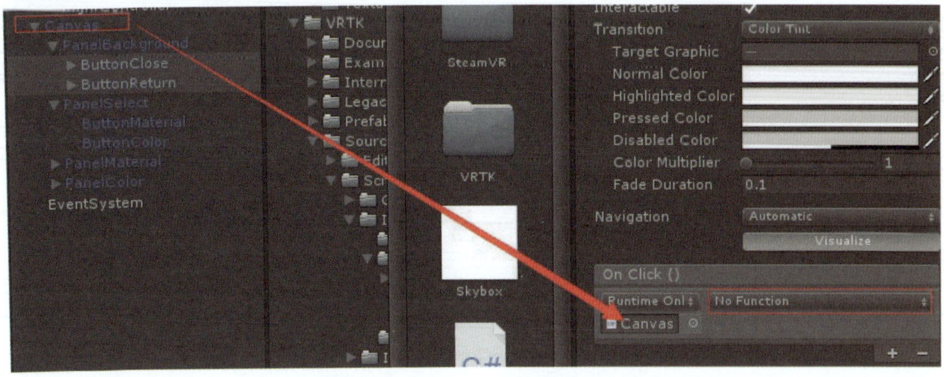

图 7-37　添加关闭和返回方法

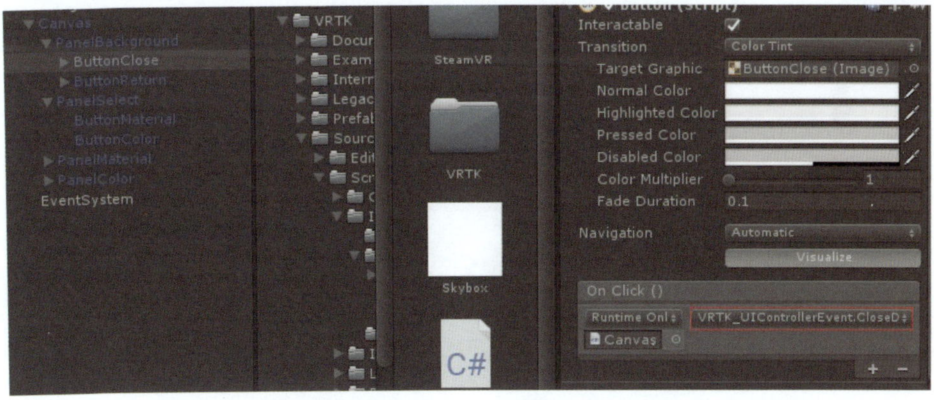

图 7-38　添加 UI 控制关闭对话框的方法

9）选择 ButtonReturn，单击图 7-37 中的 No Function 项，在下拉列表中选择 VRTK_UIControllerEvent，在下级菜单中选择 ReturnLast()，具体如图 7-39 所示。

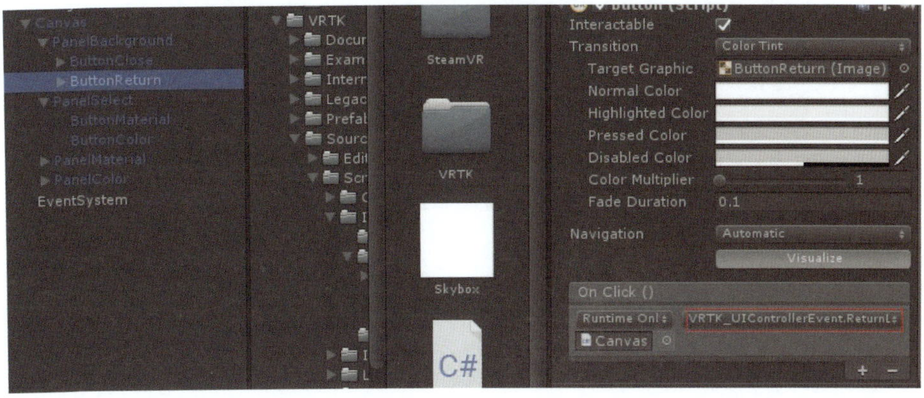

图 7-39　添加 UI 控制返回的方法

10）同时选中 ButtonHuaWen、ButtonPiZhi 和 ButtonBuWen，将 Canvas 拖拽到如图

7-40 所示位置。

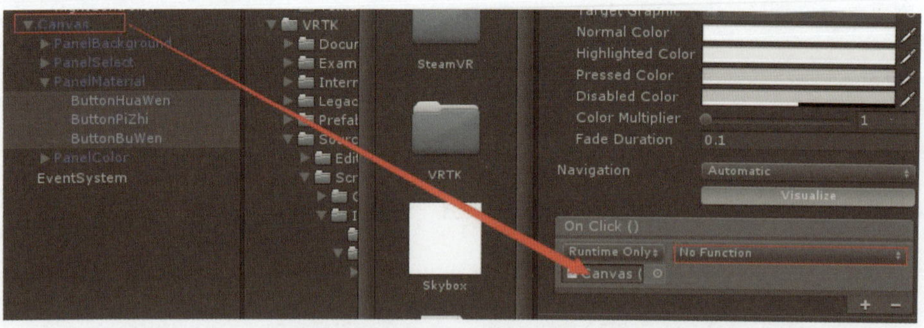

图 7-40　添加修改材质的方法

11）选择 ButtonHuaWen，单击图 7-40 中的 No Function 项，在下拉列表中选择 VRTK_UIControllerEvent，在下级菜单中选择 Selectmaterial_1() 并修改显示颜色，具体如图 7-41 所示。

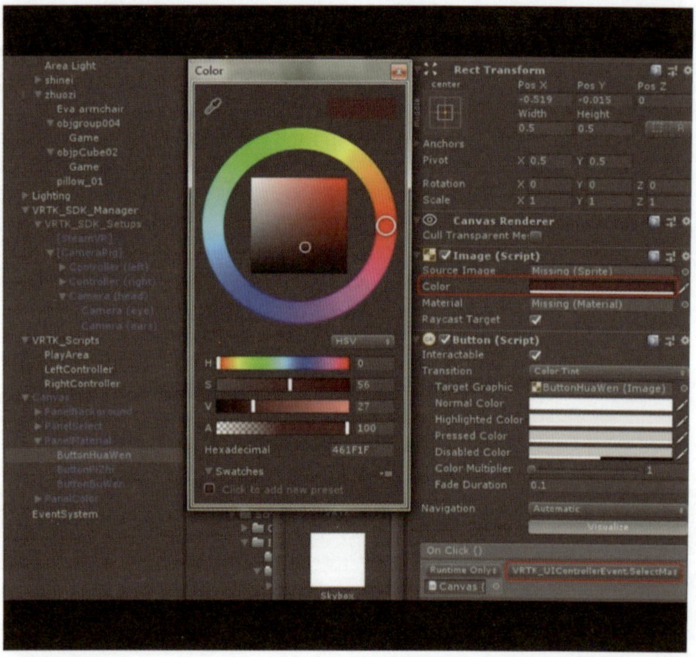

图 7-41　修改材质 1

12）选择 ButtonPiZhi，单击图 7-40 中的 No Function 项，在下拉列表中选择 VRTK_UIControllerEvent，在下级菜单中选择 Selectmaterial_2() 并修改显示颜色，具体如图 7-42 所示。

13）选择 ButtonBuWen，单击图 7-40 中的 No Function 项，在下拉列表中选择 VRTK_UIControllerEvent，在下级菜单中选择 Selectmaterial_3() 并修改显示颜色，具体如图 7-43 所示。

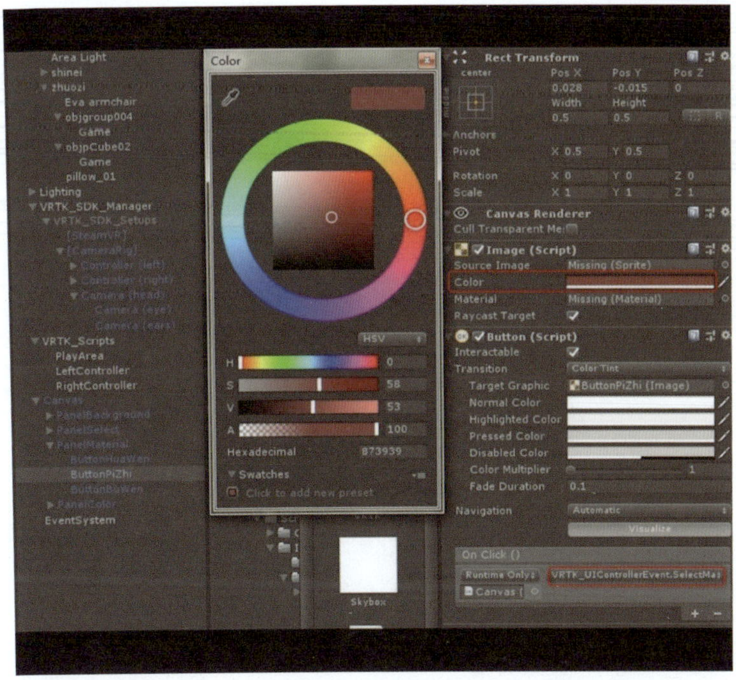

图 7-42　修改材质 2

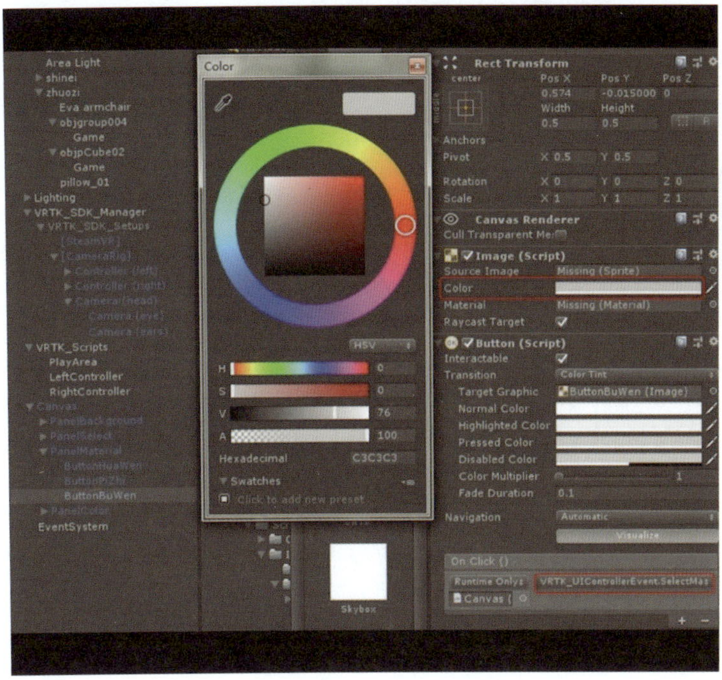

图 7-43　修改材质 3

14）同时选中 SliderRed、SliderGreen 和 SliderBlue，将 Canvas 拖拽到如图 7-44 所示位置。

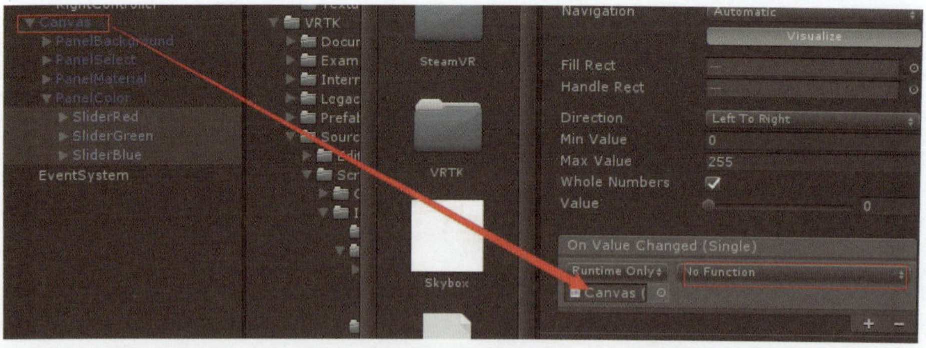

图 7-44　修改颜色

15）选择 SliderRed，单击图 7-44 中的 No Function 项，在下拉列表中选择 VRTK_UIControllerEvent，在下级菜单中选择 RedValueChange()，具体如图 7-45 所示。

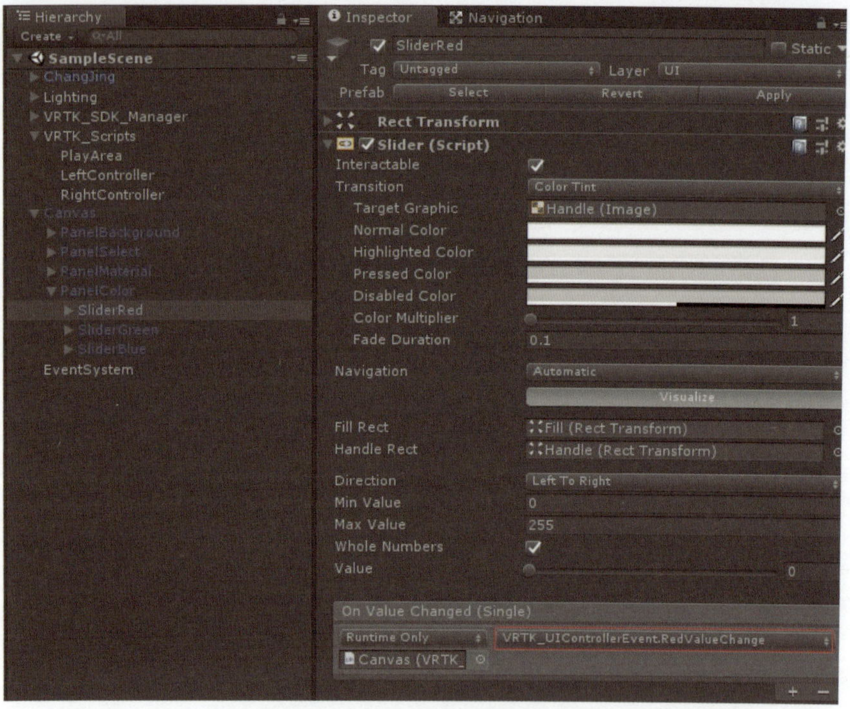

图 7-45　选择红色更改方法

16）选择 SliderGreen，单击图 7-44 中的 No Function 项，在下拉列表中选择 VRTK_UIControllerEvent，在下级菜单中选择 GreenValueChange()，具体如图 7-46 所示。

17）选择 SliderGreen，单击图 7-44 中的 No Function 项，在下拉列表中选择 VRTK_UIControllerEvent，在下级菜单中选择 BlueValueChange()，具体如图 7-47 所示。

18）方法赋值完成之后，分别选中 PanelBackground、PanelSelect、PanelMaterial 和 PanelColor，在 Inspector 面板中进行保存，如图 7-48 所示。

至此项目制作完成，可以运行观察制作结果。

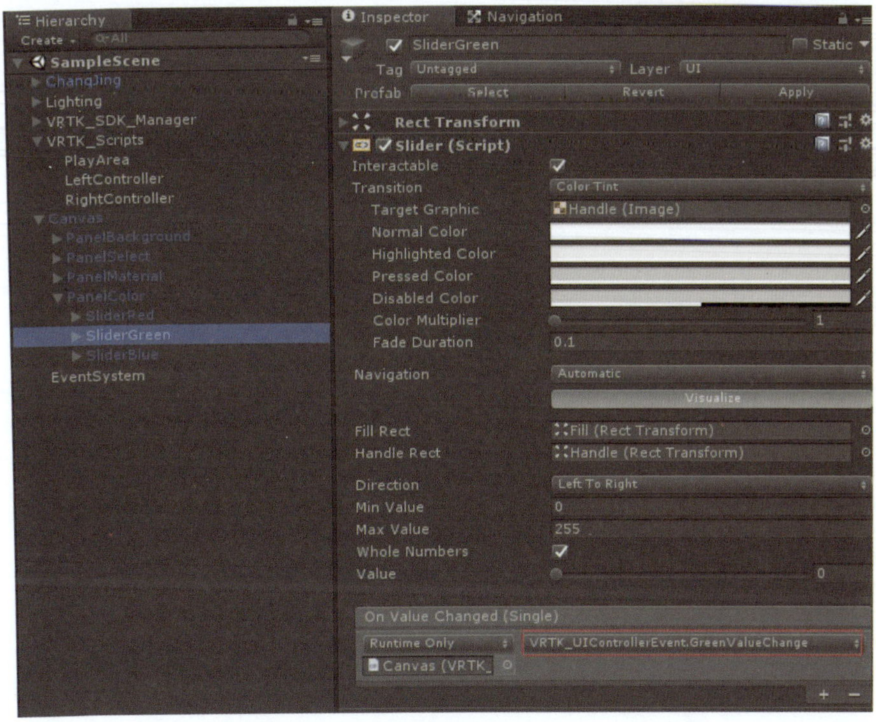

图 7-46 选择绿色更改方法

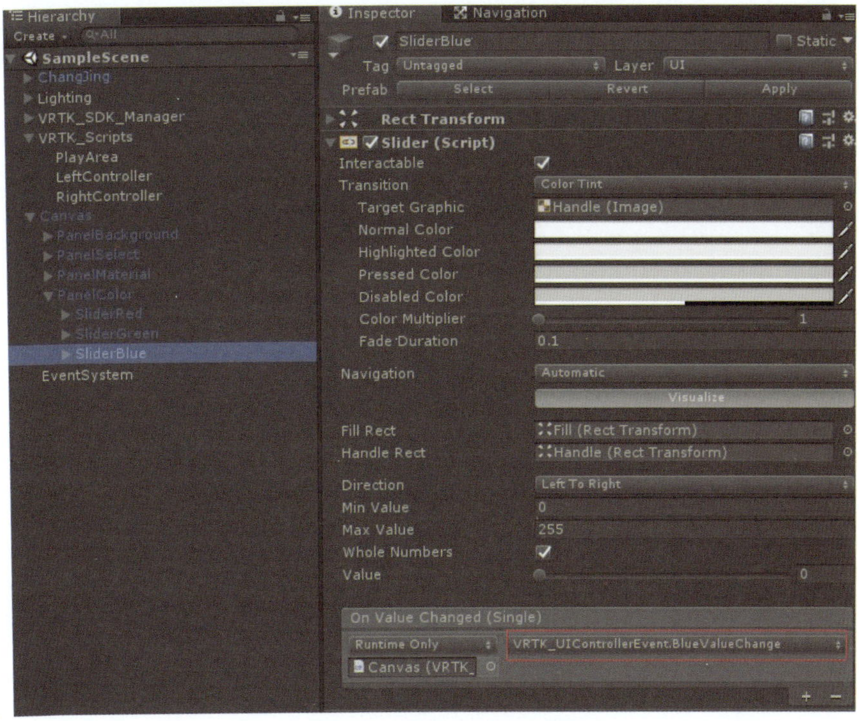

图 7-47 选择蓝色更改方法

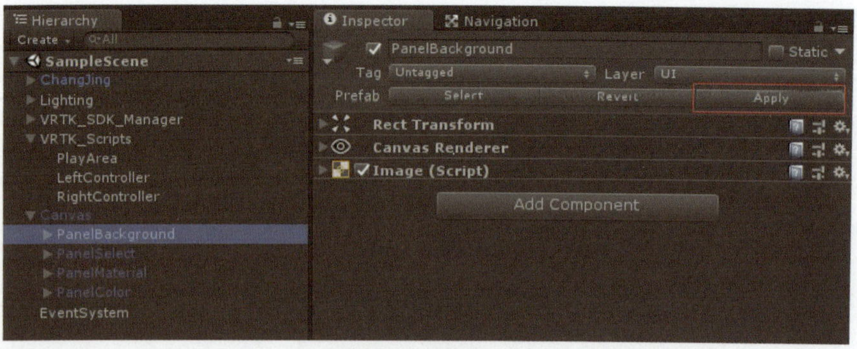

图 7-48　保存设置

【应用案例】

获取更多室内虚拟现实漫游的相关学习资源，可扫描下面二维码。

室内展示项目开发

7.2 室外漫游

【学习目标】

掌握笔刷工具的使用；掌握室外漫游项目的开发过程和开发方法；能够使用案例中给定的资源独立完成本案例的开发。

【知识要点】

7.2.1　笔刷工具的使用

Unity 3D 为游戏开发者提供了强大的地形编辑器，通过菜单中的 GameObject → 3D Object → Terrain 命令，可以为场景创建一个地形对象。

初始的地表只有一个巨大的平面。Unity 3D 提供了一些工具，可以用来创建很多地表元素。项目开发者可以通过地形编辑器轻松实现地形以及植被的添加。

地形菜单栏（也称地形编辑器）一共有 7 个按钮，功能分别为编辑地形高度、编辑地形特定高度、平滑过渡地形、地形贴图、添加树模型、添加草与网格模型、其他设置，如图 7-49 所示。每个按钮都可以激活相应的子菜单对地形进行操作和编辑。

图 7-49　地形编辑器

1. 绘制地形高度

在地形编辑器中，前 3 个工具用来绘制地形在高度上的变化。左边第一个按钮激活 Raise/Lower Height 工具，如图 7-50 所示，其中的操作图标也称为刷子或笔刷。当使用这个工具时，鼠标在创建的地形单击，地形将会形成凸面。如果鼠标操作时按下 Shift 键，将会形成凹面。不同的刷子可以用来创建不同的效果。例如，创建丘陵地形时，可以通过软刷子进行高度抬升，而对于陡峭的山峰和山谷，可以使用硬刷子进行高度削减。

左边第二个按钮激活 Paint Height 工具。与 Raise/Lower 工具相比，Paint Height 工具多了一个 Height 属性，用来设置目标高度，如图 7-51 所示。当在地形对象上进行绘制时，此高度的上方区域会下降，下方的区域会上升。开发者可以使用高度属性来手动设置高度，也可以使用在地形上进行“Shift+ 单击”的操作对光标位置的高度进行取样。在高度属性旁边是一个 Flatten 按钮，它可简单地拉平整个地形到选定的高度。

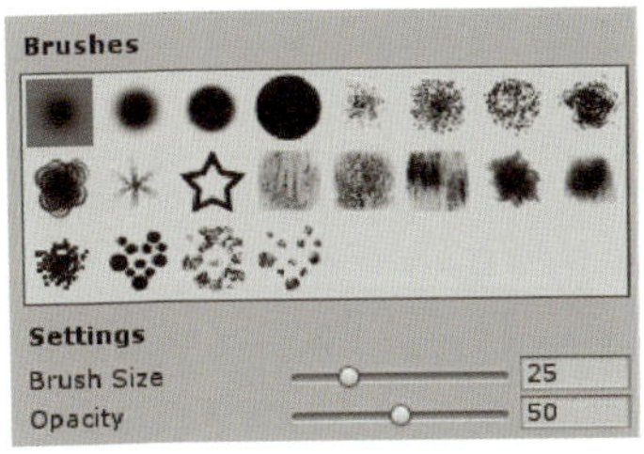

图 7-50　Raise\Lower Height 工具

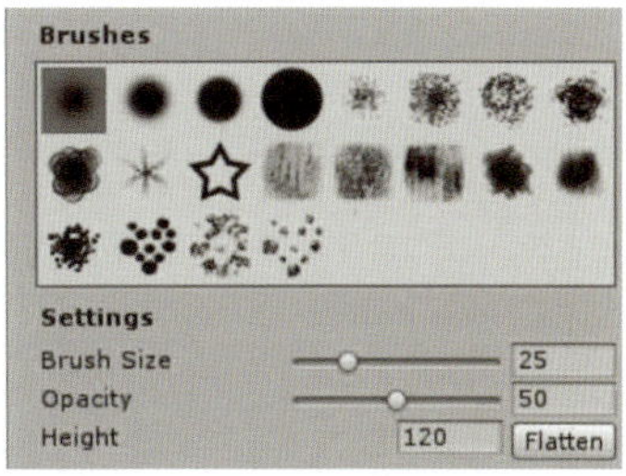

图 7-51　Paint Height 工具

左边第三个按钮激活 Smooth Height 工具，它的功能是使附近的区域光滑，这将缓和地表，降低陡峭变化。

Smooth Height 可以用于缓和地表上尖锐、粗糙的岩石。地形表面平滑工具选项的设置及功能介绍见表 7-1。

表 7-1　Smooth Height 工具选项的设置及功能

参数	含义	功能
Brushes	笔刷	设置笔刷的样式
Setting	设置	设置相关参数
Brushes Size	笔刷尺寸	设置笔刷的大小
Opacity	不透明度	设置笔刷绘制时的不透明度
Height	高度	设置绘制高度的数值

2. 绘制地形纹理

在地形的表面可以添加纹理图片以创造色彩和良好的细节。在实践中使用一个无接缝连续的纹理，在表面上用它成片地进行覆盖，可以绘制不同的纹理区域以模拟不同的地面，如草地、沙漠和雪地等。绘制出的纹理可以在不同的透明度下使用，这样就可以在不同地形纹理间形成渐变，效果更自然。

左边第四个按钮是纹理绘制工具，单击该按钮并在下拉菜单中执行 Add Texture 命令，将弹出一个窗口，在其中可以设置一个纹理及其属性。

添加的第一个纹理将覆盖地形作为背景使用。如果想添加更多的纹理，可以使用刷子工具，通过设置刷子尺寸、透明度及目标强度（Target Strength）选项，实现不同纹理的贴图效果，如图 7-52 所示。地形纹理绘制工具中的选项说明见表 7-2。

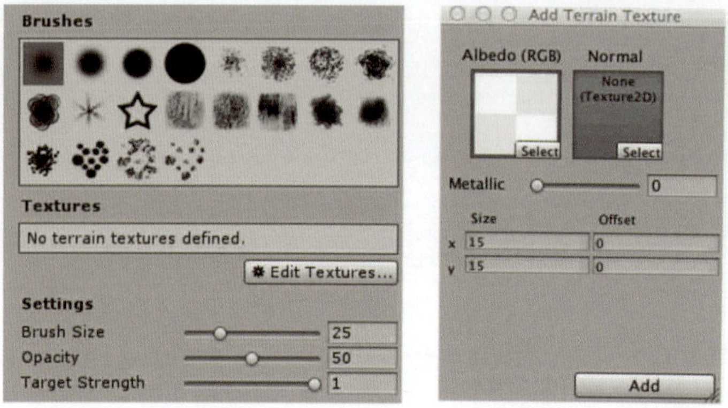

图 7-52　地形纹理绘制工具属性

表 7-2　地形纹理绘制工具中的选项说明

参数	含义	功能
Brushs	笔刷	设置绘制地形纹理的笔刷样式
Textures	纹理	设置绘制地形纹理的图片样式
Setting	设置	设置纹理相关参数
Brush Size	笔刷尺寸	设置绘制纹理的笔刷的大小
Opacity	不透明度	设置笔刷绘制纹理时的不透明度
Target Strength	目标强度	设置所绘制的贴图纹理产生的影响

3. 绘制树木

Unity 3D 可以绘制树木。可以像绘制高度图和使用纹理那样将树木绘制到地形上，但树木是固定的、从表面生长出的三维对象。

Unity 3D 可以在一个地形上绘制由上千棵树组成的茂密森林，同时保持可接受的帧率。

单击添加树模型（Edit Trees）按钮并在弹出的下拉菜单中选择 Add Tree 命令，将弹出一个窗口，从中选择一种树木资源。

当一棵树被选中时，可以在地表上用绘制纹理或高度图的方式来绘制树木，按住 Shift 键可从区域中移除树木，按住 Ctrl 键则只绘制或移除当前选中的树木。绘制树木面板如图 7-53 所示。绘制树木工具中的选项说明见表 7-3。

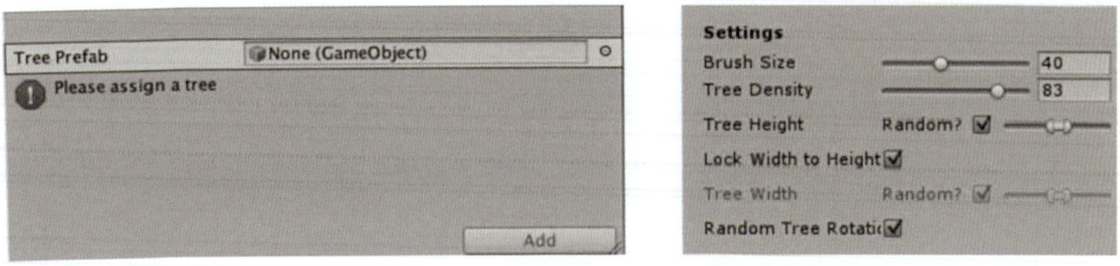

图 7-53 绘制树木工具参数设置

表 7-3 绘制树木工具的功能说明

参数	含义	功能
Setting	设置	设置绘制树木的相关参数
Brush Size	笔刷尺寸	设置种植树时笔刷的大小
Tree Density	树木密度	设置树的间距
Tree Height	树木高度	设置树的高度，勾选 Random? 复选框，可以出现树木高度在指定范围内随机变化的效果
Lock Width to Height	锁定树木的宽高比	锁定树木的宽高比
Tree Width	树木宽度	设置树的宽度，勾选 Random? 复选框，可以出现树木宽度在指定范围内随机变化的效果
Random Tree Rotation	树木随机旋转	设置树木随机旋转一定的角度

4. 设置地形

单击地形编辑器最右边的按钮可以打开地形设置面板，如图 7-54 所示，该面板用于设置地形参数。

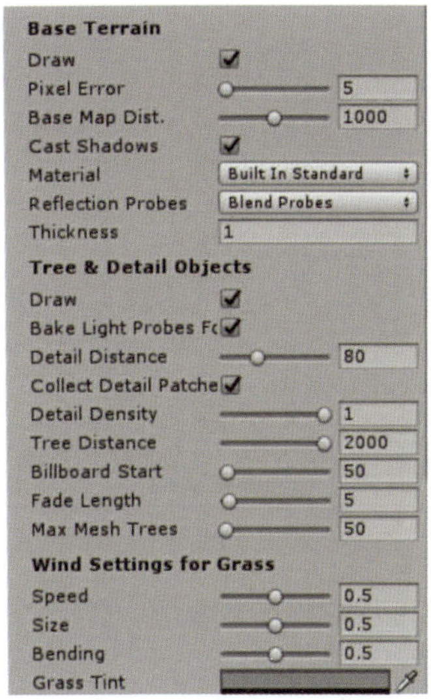

图 7-54 地形设置面板

地形和树的参数见表 7-4。

表 7-4　地形和树的参数

参数	含义	功能
Draw	绘制	设置是否渲染地形以外的对象
Detail Distance	细节距离	设置摄像机停止对细节渲染的距离
Detail Density	细节密度	设置细节密度
Tree Distance	树木距离	设置摄像机停止对树进行渲染的距离
Billboard Start	开始广告牌	设置摄像机将树渲染为广告牌的距离
Fade Length	渐变距离	控制所有树的总量上限
Max Mesh Trees	网格渲染树木最大数量	设置使用网格形式进行渲染的树木最大数量

风的参数见表 7-5。

表 7-5　风的参数

参数	含义	功能
Speed	速度	风吹过草地的速度
Size	大小	同一时间受到风影响的草的数量
Bending	弯曲	设置草跟随风弯曲的程度
Grass Tint	草的色调	设置地形上的所有草和细节网格的总体渲染颜色

7.2.2　项目开发步骤

1. 导入新建场景并导入资源

（1）新建地形并调整参数。首先找到一张雪地参考图，如图 7-55 所示。

图 7-55　雪地参考图

在 Hierarchy 面板中右击，选择 Terrain，默认状态下地形尺寸为 500×500，本案例中将地形尺寸设置为 200×200。具体设置如图 7-56 所示。

图 7-56 创建地形

为了减少在开发过程中对电脑内存的占用，需要将适时渲染关闭以减少电脑的计算量，如图 7-57 所示。

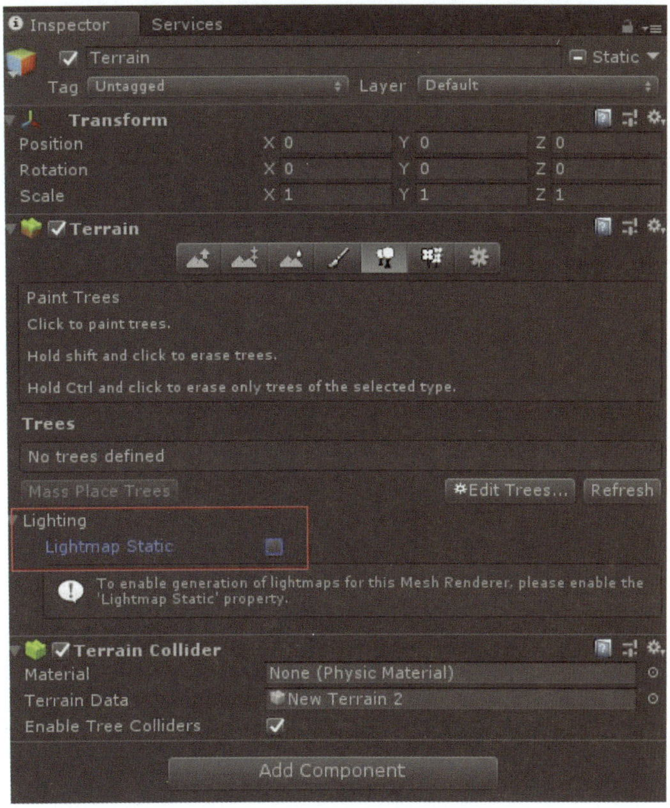

图 7-57 关闭适时渲染

（2）绘制地形。在 Inspector 面板的 Terrain 下找到第二个高度画笔，修改画笔高度参数为 3，并单击后面的 Flatten 按钮，如图 7-58 所示。

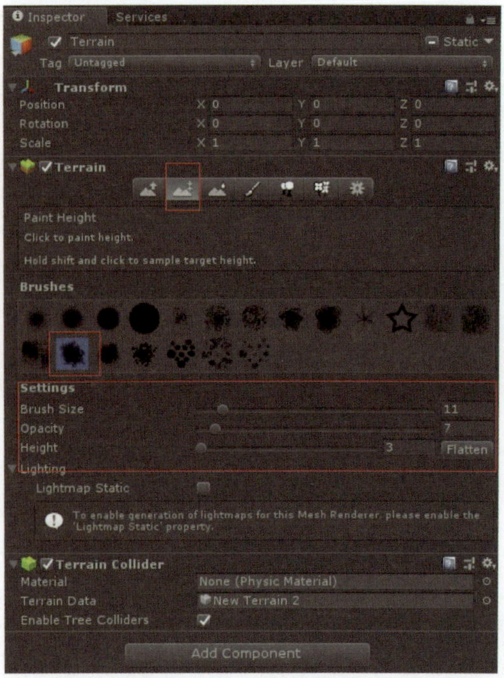

图 7-58　绘制地形工具设置

选择第一个地形绘制工具，选择画笔的形状，在 Scene（新建文件时的文件名）工作区中选择新建的地形进行大概的形状绘制，在绘制的过程中可根据需要适当调整笔刷的大小和地形的强度，同时在绘制的过程中按 Shift 键可以绘制凹形地形。图 7-59 所示为在场景中绘制的山体和池塘。

图 7-59　绘制山体和池塘

选择第三个绘图工具可以增加地形的平滑度，如图 7-60 所示。

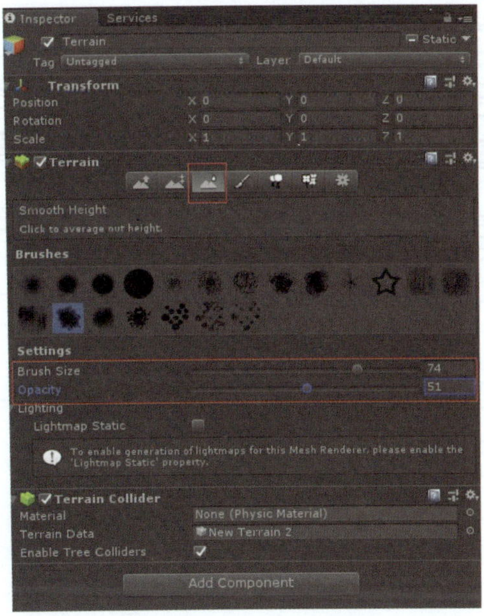

图 7-60 使用平滑工具

（3）添加并绘制纹理。选择纹理画笔工具，在纹理处单击相应的编辑纹理按钮，在弹出的快捷菜单中选择添加纹理（Add Texture）命令，将弹出添加纹理对话框，如图 7-61 所示。

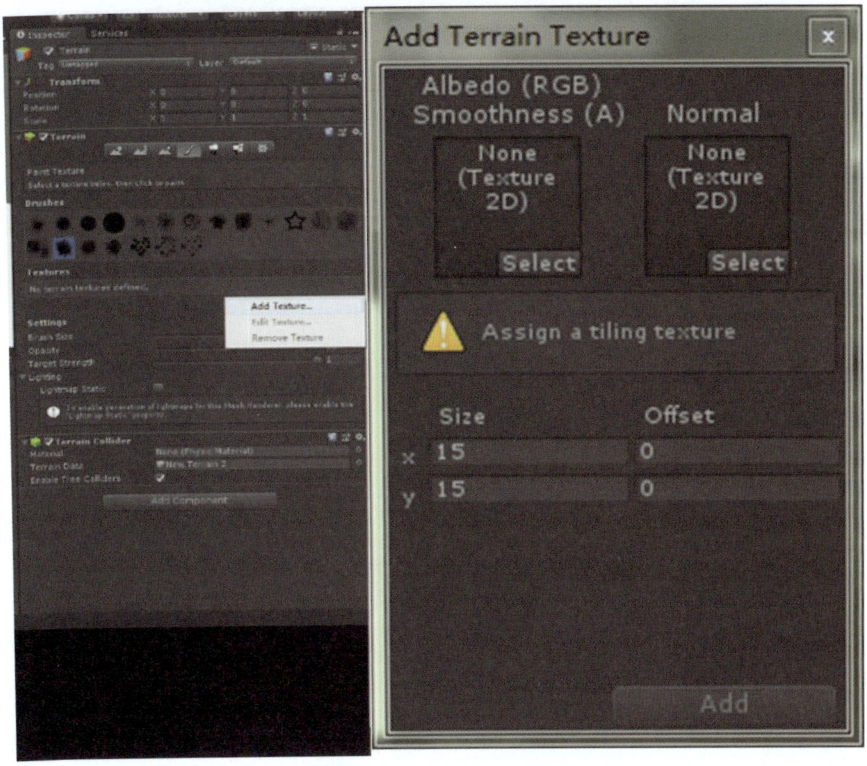

图 7-61 添加纹理对话框

在弹出的对话框中单击 Select 按钮，在弹出的界面中分别选择添加的雪地贴图和法线贴图，如图 7-62 所示。

图 7-62　添加的二维纹理

选择任意一个贴图在工作区进行绘制，为了使绘制出来的地形与实际地貌更为接近，在绘制的过程中可以对纹理进行编辑，如图 7-63 所示。

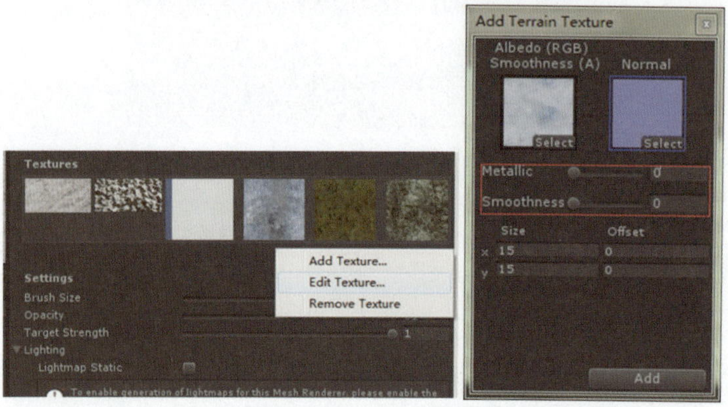

图 7-63　编辑纹理

在池塘绘制完成之后将其添加在工程面板中，在标准资源包下选择水的预制体，按住鼠标左键直接将其拖入场景中并调节位置及大小，如图 7-64 所示。

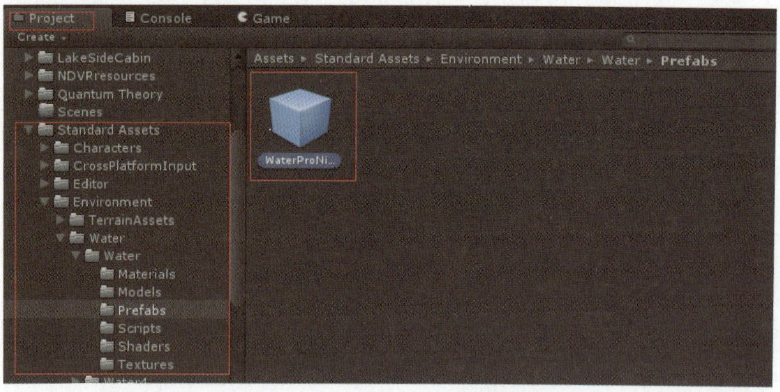

图 7-64　调整水面位置

山体的纹理绘制与池塘的纹理绘制方法相同，如图 7-65 所示。

（4）场景优化。

1）导入资源。在 Project 面板的 Assets 标签上右击，在弹出的快捷菜单中选择 Import

New Assets 命令，选择雪地文件夹资源进行导入。

图 7-65 绘制山体的纹理

在 Project 面板中找到导入的资源 xuedi，选择 Model 文件夹中 XiaoWu 文件夹下的 wuzi，将其直接拖入新建的雪地场景中，适当调整位置，如图 7-66 所示。

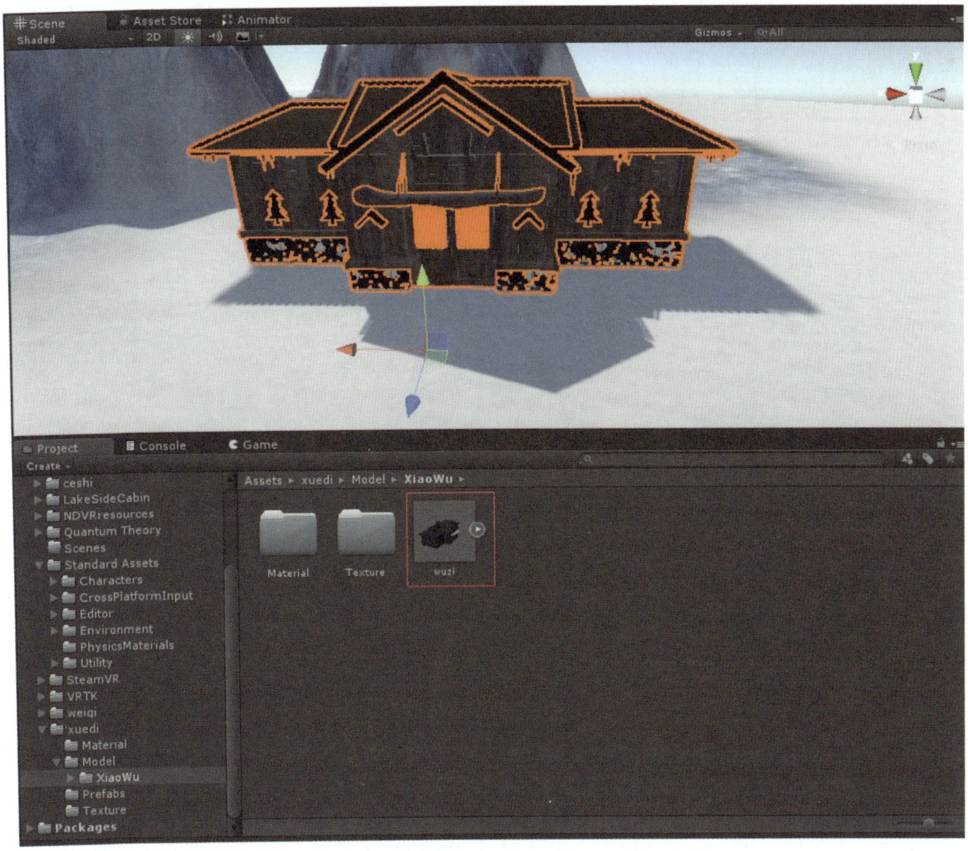

图 7-66 导入屋体

2）添加树木。在 xuedi 资源文件夹下的 Model 文件夹中找到树的模型 file，将其直接拖入场景，按 Ctrl+D 组合键复制模型，将模型进行摆放，如图 7-67 所示。

图 7-67　添加树木

摆放完成之后进行添加。在标准资源包中选择第一人称资源控制器，将其拖拽到场景中，适当调整高度，然后单击“运行”按钮，按住 W、S 键进行前后运动，观察效果，如图 7-68 所示。

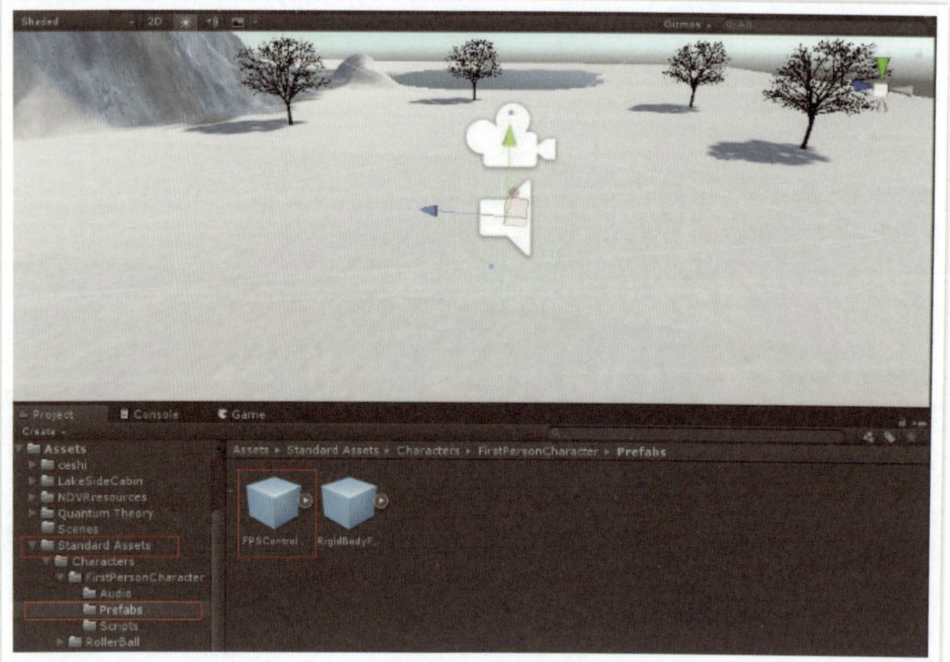

图 7-68　试运行

图 7-68　试运行（续图）

3）添加辅助的事物。添加浮冰，将模型拖入场景后进行复制，然后根据情况按住 W 键进行移动，按 R 键进行缩放，按 E 键进行旋转。用同样的方式可以在房子两侧添加雪人模型，如图 7-69 所示。

图 7-69　添加浮冰和雪人预制体

（4）环境配置。

1）添加资源包。在 Project 面板的 Assets 标签上右击，选择 Import Package → Customer Package 命令，将 SteamVR1.2.3 和 VRTK 3.2.1 两个资源包导入，如图 7-70 所示。

图 7-70　导入资源

2）将资源导入后，在 Hierarchy 窗口空白处右击，创建一个空物体。选择空物体右击，将其重命名为 VRTK_SDK_MANAGER。选择空物体，在 Inspector 面板单击 Add Component 按钮，在弹出的界面中的查找文本框中输入 VRTK_SDK，在自动弹出的列表中选择 VRTK_SDK Manager。在 Hierarchy 面板中选择 VRTK_SDK_MANAGER 右击，创建新空物体，将其重命名为 VRTK_SDK_SETUP，在 Inspector 面板中单击 Add Component 按钮，在弹出的界面中的查找文本框中输入 VRTK_SDK，在自动弹出的列表中选择 VRTK_SDK Setup，如图 7-71 所示。

3）在 Project 面板中找到 SteamVR 文件夹中的 Prefabs 文件夹下的 CameraRig 摄像机预制体，将其拖拽到 Hierarchy 面板中的 VRTK_SDK_SETUP 上，让这个预制体作为 VRTK_SDK_SETUP 的子物体，如图 7-72 所示。

4）在 Hierarchy 面板中选择 VRTK_SDK_MANAGER，右击，创建两个空物体，分别命名为 LeftController（左手控制器）和 RightController（右手控制器）。选择 VRTK_SDK_MANAGER，按住鼠标左键将 LeftController 和 RightController 分别拖拽至 Inspector 面板中对应的 Left Controller 和 Right Controller 处，如图 7-73 所示。

5）选择 VRTK_SDK_SETUP，在 Inspector 面板中选择 VRTK_SDK Setup(Script) 标签下的 Quick Select 项，单击下拉按钮，在下拉列表中选择 SteamVR，如图 7-74 所示。

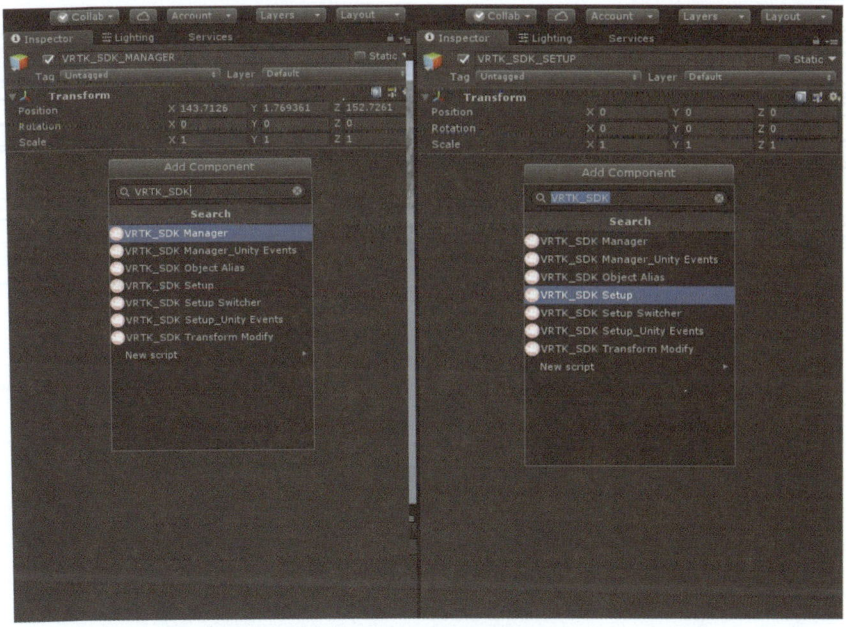

图 7-71　添加组件

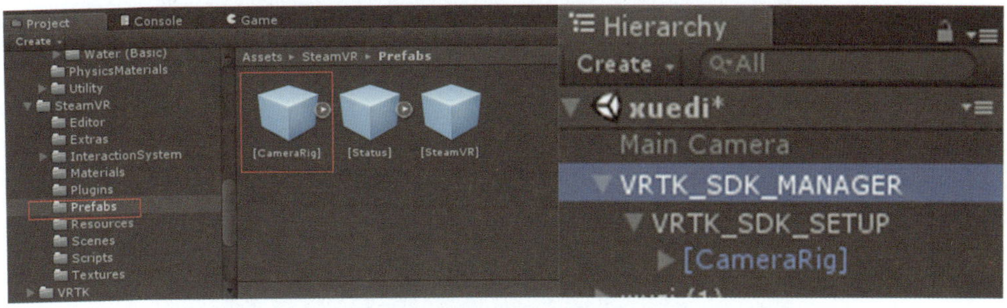

图 7-72　添加子物体

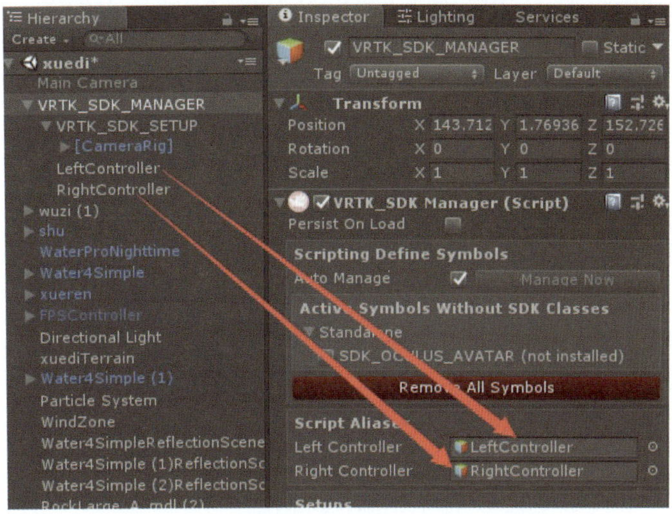

图 7-73　添加左右手控制器

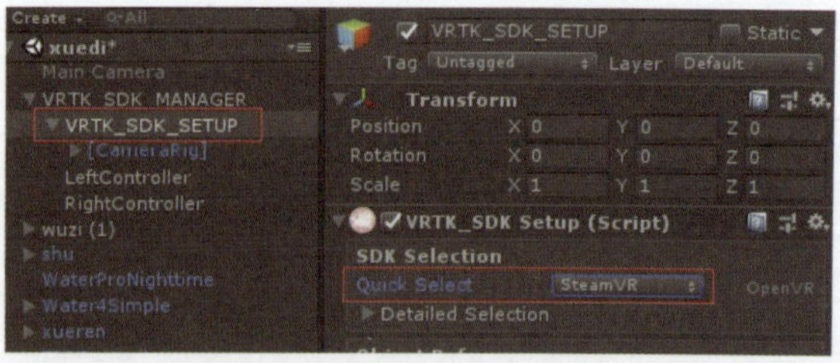

图 7-74　修改属性

6）选择 VRTK_SDK_MANAGER，在 Inspector 面板中单击 Auto Populate 按钮，将会自动添加 VRTK_SDK_SETUP，如图 7-75 所示。

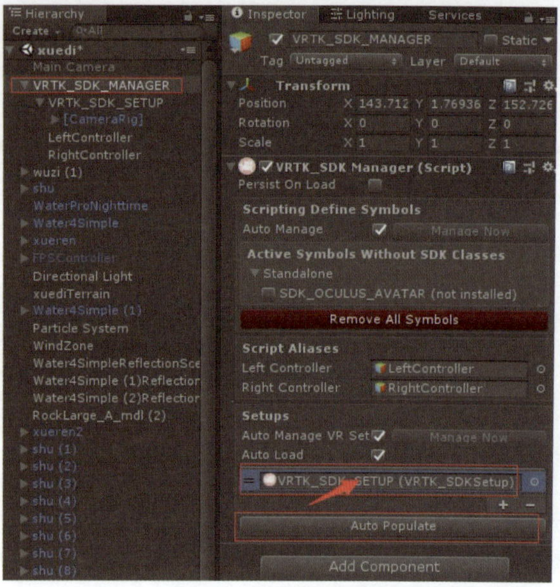

图 7-75　修改属性

7）在 Hierarchy 面板中同时选中 LeftController 和 RightController 两个对象，在 Inspector 面板中单击 Add Component 按钮，在搜索框中输入 Controller，在弹出的下拉列表中选择 VRTK_ControllerEvents；单击 Add Component 按钮添加指针组件，在搜索框中输入 Point，在弹出的列表中选择 VRTK_Pointer；单击 Add Component 按钮添加射线，在搜索框中输入 Straight，在弹出的列表里选择 VRTK_straight Pointer Renderer，如图 7-76 所示。

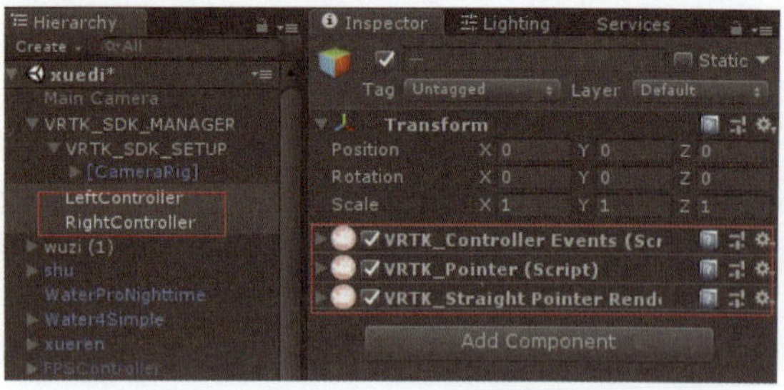

图 7-76　添加射线

8）在 Hierarchy 面板中选择 LeftController，按住左键将添加的射线 VRTK_straight Pointer Renderer 拖拽至 VRTK_Pointer 下的 Pointer Renderer 处。选择 RightController 进行同样的操作。属性设置如图 7-77 所示。

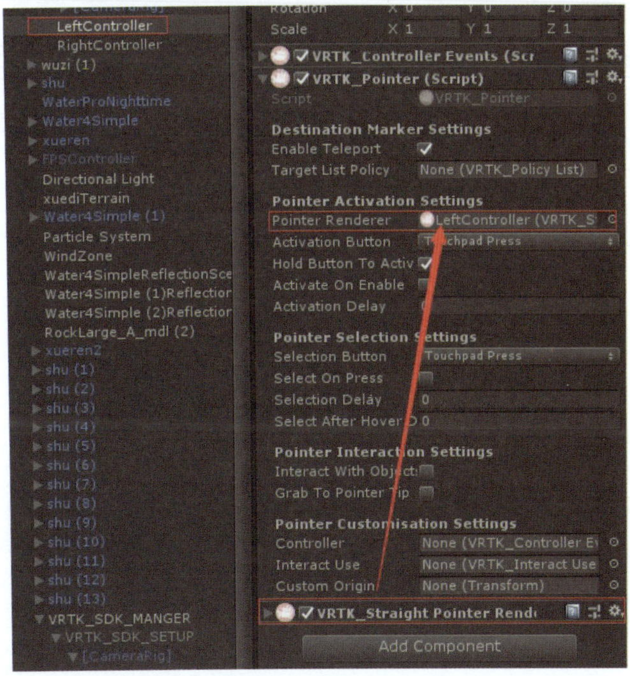

图 7-77 属性设置

9）在 Hierarchy 面板中选择 VRTK_SDK_MANAGER，右击创建空物体，将其重命名为 Area，在 Inspector 面板中单击 Add Component 按钮，在搜索栏中输入 HeightAdjustTeleport，在弹出的下拉列表中选择 VRTK_Height Adjust Teleport，如图 7-78 所示。

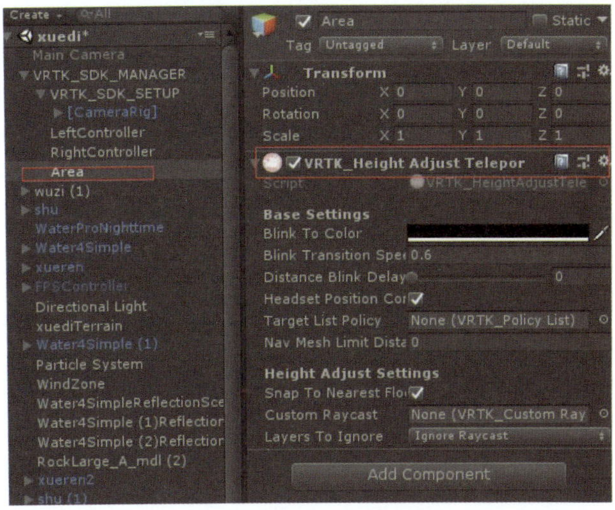

图 7-78 添加组件

（5）添加交互。

1）在 Hierarchy 面板的空白处右击，创建 3D Object，在了菜单中选择 Sphere，在场景中按 R 键缩放圆球，调节大小。选择小球，在 Inspector 面板中移除小球自带的碰撞体，单击下方的 Add Component 按钮，在搜索栏中输入 box，在弹出的下拉列表中选择 Box Collider，添加盒型碰撞体，如图 7-79 所示。

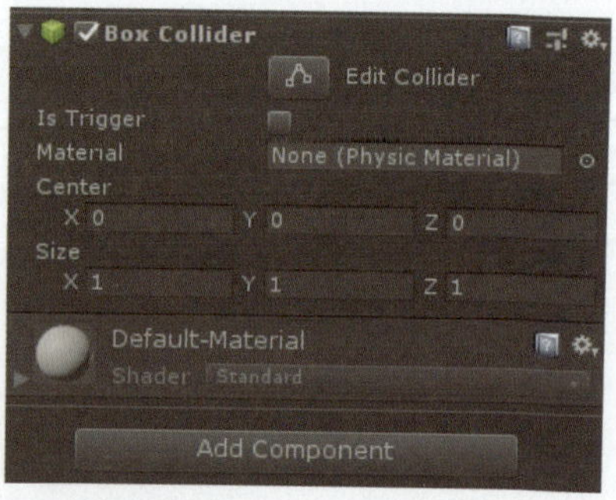

图 7-79　添加盒型碰撞体

2）选择小球，在菜单栏中选择 Window → VRTK → Setup Interactable Object 命令，在弹出的对话框中使用默认设置，如图 7-80 所示。

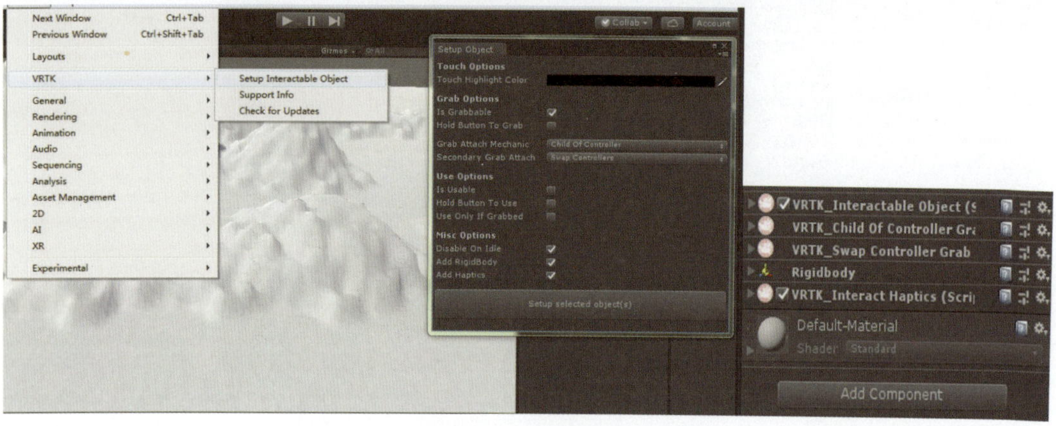

图 7-80　属性设置

3）在 Hierarchy 面板中同时选择 LeftController 和 RightController，在 Inspector 面板中单击 Add Component 按钮，在搜索栏中输入 Touch，在弹出的列表中选择 VRTK_Interact Touch；再次单击 Add Component 按钮，在搜索栏中输入 Grab，在弹出的列表中选择 VRTK_InteractGrab，如图 7-81 所示。

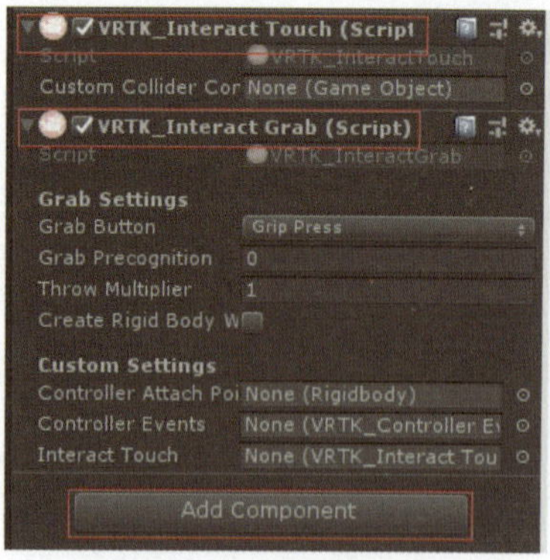

图 7-81　添加组件

至此，室外漫游的案例就介绍完了。

【应用案例】

获取更多室外虚拟现实漫游的相关学习资源，可扫描下面二维码。

园林漫游

拓展实训

用所学的知识制作一个苏州园林漫游的项目。图样示例如图 7-82 所示。

图 7-82　苏州园林漫游

参考文献

[1] 喻晓和．虚拟现实技术基础教程 [M]．1 版．北京：清华大学出版社，2015.

[2] 谢建华，程聪．虚拟现实应用技术基础 [M]．1 版．大连：大连理工大学出版社，2019.

[3] 胡新辰，钟菁琳，王岩．Maya 2018 中文全彩案例教程 [M]．1 版．北京：中国青年出版社，2019.

[4] 王春萌，刘张榕，何宏磊．Unity 3D 游戏开发基础教程 [M]．长沙：湖南大学出版社，2020.

[5] 吴亚峰，于复兴，索依娜．Unity 3D 游戏开发标准教程 [M]．北京：人民邮电出版社，2018.

[6] 李春葆，曾平，喻丹丹．C# 程序设计教程 [M]．3 版．北京：清华大学出版社，2015.

[7] 薛海燕．C# 程序设计 [M]．北京：中国铁道出版社，2016.

[8] 明日科技．C# 从入门到精通 [M]．5 版．北京：清华大学出版社，2019.